河南科技大学学术著作出版基金资助

中原经济区多赢治水模式研究

——政府社会合作建设农田水利的视角

马培衢 著

中国农业出版社

序

无论是历史的还是现实的，中原地区都是中国人口最密集地区，是中国的心腹之地，是中国经济社会意义上最具中心位置的区域。以河南为主体的中原地区是中国最大的粮食产区，是中国唯一地跨长江、淮河、黄河、海河四大流域的区域，特殊的地理位置、气候条件和社会经济区位，决定了兴水利除水害一直是该区域惠民利国的第一要务。

目前，中国正处于工业化、城镇化和现代化转型的关键时期，作为“人多地少水少、水资源承载力脆弱、三农问题突出、工业化亟待推进”的传统农业区，中原经济区能否走出一条不以牺牲农业和粮食、生态和环境为代价的“三化”协调科学发展路子，不仅关系着中原地区经济发展和人民生活改善，而且关系到国家粮食安全、经济安全和水生态安全，是中国转型发展中急需破解的历史性、结构性和战略性难题。

中原经济区如何打造中国强健的心脏——为中国现代化发展提供强大的水利资源支撑？如何破解当前水利发展面临的“投入难、组织难、管理难、效益低”等一系列问题？如何构建适应中原经济区当下的区情条件的治水模式，其社会基础和制度条件是什么？这些都是理论和实践迫切需要系统回答的问题。

本书正是对这种现实需求的积极响应。多赢治水思想的提出，缘于2010年8月作者有幸应邀参与了中原经济区驻马店—南阳考察调研团的采风之行。在此次实地考察调研过程中，作者深切感受到各级政府和社会民众对振兴中原的热切渴望，深切感受到社会各界对河南省委省政府提出中原经济区建设战略的衷心拥护。同时，在实地调研中，作者也真实体悟到治水兴农对于中原经济区建设的战略意义。

这激励作者站在国家粮食安全和中原经济区发展的全局和战略高度考察河南治水之困和兴水之路。在本书写作期间，作者率领的科研团队专题研究了河南省社科规划办重点资助课题“河南现代农业发展中农田水利有效供给问题”（批准编号：2008BJJ008），研究报告得到河南省社会科学规划办公室和洛阳市社科规划办的高度评价，研究成果被河南省社会科学规划办公室鉴定为“优秀”成果。这给予作者的科研团队以莫大的鼓舞。进而，2011年作者又主持申报了河南省哲学社科规划课题，一举中标，所报课题“河南农田水利建设和管理机制研究”获得重点资助（批准编号：2011BJJ006）。该项研究的阶段性成果也纳入了本书的内容体系之中。

本书可谓是作者对中国治水问题持续研究和对家乡兴水富民执着之爱的结晶。

本书写作过程恰与中原经济区概念形成过程相伴随，成稿之际恰逢国务院颁布《关于支持河南省加快建设中原经济区的指导意见》，中原经济区正式上升为国家战略。

谨以此书作为庆祝中原经济区建设扬帆启程的献礼之作！

前　言

兴水利、除水害，事关人类生存、经济发展、社会进步，历来是治国安邦的大事。经过30多年的改革，尤其是21世纪以来，国家不断加大农田水利建设投入，中国农田水利治理模式已经取得了可喜进展，农田水利建设管理体系有了一定程度的改善。但是，农田水利投入难、组织难、管理难、绩效低的问题依然突出，农业旱涝灾害频发、重发的势头并未得到有效遏制，农业靠天吃饭的局面尚未根本改变。这不仅成为粮食主产区农业现代化发展和国家粮食安全的严重制约因素，而且正成为中国实现强国的巨大障碍之一。

目前，中国正处于工业化、城镇化和现代化转型的关键时期，中原地区是中国的心腹之地，是中国人口最密集地区，是中国最大的粮食产区。中原经济区如何打造中国强健的心脏——为中国现代化发展提供强大的水利资源支撑，不仅关系着中原地区经济发展和人民生活改善，而且关系到国家粮食安全、用水安全、经济安全和生态安全，对于中国经济转型与人水和谐发展具有重大现实意义。

对于“人多地少水少、水资源承载力脆弱、三农问题突出、经济社会急需转型”的中原经济区而言，如何破解当前水利发展面临的“投入难、组织难、管理难、效益低”等一系列问题？如何构建适应中原经济区当下的区情条件的治水模式，其社会基础和制度条件是什么？政府、市场和社会协同治水兴水的合作行动如何才能形成？这些都是探索一条“不以牺牲农业和粮食、生态和环境为代价的‘三化’协调科学发展路子”中急需破解的战略性、历史性和结构性难题。

本书正是对这种现实需求的积极响应。为系统考察中原经济区多赢治水的战略价值、现实约束、内在机理、实现模式、动力生成、推进战略和保障机制，本书分“现实需求篇、理论探索篇、实证研究篇、对策建议篇”四个板块展开论证。

第一篇，现实需求篇。立足于中原经济区基本区情和探索不以牺牲农业和粮食、生态和环境为代价的“三化”协调发展道路的转型发展背景，阐明多赢治水对于全面提高中原经济区发展的水利保障能力的战略意义，对于促进中原经济区人水和谐的现实意义。进而，基于水利发展面临的挑战和治水改革困境，客观分析了“小农”经济体市场化转型发展中探索本土特色治水模式的内在需求和路径之所在。

第二篇，理论探索篇。在深入剖析农田水利治理关系二重属性基础上，创新性地提出治水交易性质四维决定论。进而，通过对治水利益相关方特征和农田水利治理的经济社会特性分析，运用社会—生态系统分析框架，揭示了利益相关方合作互动促进多赢治水目标实现的内在机理；同时，以农田水利治理的交易契约性质为逻辑起点，构建了“交易特性—治理结构—治理行为—治理绩效”（CSCP）分析模型，阐明要实现多赢治水必须采取多元协同的合作治理模式。

第三篇，实证研究篇。利用河南省农田水利建设的粮食总产效应相关数据构建计量模型，厘清了农田水利设施治理绩效的影响因素及其作用关系；在系统考察农田水利治理模式演变历程的基础上，揭示了现阶段农田水利治理困局之根源。进而，通过案例分析，探究了合作治理实现条件、动力形成的体制机制条件和治水绩效改善路径。

第四篇，对策建议篇。在充分考察农田水利相关利益主体的参与意愿及其影响因素的基础上，探究了多赢治水动力整合机制；紧密结合区域发展战略定位，提出中原经济区多赢治水的战略目标、发展原则和实施策略，以及促进多赢治水目标实现的制度保障体系。

总之，本书创新性地提出了多赢治水理念和农田水利交易性质四维决定论，以农田水利契约性质为逻辑起点，论证了多赢治水生成的内在机理与实现模式——合作治水的有效性逻辑，以及多赢治水动力形成条件、发展战略与保障制度。这对于厘清中原经济区治水改革面临的挑战、问题之根源、创新之方向，全面提高中原经济区建设中的水资源支撑保障能力，打造华北地区水利资源配置的战略枢纽，具有重要的理论价值和现实指导意义。

当然，中国治水模式正经历着从管制到治理的伟大变迁，治水实践中政府与社会的作用关系正从单向"推力"更多地演变为双向"合力"，而真正达到协同合作的善治，仍有大量的理论和实践问题有待在探索中解决。本书的相关研究也有待深化，谨以此抛砖引玉，希望能为中国治水理论与实践的创新发展有所裨益。

摘　要

粮食安全，兴水是根本出路；社会发展，兴水是基础支撑。农田水利是农业发展不可或缺的首要条件，是农村生态环境改善不可分割的保障系统，是人水和谐的根本前提。改革开放以来，特别是农村工业化、市场化和城镇化发展以来，农田水利设施毁损、渠断网破、功能衰退问题日益严重，难以为农业农村发展提供必要的兴利除害功能，难以适应农业农村乃至整个国民经济持续发展的需要。这种局面形成的原因是什么？应该如何破解？什么样的农田水利治理模式才能适应中国现实的国情条件？

本书正是响应中国治水模式变革需求而创作的。在系统考察中原经济区多赢治水的战略价值、现实约束基础上，探究了多赢治水的内在机理、实现模式、动力生成与整合机制；进而，围绕“组织如何建、规则谁来定、钱从哪里来、责权利怎么保”等重大问题，提出多赢治水发展战略和保障机制等对策建议。具体内容如下：

第一章，立足中原经济区的区位特征、空间开发格局，分析中原治水在保障中国水资源安全的战略腹地和治水枢纽地位，结合中原治水面临的挑战，阐明加强中原经济区治水的必要性和重要性。

第二章，立足于中原经济区基本区情和探索不以牺牲农业和粮食、生态和环境为代价的“三化”协调发展道路的转型发展背景，阐明多赢治水对于全面提高中原经济区发展的水资源保障能力、促进经济社会与生态和谐发展的战略意义。

第三章，立足中国经济、社会、政治体制全面转型的宏观背景，系统分析农田水利治理模式改革难以奏效的原因，客观分析了“小农”经济体市场化转型发展中探索本土特色治水模式的内在需求和路径之所在。

第四章，基于农田水利系统的自然、经济与社会特性的全面考察，论证了农田水利治理关系的二重性特征，提出由农田水利的交易技术特征和社会价值特征共同决定的交易性质四维决定论。

第五章，通过对治水利益相关方特征和农田水利治理的经济社会特性分析，运用社会—生态系统分析框架，揭示了利益相关方合作互动促进多赢治水目标实现的内在机理。

第六章，以现阶段农田水利交易契约性质为逻辑起点，构建一个“交易特性—治理结构—治理行为—治理绩效”的农田水利合作治理理论分析框架，论证中国农田水利实现合作治理的内在逻辑及其可行性。

第七章，利用河南省农田水利建设的粮食增产效应相关数据构建计量模型，厘清了农田水利设施治理绩效的影响因素及其作用关系。

第八章，在系统考察农田水利治理模式演变历程的基础上，比较说明了农田水利治理模式演变背后的原因，揭示了现阶段农田水利治理困局之根源，阐明农田水利治理要实现多赢目标必须采取政府社会协同的合作治理模式。

第九章，基于对现有农田水利供给模式有效性的比较分析，阐明农田水利治理必需建立利益相关方合作治水模式，才能促进利益相关方合作治水格局的形成。

第十章，通过案例分析，实证说明扩大农民的经济自由和生产赢利空间，是构建农田水利建设长效机制的根本，地方政府治水制度是对社会自发制度变迁的补充而不是替代，找准官民协作互动的契合点是农田水利合作治理动力形成的基础。

第十一章，基于农田水利建设的经济社会约束条件分析，以农户为重点深入考察了利益相关方参与农田水利治理的动力形成逻辑，结合农田水利治理的交易契约性质，探究了农田水利合作治理动力形成的体制机制条件。

第十二章，基于河南不同区域农田水利供给绩效差异的实证分析，提出改善河南农田水利供给绩效的可行路径，以促进农田水利多赢治理目标的实现。

第十三章，在充分考察农田水利相关利益主体的参与意愿及其影响因素的基础上，探究了农田水利参与方供求意愿契合的条件与多赢治水动力整合机制。

第十四章，紧密结合中原经济区发展战略定位，从战略目标、发展原则和实施策略谋划了中原经济区多赢治水的发展战略。

第十五章，从构建“政府主导、农户主体、民间引领、市场运作”四位一体的合作治水结构、完善动力激励机制、投入保障制度和运行管护长效机制等方面，建构了多赢治水制度保障体系。

总之，本书厘清了中原经济区治水改革面临的挑战、问题之根源、创新之方向，创新性地提出了多赢治水理念和农田水利交易性质四维决定论，以农田水利契约性质为逻辑起点，论证了多赢治水生成的内在机理与实现模式——合作治水的有效性逻辑，以及多赢治水动力形成条件和动力整合机制；结合中原经济区发展战略，提出了多赢治水发展战略及其制度保障体系。

目　　录

第二篇　理论探索篇

第三篇　实证研究篇

第四篇　对策建议篇

现实需求篇

第一章　水润中原——中国需要

中原地处我国中心地带，是中华民族和华夏文明的重要发源地。千百年来，在中华民族以农业立国的历史进程中，水利文明自始至终发挥着决定性的作用。治水活动不仅参与了中华物质文明的创造，而且参与了精神文明的创造。以河南为主体的中原地区①，历来是传承灿烂瑰丽的中华文化之地，更是国家未来五年重点打造的中原经济区的主体区域，承载着全国经济发展重要增长极和华夏文明传承核心区的战略地位。2011 年 9 月 28 日，国务院颁布了《国务院关于支持河南省加快建设中原经济区的指导意见》，这标志着中原经济区建设的大幕正式开启，同时也标志着一场关乎河南乃至中国未来的重大治水模式变革已经到来。

九州之中，华夏肇始，中原复兴，理为国是。随着全球气候变化和城镇化工业化发展用水需求攀升，我国将长期面临水资源严重短缺的局面。加快中原经济区水利改革发展，不仅事关农业农村发展，而且事关经济社会发展全局；不仅关系到防洪安全、供水安全、粮食安全，而且关系到经济安全、生态安全、国家安全。这不仅是中原经济区建设中必须首先解决的问题，也是中国实现科学发展必须破解的难题。

1.1　中原经济区的空间格局

1.1.1　中原经济区的范围

中原经济区是以河南为主体，以中原城市群为支撑，以经济为主干，地理上涵盖河南省全省，延及冀、鲁、晋、皖的部分城市，东承长三角，

---

① 《辞源》对“中原”定义分狭义和广义：狭义的中原，指今河南一带。广义的中原，指黄河中下游地区或整个黄河流域。《辞海》解释“中原”为：“古称河南及其附近之地为中原，至东晋南宋亦有统指黄河下游为中原者。”

西连大关中，北依京津冀，南临长江中游经济带，具有自身特点、独特优势、经济相连、使命相近、客观存在的经济区域。2010 年 12 月国务院制定的《全国主体功能区规划》正式把“中原经济区”纳入全国主体功能区规划。中原经济区总面积约 29.2 万平方千米，区域人口近 1.7 亿左右。

1.1.1.1　中原经济区空间格局

中原地区是中国历史上长期的政治、经济、文化中心。作为我国非常重要的地域概念，这一区域山水相连，民风民俗相近，历史文化同脉，经济联系密切。

从地理区位看，中原经济区位于我国东、中、西部三大地带的交会处，我国主要的铁路、公路干线和第二条亚欧大陆桥都贯通其中，交通优势十分突出，具有承东启西、连通南北的枢纽作用。中原经济区在沟通南北、连接东西、对内对外开放和区域经济协调发展中扮演着重要的角色。而且，国家促进中部崛起规划布局的“两纵两横”经济带的陇海经济带、京广经济带和京九经济带位于这一区域，是推动区域发展的桥梁和纽带（图 1－1）。

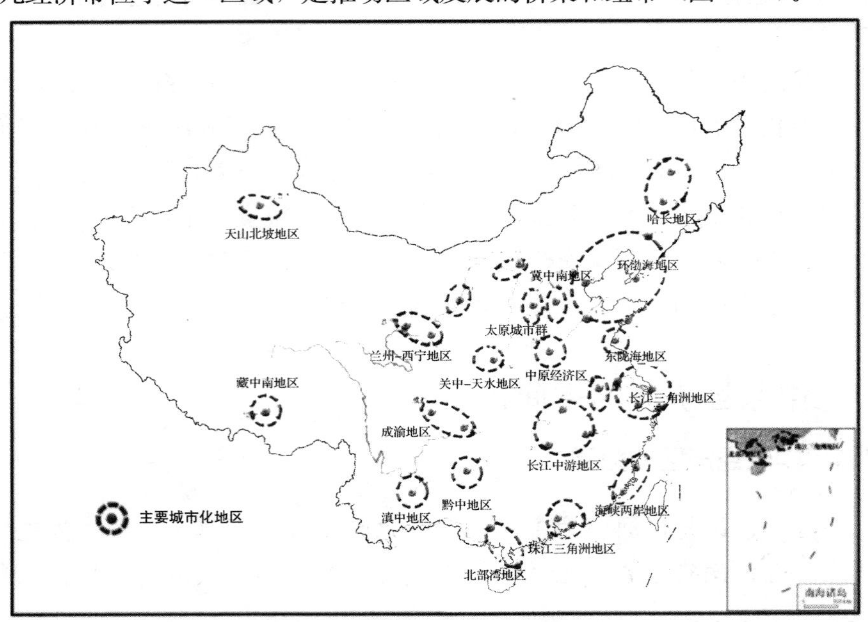

图 1－1　中原经济区在中国重要经济区中的空间格局示意图

资料来源：《全国主体功能区规划》，城市化战略格局示意图，

http：//www.chinanews.com/gn/2011/06-09/3099774 _ 10.shtml.

从区域经济发展看，中原地区地处全国中心地带，距离长三角、珠三角、环渤海、海峡西岸等经济区相对较远，难以接受这些经济区的辐射带动，河南作为中原经济区的主体，与相邻省份的地区发展水平相近，使命相同，区域合作基础较好，共同发展的意愿和内生动力较强。随着经济社会的快速发展，特别是现代综合交通网络的逐步形成，区域内经济联系、人员交往日益紧密，中原经济区已经成为地域毗邻、主体突出、经济互补、联系紧密、客观存在的经济区域。

1.1.1.2　中原经济区的范围

中原经济区是以河南省 18 个省辖市为主体区、以郑州和与之毗邻城市为核心区、与周边地区联动发展的合作辐射区。中原经济区的空间规划范围涉及 7 个省，涵盖 29 个地级市，如图 1－2 所示。

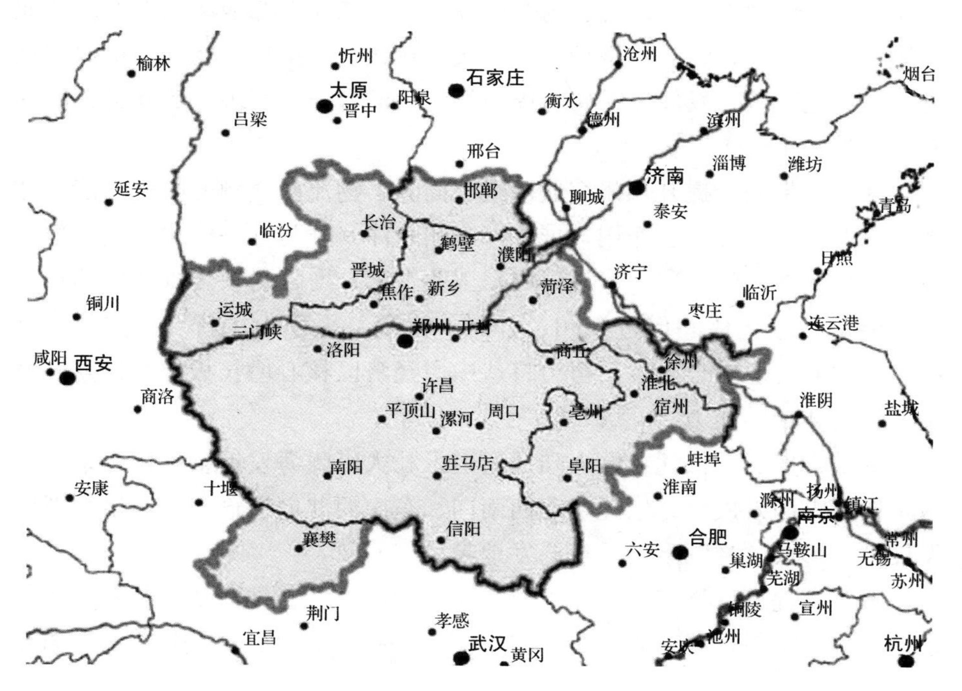

图 1－2　中原经济区规划城市范围示意图

中原经济区涉及城市分别是：河南省 18 个省辖市（郑州市、洛阳市、新乡市、南阳市、许昌市、济源市、焦作市、安阳市、鹤壁市、濮阳市、商丘市、漯河市、平顶山市、周口市、信阳市、驻马店市、开封市、三门峡市），河北省的邯郸，山西省的长治、晋城、运城，江苏省的徐州，山东省的菏泽，湖北省的襄樊，安徽省的淮北、阜阳、宿州、亳州。

其中，中原经济区的核心是河南省郑州市和开封市。中原经济区的重要联络点：河北省邯郸市，河南省安阳市，江苏省徐州市，湖北省襄阳市，河南省焦作市。中原经济区网络支点城市：河南省洛阳市，安阳市，商丘市，南阳市，焦作市。

1.1.2　中原经济区的空间开发格局

中原经济区空间开发按照“核心带动、轴带发展、节点提升、对接周边”的原则，以郑、汴、洛城市群为核心带动区、以全省18个省辖市为主体区、与周边地区联动发展的合作辐射区，依托东北西南向、东南西北向运输通道，培育新的发展轴，将形成放射状、网络化空间开发格局，促进与毗邻地区融合发展，密切与周边经济区的合作，实现优势互补、联动发展（见图1-3）。

●核心带动。提升郑州交通枢纽、商务、物流、金融等服务功能，增强郑州龙头作用和重心作用，推进郑（州）汴（开封）一体化发展，建设郑（郑州）洛（洛阳）三（三门峡）工业走廊，增强引领区域发展的核心带动能力。以此核心促进郑州、开封、洛阳、平顶山、新乡、焦作、许昌、漯河、济源融合发展，努力打造中原经济区核心增长板块，提高区域发展的整体带动能力。

●轴带发展。依托亚欧大陆桥通道，壮大沿陇海发展轴；依托京广通道，拓展纵向发展轴；依托东北西南向、东南西北向运输通道，培育新的发展轴，形成“米”字形重点开发地带。

●节点提升。逐步扩大轴带节点城市规模，完善城市功能，推进错位发展，提升辐射能力，形成大中小城市合理布局、城乡一体化发展的新格局。

●对接周边。加强对外联系通道建设，促进与毗邻地区融合发展，密切与周边经济区的合作，实现优势互补、联动发展。一是强化洛阳、三门峡、济源、焦作协同发展，巩固在陕晋豫毗邻地区的领先地位，发挥在与关中—天水经济区、太原城市群对接互动中的中坚作用。二是推动商丘、周口、驻马店、信阳、南阳合作发展，增强在豫皖鄂陕毗邻地区和淮海经济协作区中的影响力，发挥承接东部产业转移的前锋作用和对接沿长江中游经济带的骨干作用。三是促进安阳、鹤壁、濮阳联动发展，凸显在晋冀鲁豫毗邻地区的优势，成为与环渤海经济圈衔接联系的前沿。

图 1－3　中原经济区发展格局示意图

从未来发展来看，中原经济区将通过按照向心布局、集群发展的要求，提升郑州中心城市的辐射带动能力，巩固提高洛阳副中心城市地位，联动周边城市，增强地区性中心城市综合承载带动能力，促进大中小城市协调发展，呈现出“一极、两带、双翼”的发展格局。加强城市功能互补和产业分工，加快产业集聚，实现交通一体、产业链接、服务共享、生态共建，建设辐射带动能力强、经济联系紧密、城市层级分明、体系结构合理、具有国际竞争力的开放型城市群。

●“一极”指以郑州市为中心的包括周边城市在内的中原城市群，是全省经济发展核心区域。中原经济区内部综合竞争力分析表明：中原经济区发展整体上呈现西北高东南低的状况，郑州具有明显的竞争优势，其次是洛阳、焦作、许昌、三门峡等。

●“两带”指陇海经济带和京广经济带，在河南经济发展中具有重要支撑作用。

●“双翼”指京广线以西和以东的广大区域，其中西部是全省乃至全国的能源原材料和装备制造业基地；东部是全省和全国的以粮食为主的农产品生产加工基地。

1.2 中国治水中原为枢

1.2.1 兴水利除水害是治国安邦第一要务

治水是立国之本、善为国者必先除水旱之害。治水在中国占有如此重要的地位，是由中国的国情决定的。华夏文明是以农耕经济为核心的，免于水旱灾害乃是一项最为基本和最具社会普遍性的公共需求。

纵观中华文明发展历史，我国历史上出现的一些“盛世”局面，无不得益于统治者对水利的重视，得利于水利建设及其成就。水利兴而天下定，天下定而民心稳，人心稳则生产发展，社会有粮则百业兴。在中国漫长的历史中，历代统治者虽然有治水的政治意愿，但受制于技术经济条件和治理能力，都没能实现水问题的“大治”[①]。中华文明史一定意义上就是中华民族与洪涝、干旱作斗争而不断前进的历史。对于以农业立国的中华民族而言，水利文明始终发挥着决定性的作用。

---

① 根据王亚华统计，唐朝贞观之治 23 年，黄河有 8 个年份决溢；清代康乾之治 134 年，黄河有 47 个年份决溢，说明即使在古代最为繁荣的时期，仍然没有足够的能力抗御黄河洪水。

历史上，治水的首要任务是防洪抗旱排涝。受地形和季风气候的影响，中国降雨的时空变异性甚大，造成水资源时空分布极不均匀且与农业生产力布局不匹配。北方农业区水资源贫乏，长江以北的国土面积占全国国土面积的64％，水资源量只占全国的19％，而长江以南地域的水资源量占全国的80％以上。水资源年际变化大、年内分配集中，丰、枯水年变异无常，使中国水资源自然条件复杂，决定了中国水旱灾害的频繁发生，决定了防洪抗旱排涝除害历来是中国治水的首要任务。

新中国成立以来，我国有效遏制了水旱灾害的威胁，以占全球6％的可更新水资源，支撑了占全球22％人口的温饱和经济发展，但急剧推进的城市化和工业化造成了严重的水资源短缺和水污染问题，表现为多重相互交织的水危机。这对中国现阶段的治水方式提出了新的挑战。

当前，中国水利发展不仅面临防洪抗旱、灌溉排水问题，而且面临日益严峻的水资源短缺和水污染问题。治水的内容也不断拓展，涵盖了越来越多的方面。除了防洪和灌溉，还包含了水力发电、除涝治碱、水土保持、城镇供水、人畜饮水等内容，特别是随着人口增加和城镇化发展，缺水问题更加突出，城乡之间、产业之间的用水竞争日趋加剧。

我国水资源总量为2.8万亿立方米，居世界第六位，但人均水资源量仅为世界人均占有量的28％。水资源空间分布不均，水资源分布与土地资源、经济布局不相匹配。南方地区水资源量占全国的81％，北方地区仅占19％；北方地区水资源供需紧张，水资源开发利用程度达到48％。水体污染、水生态环境恶化问题突出，南方一些水资源充裕地区出现水质型缺水。水资源短缺，既影响着经济发展，也制约着人口和经济的均衡分布，还带来了许多生态问题。中国目前每年排放的有机水污染物是美国、日本和印度三国的总和，水体污染日益严重，加剧了水资源短缺，并直接威胁人民身体健康，水污染治理成为新的治水内容，与洪涝灾害和干旱缺水的治理同等重要。

今后一个时期，随着全球气候变化和用水需求攀升，我国将长期面临水资源严重短缺的局面。水利建设将面临严峻的现实挑战：一是水资源短缺将更趋严重，生活、生产、生态用水都面临极大压力。二是水资源供求矛盾日益突出。经济社会发展对加快水利发展的需求更加迫切，人民群众对加快水利发展的期盼更加强烈。三是水源涵养的空间面临新挑战。农业现代化、现代产业体系、城乡一体化发展对水利建设提出更高的要求，对水生态承载力提出新的挑战。

在此背景下，水利的经济功能、社会功能和生态功能日益凸显。2011年中央1号文件和中央水利工作会议指出，水是生命之源、生产之要、生态之基。加快水利改革发展，不仅事关农业农村发展，而且事关经济社会发展全局；不仅关系到防洪安全、供水安全、粮食安全，而且关系到经济安全、生态安全、国家安全，将水利提升到了空前的战略高度。

为此，优先发展水利事业，全面增强水资源保障能力，已经成为解决中国式难题必须首先破解的问题。这一切都对变革中国治水模式提出了新的要求——既要提高水资源的节约和科学配置水平，又要恢复并扩大河流、湖泊、湿地、草原和森林等水源涵养的空间，保障水资源的良性循环，支撑经济社会可持续发展。

1.2.2　中原是保障中国水资源安全的战略腹地

中原地区人口稠密，人地关系比较紧张，在水土资源都处于紧平衡状态下的资源约束下，既要发展生产，又要改善生活，更要保护生态环境，怎样处理好水资源和土地资源的合理利用与开发是一个突出的矛盾。

河南省是中国水系承东启西连南贯北和水资源涵养的枢纽腹地，同时也是最容易遭到破坏的水生态脆弱区。河南省地跨淮河、长江、黄河、海河四大流域，其流域面积分别为8.61万、2.77万、3.60万、1.53万平方千米。全省100平方千米以上的河流有493条。其中，河流流域面积超过10 000平方千米的9条，为黄河、洛河、沁河、淮河、沙河、洪河、卫河、白河、丹江；5 000～10 000平方千米的8条，为伊河、金堤河、史河、汝河、北汝河、颍河、贾鲁河、唐河；1 000～5 000平方千米的43条；100～1 000平方千米的433条。按流域范围划分：100平方千米以上的河流，黄河流域93条；淮河流域271条；海河流域54条，长江流域75条。因受地形影响，大部分河流发源于西部、西北部和东南部的山区，流经河南省的形式可分为4类：即穿越省境的过境河流；发源地在河南的出境河流；发源地在外省而在河南汇流及干流入境的河流；以及全部在省内的境内河流。

在全球气候变化和经济社会的快速发展等因素的综合作用下，河南省的水情又出现了一些新情况、新问题。

一是水资源短缺状况不断加剧。全省人多水少，多年平均水资源量仅有405亿立方米，当前人均、亩均分别为430立方米和340立方米，不足全国平均水平的1/5和1/4。近年来，随着工业化、城镇化的快速发展，各类用水增加。一方面，水资源开发的难度越来越大，另一方面一些地方污染严重、地下水长期超采，水资源短的问题日益严重。资源性、工程性、水质性、管理性缺水同时存在。

二是水生态环境恶化压力加大。目前，全省平原区浅层地下水已形成近8 000平方千米的漏斗区；44.4%的河段受到严重污染，水质劣于Ⅴ类标准，部分地区地下水也遭到不同程度的污染，已威胁到城乡饮水安全；1.67万平方千米的水土流失面积尚未得到治理；河道断流、湿地萎缩等问题不同程度地存在。水生态环境恶化，已成为影响人民群众身体健康和经济社会可持续发展的突出问题。

三是农田水利建设滞后成为影响农业稳定发展和粮食安全的最大硬伤。目前，全省有效灌溉面积不足耕地面积的七成，还有200多万公顷耕地是望天收，保证粮食生产持续稳定增长的后劲不足。更加令人担忧的是，河南省灌溉设施大多建于20世纪五六十年代，先天不足、后天失修，严重影响工程效益的发挥。机井陆续进入报废和更新改造期，全省有一多半机井处于“带病”运行状态，井灌面积日益衰减。小浪底水库建成后，由于调水调沙，黄河河床逐年下切，致使不少引黄口门引水能力逐年下降，加之缺乏必要的引黄调蓄工程等原因，分配给河南省的引黄水量指标不能充分利用，多年平均利用率不足五成。这一现状，始终是影响粮食增产丰收、粮食核心区建设的切肤之痛。

因此，加强淮河、黄河、海河、长江等重点流域和丹江口水源区河南区域水污染防治，建设由南水北调干渠和受水区配套工程、水库、河道及城市生态水系组成的中原健康水系，关系到中国水资源安全和中国治水总体成效。

1.2.3　中原是中国水资源调配战略枢纽

中原地区是中国唯一地跨长江、淮河、黄河、海河四大流域的省份，水利事业发展具有与生俱来、得天独厚的优势。加之南水北调中线工程纵贯南北，水利枢纽地位极为突出，拥有着黄河、淮河、长江和海河四大流域的独特区位和三面环山的独特地势。河南省地跨黄河两岸，因河而名，因水而兴，不仅孕育了华夏文明，而且在社会经济高速发展的今天，又以水资源的开发利用，承载着保障中原经济区建设和华北地区水资源配置枢纽的战略重任。

近几年来，河南省境内先后开工建设了小浪底工程、南水北调中线工程这两个特大型水利工程。目前，河南 2 361 座水库星罗棋布，130 条骨干河道得以治理，1.63 万千米干支流河道堤防重新加固，以大江大河重要支流治理、中小河流治理、病险水库除险加固和山洪灾害防治等兴利防洪除涝减灾体系的骨架已经初步形成；输水线路总长 961.58 千米的南水北调中线工程中的河南段全长达到 731 千米，河南省 11 个省辖市、32 个县（市、区）的南水北调配套工程建设，以及丹江口水库水源地保护工程，是实现南水北调水质始终保持在Ⅱ类以上标准、“黄河北发展，黄河南连线”建设目标的关键环节。

目前，以小浪底水库和南水北调中线工程为依托，以长江、淮河、黄河、海河流域原有水系为构架，使得“一纵四横”、“南北调配、东西互济”的“中原水网”和“南北调配、东西贯通”的水资源配置体系初具规模。

特别是，中原地区是我国 2010 年出台的主体功能区规划中的主要粮食安全战略区和生态功能区之一，限制开发面积占总面积的 70%左右。河南农田水利健康体系是联系生态和经济的纽带和关键。大力发展河南农田水利，既是维护粮食安全、调整农业结构、实现农民增收、农业增效、农村全面建设小康社会的重要途径，也是改善生态环境状况、保障水生态安全的战略举措，又是改善经济社会水资源保障、实现人与自然和谐、建设生态文明社会的客观要求。可以预见，河南水利调配体系必将在华北地区水资源调配和生态化建设中发挥战略枢纽作用。

1.2.4　中原水利是华北地区社会发展的战略资源

作为中国的重心，华北的命门在于水。南水北调将成为京、津、冀社会发展的生命线（魏智敏，2010[①]）。输水线路总长 961.58 千米的南水北调中线工程中的河南段就长达 731 千米，从而奠定了中原水利在华北地区社会发展的战略资源地位。

数十年来，华北农业实现了对"南粮北调"的扭转，高速发展的农业依赖的正是一口一口的机井对地下水的掠夺性开采。在华北平原，200 万口机井遍布田间地头，正在透支华北的未来。国土资源部的数据显示，由于长期大规模开采，海河流域累计地下水超采量 1 307 亿立方米，黄河流域累计地下水超采 191 亿立方米。华北地区的地下水透支已达 1 200 亿立方米，相当于 200 个白洋淀的水量。深层地下水水位持续下降，目前有近 7 万平方千米的地下水位低于海平面。京、津、冀三地由于地下水超采而造成的漏斗区，总面积已超过 5 万平方千米。河北省地质勘探部门的资料表明，由于地下水超采，河北省东部平原深层地下水位目前普遍比几十年前下降了 40～60 米，形成 7 个深层地下水位降落漏斗，华北地区或成为世界最大的漏斗区。国土资源部的数据显示，由于水资源匮乏，整个华北地区的用水超过 70％是依靠地下水。

南水北调工程的供水目标为：解决城市缺水为主，兼顾生态和农业用水[②]。根据规划，南水北调通水后，良好的水质除了可以解决人们的生活用水外，通过在工程沿线各地建设调蓄水库和利用自然湖泊，可较大地增强水资源调配能力，尤其是通过适时调引长江流域的洪水，注入沿线调蓄水库，不仅可以减轻水源区防洪压力，而且为北方地区农业灌溉、回补地下水等提供水资源保证，有效缓解受水区的地下水超采局面。

南水北调中线工程实施后，每年可间接增加生态和农业用水 60 亿立

① 周喜丰，龙涛．南水北调如何"拯救"华北．有关资料来自记者对水利部海河委防汛技术顾问魏智敏的采访。http：//big5.china.com.cn/news/txt/2010-04/24/content_19897502_3.htm

② 2003 年《南水北调城市水资源规划》公布了南水北调城市水资源规划的总体目标是：通过开源、节流、污水处理回用、水资源保护、改革水资源管理体制、调整水价、合理配置水资源等措施，保证城市用水的基本需要。

方米，使北方地区水生态恶化的趋势初步得到遏制，逐步恢复和改善生态环境。截至目前，南水北调东、中线一期工程已全线开工，部分完建项目和生态保护等已发挥综合效益，惠及沿线省市和人民群众。有专家提出："利用南水北调的中、东线工程，尽可能将丰水期泄入大海的江河之水导入华北干旱地区，并把水回灌到地下形成地下水库，是防止旱情发生的手段，也是减少汛情的有效方法"。

1.3　为中国明天探路需要水润中原

1.3.1　中原经济区建设面临"中国式难题"

中原经济区的主体河南省，是我国的人口大省、农业大省，也是新兴的工业大省。以河南省为主体的中原地区位于沿京广、陇海、京九"两纵一横"经济带的交汇地带，是人口密集、自然资源丰富、经济总量最大、交通区位优势最突出、市场潜力最大、最具发展潜力的区域，是我国粮食、能源、原材料、劳动力的集中供应区域，又是连接我国东西部的重要经济区域，在我国经济发展中具有不可替代的地位和作用。尽管近年来，该地区的主体——河南省经济社会快速发展，经济总量已经突破 2 万亿元，连续多年位居全国第五，但人均指标排名为全国中下游，人口多、底子薄，粮食增产难度大、经济结构不合理、城镇化发展滞后、公共服务水平低等问题始终是制约河南可持续发展的突出问题。

这是省情，在一定意义上也是浓缩的国情。河南是中国的缩影，也象征着祖国的发展（温家宝，2011）。在中国，人们经常看到一些粮食（生产）大县、农业大县，但同时又是工业小县、财政穷县，这是什么问题呢？就是在工业化、城镇化推进的过程中，农业现代化的步伐慢了，两者不协调。在全国粮食安全的形势不容乐观的大背景下，尤其是在河南以及像河南这样的一些农业大省，处在了加快推进工业化、城镇化的特定阶段上，如何处理好"三化"协调，就成为现代化进程成败的关键。

中原经济区建设的核心任务是要积极探索不以牺牲农业和粮食、生态和环境为代价的工业化、城镇化和农业现代化协调发展路子。对于实现区域内及我国区域间协调发展具有重要意义，而且对于缩小地区之间、城乡之间的收入差距，构建和谐社会具有重要意义。但是，中原经济区建设中却面临着中国尤其是后发地区转型发展中普遍存在的诸多“中国式难题”。

第一，“三农”问题非常突出，粮食增产难度大。该地区是全国第一人口大省而且是农业人口比重最大的省份，又是中国的重要农业区和粮食主产区，肩负保障国家粮食安全的重任，但人多地少、人多水少问题最突出，粮食生产投入成本高而产出收益低，粮食持续增产难度较大。这一点既是中原地区的共同特点，也是中国的基本国情。

第二，城乡二元结构矛盾突出。城乡失衡、经济结构矛盾等中国面临的难题，中原更为典型、更为集中，解决起来更为困难。在某种意义上说，这一类地区农业要素被吸纳的程度、城镇化和工业化的发展程度，会直接影响整个中国的城镇化和工业化进程。该地区人力富集，资源丰富，更是中国粮仓，客观上是我国的一个重要经济区，但长期以来，一直属于欠发达地区，城乡二元结构矛盾突出。今后一个时期既是我国加快工业化最迫切的地区，也是我国加快城镇化任务最繁重的地区。该地区二元结构问题一旦突破，将具有标本和示范意义①。

第三，以农田水利为代表的农村公共基础设施发展滞后，公共服务水平低。农村公共投入匮乏、公共基础设施建设滞后、农村的公共服务水平低等问题，不仅是制约该区域农业结构调整和农村现代化建设的主要瓶颈；该区域公共服务城乡失衡问题已成为影响我国缩小城乡差距的深层次原因。破解这些问题，对于中国加快新农村建设、促进农业现代化发展、缩小城乡差距意义重大。

第四，资源配置与保护体制机制创新难度大。城乡资源要素配置机制、资源产权交易机制、资源集约利用机制、资源价格形成机制、水资源生态保护补偿机制、资源保护性开发的财政转移支付和社会化投融资机制等问题，都亟待探索。这些对资源环境与“三化”协调发展的具有重要意义。

---

① 转引自新华网记者梁鹏在《求解“三化”协调发展的中国式难题——解读中原经济区建设》一文中援引北京大学副校长刘伟的观点：城乡失衡、经济结构矛盾等中国面临的难题，中原更为典型、更为集中、解决起来更为困难，一旦突破，将具有标本和示范意义。http://news.xinhuanet.com/fortune/2011-10/10/c_122137994.htm. 2011 年 10 月 10 日。

总之，尽管该区域近年来保持着持续快速发展的良好态势，经济实力不断提高，城市功能不断完善。但是，该区域布局在经济发展、农田保护、生态涵养空间拓展、水资源保障和资源要素优化配置能力等方面还有待进一步加强和优化，对中部地区周边地区的支撑力、集聚力和辐射力还有待进一步提高。中原经济区是中国城乡差别最难平衡的一个区域，如何走一条不以牺牲农业和粮食、生态和环境为代价的“三化”协调科学发展路子，解决二元社会平衡问题，这不仅是河南在快速发展中必须考虑的问题，也是中国实现科学发展必须破解的难题。

1.3.2　转型期中国治水面临新挑战

随着全球气候变化和用水需求增加，水资源短缺将更趋严重，生活、生产、生态用水都面临极大压力。水利对社会的政治生态和自然生态环境的影响更为巨大。特别是水短缺、水污染和水生态问题，其危害性和严重性已经不亚于洪涝灾害。中国的治水任务演变为抗旱除涝保生态相互交织的复合性问题，且每一个问题均呈现高度的复杂性。

当前，中国治水面临着工程性缺水、水质性缺水、资源性缺水相互交织和叠加的多重难题。在快速推进的工业化和城镇化的当今，中国治水问题已经从区域性问题发展成流域性和全局性问题、从单一问题演变成复合性问题。

水资源短缺状况不断加剧、水资源分布不均问题更为突出、水生态环境恶化压力加大、水旱灾害发生几率上升，我国水利形势更趋严峻，增强防灾减灾能力要求越来越迫切，强化水资源节约保护工作越来越繁重，加快扭转农业主要“靠天吃饭”局面任务越来越艰巨（胡锦涛，2011）。[①]

（1）水资源短缺日趋突出。21 世纪以来，全国出现的旱情越来越多，北方地区城市缺水愈演愈烈，水资源供求矛盾日益突出，满足水源涵养的空间面临挑战。我国水资源总量为 2.8 万亿立方米，居世界第六位，但人均水资源量仅 2 200 立方米，不足世界人均占有量的 28%。而且水资源空间分布不均，水资源分布与土地资源、经济布局不相匹配。南方地区水资

① 胡锦涛总书记在 2011 年中央水利工作会议上的讲话。

源量占全国的81%，北方地区仅占19%；北方地区水资源供需紧张，水资源开发利用程度达到了48%[①]。目前全国有18个省（区）人均水资源量低于国际上公认的中度缺水标准（2 000立方米），其中有10个省（区）人均水资源量低于严重缺水标准（1 000立方米），海河、淮河和黄河流域的人均水资源占有量仅有350～750立方米，属严重缺水地区，并且由于水污染和水土流失使情况为恶化。农业年缺水量达300亿立方米，近9亿农民中大多缺少水卫生设施。尽管南水北调工程已经开工建设，但北方的水危机短期内还得不到缓解，水资源短缺仍然是制约中国北方经济社会发展的资源瓶颈。

（2）水污染危害严重。中国快速推进的工业化和城镇化造成人口与资源矛盾的空前尖锐，产生了大规模的生态破坏和十分严重的环境污染问题，形成了大规模大范围的“水资源危机”和“生态赤字”。全国有近50%的河段、90%的城市水域受到不同程度的污染。治理污染的速度赶不上污染增加的速度，水环境恶化趋势不断发展，污染负荷早已超过水环境容量。水体污染、水生态环境恶化问题突出，南方一些水资源充裕地区出现水质型缺水。水资源短缺，既影响着经济发展，也制约着人口和经济的均衡分布，还带来了许多生态问题。

（3）水土流失形势严峻。目前，中国约有1/3的耕地受到水土流失的危害，其中尤以黄河中游、长江上游、东北黑土地和珠江流域石漠化地区最为严重。人为因素和自然因素都可以导致水土流失，但是人为因素起主导作用，特别是人类不合理的耕作方式或开发建设导致的植被破坏。水土流失治理赶不上破坏，局部有改善，总体在扩大。全国共有水土流失面积356万平方千米，占国土总面积的37%，需治理的面积有200多万平方千米。水土流失总量巨大，每年损失的土壤总量达50亿吨，仅次于印度，居世界第二，已经成为中国的严重环境问题。

（4）水生态迅速恶化。中国西北、华北和中部广大地区因水资源短缺造成水生态失衡，引发江河断流、湖泊萎缩、湿地干涸、地面沉降、海水

① 国务院关于印发全国主体功能区规划的通知．http：//www.gov.cn/zwgk/2011-06/08/content_1879180.htm.

入侵、土壤沙化、森林草原退化导致土地荒漠化等一系列生态问题。华北地区因地下水超采而形成了约3万～5万平方千米的漏斗区。国际公认的流域水资源利用率警戒线为30%～40%，而中国大部分河流的水资源利用率均已经超过该警戒线，如淮河为60%、辽河为65%、黄河为62%、海河高达90%。黄河、淮河、海河三大流域目前都已处于“不堪重负”的状态。河流系统在众多的水利工程的雕刻下，不断渠道化、破碎化，造成洪水调蓄能力、污染物净化能力、水生生物的生产能力等不断下降。水资源的过度开发利用，使众多珍稀的水生生物数量锐减，城镇水生态系统面临着严峻的挑战。大多数城镇因工业、生活污水排放和农业面源污染超过了当地水系统生态自我修复的临界点。

未来的30年，持续增长的人口压力和庞大的人口规模，将使水资源不安全、水环境不安全和水生态不安全越来越突出。据中国工程院保守估计2030年国民经济总需水量将增加1 307亿立方米，相对于2005年用水总量，增加部分主要是工业用水和城市生活用水，城市废水产生量也将相应大幅增加到850亿吨。缺水将导致生产、生活用水更多挤占生态用水，加之污水排放量的进一步增长，将使本来脆弱的水生态环境更加恶化。

在此背景下，中国在未来十几年建设全面小康社会的进程中，以及未来十几年迈向中等收入国家的道路上，水问题将成为制约经济社会发展的最大资源瓶颈，水危机将始终是国家安全的心腹之患。美国兰德公司曾提出缺水和污染是影响中国经济增长可持续性的八大因素之一，它们对增长率的负面影响在1.0%～2.0%之间，高于能源价格上涨和外商投资下降的影响①。国际投资大师吉姆·罗杰斯（Jim Rogers）更是认为：水危机可能终结中国繁荣②，即水危机对中国的影响远远超过其他危机，它会直接导致粮食危机、健康危机、环境危机、能源危机乃至生存危机，在一定

---

① 以上资料参考了王亚华．中国治水转型：背景、挑战与前瞻．http：//www.jxsks.com/Article.aspx？Boardid=226&ArticleID=1328．2007-11-05．

② 2011年5月28日投资大师吉姆·罗杰斯（Jim Rogers）作客BBC的HardTalk节目，当谈到中国经济首要问题时，排除了外界最为瞩目的房地产，称泡沫虽然存在却不足与美国次贷同日而语，而真正可能终结中国繁荣的问题是：水危机。语出惊人。资料来源：郑宇钧．水危机终结中国繁荣？[N]．青年参考，2011-06-10，第29版；王静江：水是经济发展的最大隐忧吗[N]．中国环境报，2011-07-05，第7版。

程度上将制约崛起的中国进一步发展。

可以说，中国正在以最稀缺的水资源和最脆弱的水生态环境，支撑着历史上最大规模的人口和经济活动，同时也对当代人健康和生活构成威胁，并且危及子孙后代的生存条件，使中国面临着最为严峻的水危机。解除水危机的根本出路在于寻求市场经济、全球化和信息化条件下的新型治水模式，实现治水模式的变革转型。

1.3.3　中原经济区治水肩负为中国明天探路的重任

目前，中国水资源供给和水生态环境压力前所未有，保障国家水安全任务异常艰巨，农田水利建设滞后仍然是影响农业稳定发展和国家粮食安全的重大制约，水利设施薄弱仍然是国家基础设施的明显短板。

现阶段，中国正处于工业化和城镇化加快推进、“三农”问题和二元结构亟待破解的关键阶段，水利不仅是现代农业建设不可或缺的首要条件，是经济社会发展不可替代的基础支撑，而且是生态环境改善不可分割的保障系统。水利建设事关经济社会发展全局，特别是农田水利建设，既关乎国家的“粮袋子”，又关系农民群众的“钱袋子”。水利建设对于改善水环境、保障人民饮水安全、协调生产生活与生态用水矛盾具有更大的作用，对于支撑农业现代化、现代产业体系、城乡一体化发展具有重大的影响。

在水资源承载力下降、生态环境约束增强而粮食危机加剧的条件下，怎么才能妥善地协调好社会经济发展、改善民生和水生态保护三者的关系，如何破解生产粮食、保护水生态与“三化”同步发展矛盾问题，就成为中国各级政府必须优先解决的一个战略性问题。

中原经济区提出探索一条不以牺牲农业和粮食、生态和环境为代价的“三化”协调科学发展路子，将为全国同类地区创造经验，对于工业化、城镇化、“三农”问题和二元结构亟待破解的中国而言，这无疑是在为中国的明天探寻出路。

无论是历史的还是现实的，河南都是中国的缩影。河南既是以粮食生产核心区为重点的农业功能区，又是国家重要的以“四区两带”为重点的生态安全功能区。粮食安全，兴水是根本出路；社会发展，兴水是基础支撑。加快发展、推动转变，务必量水而行。

同时，中原经济区的区情和水情，决定了中原经济区建设必须首先破解“水利建设组织难、投入难、管理难、持续兴利难”的治水兴水难题。国际经验表明，各国工业化发展道路往往是以牺牲生态和环境为代价的。改革开放以来，随着工业与农业之间、生产与生态之间的用水竞争日趋加剧，中国先发地区的发展道路更是以牺牲农业和粮食、生态和环境为代价的。例如，中国南方一些地方经济发展了，粮食生产下来了，沿海发达地区的粮食产量不断减少，我国粮食供给已经从过去“南粮北调”转变为“北粮南运”。同时，有些地方粮食生产保住了，但是经济发展太慢，“粮食大县”成为“财政穷县”。

水润中原，是夯实民生改善的基础。饮水安全，水利是民生所望；供水保障，水利是民生之盼。着力民生、促进和谐，务必顺水而为。水润中原，能打牢生态保护的屏障。生态安全，治水是关键环节；山川秀美，治水是当务之急。保护生态、优化环境，务必循水而治。水润中原，可支撑持续发展的态势。①

因而，求解“三化”协调发展中的治水难题，不仅是中原经济区建设过程中要优先考虑的一个战略性问题，也是中国转变经济发展方式、解决二元结构问题、谋求人与自然和谐、实现科学发展必须破解的难题。

---

① 何平．水润中原．加快领导方式转变　推进中原经济区建设．新十八谈·命脉篇《丰水兴利保发展》及何平感言《水润中原》．http：//newpaper. dahe. cn/hnrb/html/2011-10/13/node _ 43. htm.

第二章　中原经济区发展需要多赢治水

粮食安全，兴水是根本出路；社会发展，兴水是基础支撑。兴水利、除水害，事关人类生存、经济发展、社会进步，历来是治国安邦的大事。目前，中国农业正处于由传统向现代转变的关键时期，面临资源和环境的双重制约、国际和国内市场的双重挑战，随着工业化、城市化的发展，农业可用水资源下降将不可逆转，农业水资源短缺将比耕地短缺对我国农业和粮食安全的影响更为严重。因而，脆弱的农田水利保障能力对中国的影响将远远超过其他危机，而且，在诸多现实和潜在的忧患中，农业水危机正成为中国实现强国梦想的巨大障碍。

中原经济区提出走一条不以牺牲农业和粮食、生态和环境为代价的“三化”协调科学发展路子，这既是破解河南发展难题的必然要求，也是全国现代化建设进程中必须解决的重大战略问题。在水利可持续性已经成为经济社会发展的支撑条件下，中原经济区要实现不牺牲农业和粮食、生态和环境的“三化”协调发展之路，必须首先破解的关键问题在于建立坚实的水利保障和支撑体系，而探索多赢治水模式则是其根本前提。

2.1　中原经济区水土资源条件

河南省拥有着黄河、淮河、长江和海河四大流域的独特区位和三面环山的独特地势。地跨黄河两岸，因河而名，因水而兴，不仅在历史的长河之中孕育了华夏文明，而且在社会经济高速发展的今天，又以水资源的开发利用，承载着保障中原经济区建设和中原崛起、河南振兴的深切厚望。

近几年来，河南省境内先后开工建设了小浪底工程、南水北调中线工程这两个特大型水利工程。“一纵四横”、“南北调配、东西互济”的“中原水网”已经初具规模。目前，2 361 座水库星罗棋布，130 条骨干河道得以治理，1.63 万千米干支流河道堤防重新加固，防洪减灾的骨架初步形成。

不容忽视的是，河南属水资源严重短缺省份，全省水资源总量 413 亿立方米，居全国第 22 位，人均水资源占有量 440 立方米，亩均水资源量 405 立方米，均为全国平均水平的 1/5。虽然近年来河南省农田基础设施建设得以加强，但随着工业化、城镇化进程加快，人口增长、耕地减少和水资源紧缺的趋势不可避免，区域性缺水、季节性缺水、工程性缺水以及水质性缺水问题日益突出。这导致河南粮食增产的基础并不稳固，农业基础设施尤其是农田水利设施在改善农业生产条件、抵御水旱灾害、提高农业综合生产力等方面支撑力依然脆弱。农田水利为代表的农村公共品供给不足已成为制约“三农”发展的主要瓶颈，对这一领域的建设投资和供给管理亟待加强。鉴于本研究的目标，本章重点分析农业发展的气候、水源、耕地田间和人口条件。

2.1.1　气候资源条件

河南省地处我国中部，全省总面积 16.7 万平方千米，约占全国的 1.74%。河南位于东经 110°21′～116°29′、北纬 31°23′～36°21′，南北纵跨 530 千米，东西横越 580 千米。属于亚热带向暖温带过渡地区，气候温和，日照充足，降水丰沛，光热水气资源丰富。区位条件具有以下特点：

其一，区内光热气资源差异性显著。河南处于中纬度地带，我国划分暖温带和亚热带的地理分界线秦岭淮河一线，正好穿过境内的伏牛山脊和淮河干流。此线北属于暖温带半湿润半干旱地区，面积占全省总面积的 70%，此线以南为亚热带湿润半湿润地区，面积占全省总面积的 30%，气候具有明显的过渡性特点。全省由于受季风气候的影响，加上南北所处的纬度不同，东西地形的差异，使河南的热量资源南部和东部多，北部和西部少，降水量南部和东南部多，北部和西北部少，气候的地区差异性明显。

其二，温暖适中，兼有南北之长。河南气候温和，全省年平均气温12.8～15.5℃，冬冷夏炎，四季分明，具有冬长寒冷雨雪少，春短干旱风沙多，夏日炎热雨丰沛，秋季晴和日照足的特点。河南处于暖温带和亚热带的过渡地带，南北两个气候带的优点兼而有之，具有南北之长，有利于多种植物的生长。

其三，季风性显著，灾害性天气频繁。河南西靠广阔的欧亚大陆，东近浩瀚的太平洋，冬夏海陆温差显著，风向随季节变化明显。季风气候对农业有利的方面是主导的，但也有其不利的一面，主要在于它的不稳定性，具体表现在年降水量的时空分布不均，往往全年的降水量主要集中在夏季，约占全年降水量的45%～60%，降水的不稳定性极易引起旱涝灾害。

2.1.2 水源条件

河南省地跨长江、淮河、黄河、海河四大流域，地处南北气候和山区向平原的两个过渡带，受特殊地理位置和气候条件的影响，相比于河南作为中国农业大省而言，农业水资源总量及其分布与生产力布局极不相称。据测算，河南省多年平均水资源总量为413.4亿立方米，人均占有水资源量不足440立方米，亩均水资源量405立方米，人均、耕地每公顷平均水资源量相当全国人均、耕地每公顷平均的1/5，居全国第22位。河南省水资源总量偏少，且时空分布不均，在区域分布上，呈现南部多于北部，山区多于平原的特点，水资源分布与地区的社会经济、人口、耕地不相适应。粮食主产区范围中，黄淮海平原北部地区水资源量为72.8亿立方米，亩均水资源量213立方米，仅为全省平均的62%；黄淮海平原南部地区和南阳盆地水资源量为213.4亿立方米，亩均水资源量376立方米，为全省平均的110%。

地表径流的年际、年内变化大，汛期6—9月4个月的降水量占全年降水量的50%～75%，4个月的径流量占全年径流量的60%～70%，集中程度由南向北递增。在年际变化上，大多数地区的最大年降水量是最小年降水量的3～3.5倍，地表径流量的丰枯非常悬殊，1964年全省地表径流量737亿立方米，而最少的1966年仅为103亿立方米，丰枯比为7.16倍。特殊的自然地理和气候特点，使河南省旱、涝、洪并存，灾害频繁，给粮食生产带来极大的不确定性。因而，对农田水利提出了较高的需求。

近30年来，河南省年平均气温为12.1～15.7℃，年均降水量为532.5～1 294.1毫米，年均日照时数为1 848.0～2 488.7小时，全年有效积温为4 452.3～5 655.7℃，全年无霜期为189～240天，属大陆性季风气候，四季分明、雨热同期，适宜多种农作物生长。河南具有得天独厚的光热水资源优势，是粮食作物一年两熟制最适宜的区域。但是，河南旱农区年降水量不足600毫米，且年际变化大，年相对变率20%左右，年内季节之间分布不均，70%的降水集中在7、8、9三个月，冬春降水比例小，季节性干旱特别严重。特别是，近年来，极端天气频发、降水时空分布极为不均、蒸发剧烈、水土流失严重，旱涝并发已成为河南农业发展的主要瓶颈。

2.1.3　耕地资源条件

河南现有耕地787万公顷，其中基本农田面积687万公顷，占耕地面积的87%。河南省耕地面积的3/4集中分布在占全省总面积55.7%的平原区，而占全省总面积44.3%的丘陵土地，耕地面积仅占1/4。在现有耕地中，有效灌溉面积495.60万公顷，占耕地总面积的62.53%，其中水田面积69.58万公顷，占耕地总面积的8.78%；旱地面积297.00万公顷，占耕地总面积的37.47%①。粮食主产区范围内②耕地面积661.76万公顷，其中黄淮海平原耕地506.98万公顷，豫北、豫西山前平原55.35万公顷，南阳盆地99.42万公顷（表2-1）。

---

① 据1998年统计，全省耕地面积683.4万公顷，其中旱地为633.5万公顷，占92.7%。旱地中每年灌溉面积仅190.2万公顷，占旱地面积的30%，其余70%的旱地（443.3万公顷）无法进行有效灌溉。其中以豫西、豫北山地丘陵区最为典型。

② 根据《国家粮食战略工程河南核心区建设规划》河南粮食核心区划分为黄淮海平原、豫北豫西山前平原和南阳盆地三大区域，核心区主体范围确定在这三大区域的93个县（市、区），控制在全省耕地面积的83.5%、基本农田面积的85%，其中国家认定的粮食生产大县68个。

表 2－1　2009 年河南粮食主产区范围耕地面积

单位：万公顷，%

区域范围	耕地面积	有效灌溉面积			旱地面积	
		合计	占总耕地比例	其中水田	合计	旱地占耕地的比例
全省	792.60	495.60	62.53	69.58	297.00	37.47
粮食主产区范围	661.76	432.27	65.32	67.04	229.49	34.68
粮食主产区范围占全省的比例	83.49	85.78	—	96.35	80.60	—

资料来源：根据河南省农业厅内部资料整理而得。

其中，高中低产田区域分布及产量现状。高产田情况。河南省粮食高产田在全省范围都有分布，连片集中在 14 个省辖市的 49 个县（市、区），面积 178.38 万公顷，其中，吨粮田面积 63.47 万公顷。一是黄淮海平原高产区，包括滑县、浚县、太康等 30 个县，高产田面积 121.73 万公顷，其中，吨粮田面积 39.08 万公顷。二是豫北、豫西山前平原高产区，包括温县等 13 个县，高产田面积 26.67 万公顷，其中，吨粮田面积 14.92 万公顷；三是南阳盆地高产区，包括唐河等 6 个县，高产田面积 29.97 万公顷，其中，吨粮田面积 9.47 万公顷。2007 年，这些区域内的高产田粮食总产量达 2 318 万吨，按播种面积平均亩产 460 千克。

中低产田区域分布及产量情况。全省现有中低产田 433.13 万公顷，在黄淮海平原、豫北、豫西山前平原和南阳盆地三大区域都有不同程度的分布，这一区域现有中低产田面积 335.33 万公顷，占全省中低产田面积的 77.42%。其中：黄淮海平原 263.27 万公顷，占全省中低产田面积的 60.78%；豫北、豫西山前平原 16.13 万公顷，占全省中低产田面积的 3.73%；南阳盆地 55.93 万公顷，占全省中低产田面积的 12.91%。制约这一区域的主要因素是农业基础设施条件差，土壤肥力不足，旱涝、风沙等自然灾害交替发生，农民科学种田水平不高。黄淮海平原区，中低产土壤主要为砂质潮土、盐化潮土、碱化潮土、砂姜黑土、水稻土等；中低产田主要类型为渍涝型、盐碱型、干旱型、障碍层次型等 4 种类型，旱涝交替、风沙是影响该区域粮食生产的主要障碍因素。豫北、豫西山前平原区，中低产土壤主要为褐土、潮土、沙土；中低产田主要类型为干旱型、障碍层次型；土地瘠薄、干旱缺水是该区域中低产田的主要制约因素。南阳盆地中低产土壤主要为黄胶土、砂姜黑土；中低产田类型主要有干旱型、渍涝型、障碍层次型等 3 种类型，旱涝交替、土壤瘠薄是该区域中低产田的主要制约因素。这些区域内中产田平均粮食亩产 340 千克，低产田平均粮食亩产 268 千克，分别比全省粮食平均亩产低 29.5 千克和 101.5 千克。

另外，各地区的土地资源开发条件也明显不同。东部黄淮海平原和南阳盆地中部和东南部，水热土组合条件较好，是全省耕作农业的主体，是水浇地和水田的集中分布区；豫西丘陵山区和南阳盆地边缘岗地区，水土条件相对较差。特别是大部分地区水资源严重不足，是全省主要的旱作农业区，土地资源开发难度大，投入产出率低，适宜发展林果业；南部亚热带湿润丘陵山地则有较好的水热条件，土地开发潜力较大，具有发展亚热带林果业的优越条件。

2.1.4　农户资源状况

河南省现辖 18 各地市（17 个省辖市、1 个直管市），158 个县（市、区），2 100 个乡镇，48 138 个行政村，2011 年总人口突破 1 亿（其中第六次全国人口普查数据显示，常住人口就达 9 400 多万），其中农村人口 6 480 万人，占 65.7%。河南国土面积 16.7 万平方千米，占全国的 1.74%，河南省的人口密度将由现在的每平方千米 594 人上升至 786 人，人均耕地将由 0.075 公顷下降至 0.055 公顷。全省人均土地资源仅有 0.07 公顷；不及全国平均水平的 1/4，即使耕地面积也仅占到全国的 6.51%。2009 年，河南农民人均纯收入 4 807 元，比上年增加 353 元，增长 7.9%，扣除价格因素后实际增长 7.5%；比全国农民人均纯收入 5 153 元少 346 元，低 6.7%。在全国 31 个省、市、自治区中排第 17 位。从收入构成看，家庭经营纯收入 2 891 元，占纯收入的 60.1%。其中：农业纯收入 2 380 元，占纯收入的 49.5%，成为主要收入来源。工资性收入所占比重逐步提升，2009 年同 2004 年相比，占纯收入的比重由 29.5%上升到 33.7%。与全国比，农民收入呈现以下特点：①在本地从业收入较少，导致工资性收入偏低。②农业收入所占比重偏大。③财产性收入较低；④转移性收入偏少[①]。

2.2　多赢治水内涵

2.2.1　多赢治水的现实需求

治水的根本任务是解决社会经济系统与自然水生态系统之间的矛盾，促进两个系统协调发展。治水的主要目的除了保障人民生命财产安全外，就是开发利用水为人类生产生活服务，以达到强国富民之目的。在中国古代，兴水利主要体现在防洪、漕运和农田灌溉体系的建设上。随着人民生活水平的提高和社会的不断进步，水利在社会中的地位和作用也在发生着变化。人们对治水的目标提出了更高的要求：满足社会发展对饮水安全的要求，满足经济快速发展和人口增长对保障供水安全和粮食安全的要求，满足人民生活水平提高和保持社会稳定对改善生态环境等方面的要求。

2011年中央一号文件《中共中央　国务院关于加快水利改革发展的决定》明确提出，水是生命之源、生产之要、生态之基，水利是现代农业建设不可或缺的首要条件，是经济社会发展不可替代的基础支撑，是生态环境改善不可分割的保障系统，具有很强的公益性、基础性、战略性。加快水利改革发展，不仅事关农业农村发展，而且事关经济社会发展全局；不仅关系到防洪安全、供水安全、粮食安全，而且关系到经济安全、生态安全、国家安全。可见，水利建设和管理必须站在地区乃至国家发展全局的高度去谋划，综合考虑水利的安全功能、资源功能、环境功能和经济社会功能作用，为区域经济社会发展提供合作共赢的平台。

现阶段，尽管政府和公众都认识到：随着我国人口的持续增长、经济快速发展、城镇化水平和人民生活水平的不断提高，水利建设在工业化、城市化和农业现代化建设中，在实现经济发展、社会进步、生活富裕、环境优美的文明发展道路中，正在发挥着越来越重要的作用。但是，由于水

---

① 河南省统计局发布的《对河南农民增收问题的量化分析》报告中指出，2009年河南农民人均纯收入低于全国平均水平，仅为4 807元，http：//finance.stockstar.com/SS2010040630063310.shtml，2010-04-06。

利工程服务的公共物品属性和水利建设的高投入、高风险、低盈利性，使得水利发展的利益相关者的投入参与积极性偏低。

在当前经济社会转型发展时期，社会经济利益主体日趋多元化，不同的利益主体所追求的目标取决于其相关权力和责任，具有不同资源配置权力的行动主体所追求的治水目标必然存在差异。在市场经济条件下，治水利益相关者对水利建设的投入动力来源于其成本与收益的权衡，只有当其投入的预期收益高于投入成本时，其才会有动力参与水利建设投入。

在利益主体多元化的社会经济条件下，要满足经济社会发展的多功能治水需求，就必须发展多赢治水模式，让相关利益主体在实现各自治水需求的同时促进全社会治水目标的实现，让治水活动成为保安全、惠民生、促发展、利己利人、利国利民的多赢性公共经济活动。只有更加注重保障和改善民生、水资源节约保护管理和生态文明建设，增强发展的普惠性，增强发展的稳定性，才是符合中国国情、水情和民情的可持续发展的治水之路。

2.2.2　多赢治水的目标定位

目前，中国经济社会发展进入了一个资源与环境约束趋紧的阶段，如果处理不好经济发展与水资源及生态环境的关系，经济社会的发展将会难以持续。中国沿海地区的发展也在一定程度上牺牲了粮食、生态和环境。“发展经济”、“生产粮食”与“保护生态”被认为是难解的矛盾体。

在水资源生态承载力下降、生态环境约束增强而粮食危机日益加剧的条件下，如何破解“发展经济”、“生产粮食”与“保护生态”矛盾问题，怎么能够妥善地协调好社会经济发展，改善民生和生态保护三者的关系，这就成为中国政府不能不考虑的，也不可逾越的一个问题。

要实现水利事业大发展，必须统筹治水的经济效益、社会效益和生态效益目标，兼顾治水相关方的发展诉求和经济利益，以促进政府社会协同兴水治水合力的形成。从治水目标而言，治水应满足相关利益主体的四个层次的需求：

一是生存安全需求，即防洪安全和饮水安全需求，主要是指与人民的生命财产、身体健康直接相关的水利需求。例如防洪减灾、饮水安全、血吸虫病防治、病险水库除险加固等。当基本水利需求不能得到满足时，会直接威胁到人民群众的生命安全，影响人民群众的身体健康。要保障人民生存安全，必须发展平安水利。

二是粮食安全需求，即治水要保障粮食供给，满足社会的粮食安全需求。主要是指与农业增产增收、民众脱贫致富、发展粮食生产等“三农”相关的水利需求，如农田水利基础设施建设、水土流失防治等。当这类需求不能得到满足时，会严重影响粮食正常生产活动，阻碍人民生活水平的提高。

三是经济社会发展需求，即治水要满足经济社会发展对水量和水质的更高需求。当这类水利需求不能得到满足时，一般不会影响民众的正常生产和生活，但对经济发展、民生改善、生活质量会产生一定程度的影响。如城乡工商企业扩大生产与改善服务的用水需求。

四是生态环境安全需求。涉及人的较高层次的水利需求。即除物质需求外，还包括精神需求。主要包括与水利相关的生态环境改善与生态系统维持，城乡水景观及其他与水有关的人文景观建设和旅游景观开发等。在前三个层次得到一定程度满足之后，改善生态环境将成为治水的重要任务。

随着经济社会快速发展，我国水资源形势深刻变化，水安全状况日趋严峻，水利的内涵不断丰富、功能逐步拓展、领域更加广泛，水利对全局的影响更为重大，地位更加凸显。“恢复和维系良好生态系统，以水资源的可持续利用支持经济社会的可持续发展，是水利工作的基础性目标”（汪恕诚，2004）。现代水利工程一方面要满足水资源合理配置的各项要求，充分发挥工程效益；另一方面要满足水生态环境建设与保护的要求，使水利工程发挥最佳的生态效益和环境美化功能。

因此，治水活动的目标就需要由传统的生存和生产型治水向生存、生产和生态并重型治水转变，既保障防洪安全、饮水安全、粮食安全和经济发展的治水需求，更要保障生态安全治水需求，实现生产发展、生活改善、环境友好、生态安全的多赢治水目标。

2.2.3　多赢治水的基本内涵

多赢治水就是要立足经济社会发展大局，统筹社会生产、生活和生态用水需求，兼顾治水参与各方责权利关系，推进水利和民生的和谐共进，实现水生态系统与经济社会系统的协调可持续发展。

一是多赢治水的核心以人为本、兴水利民。目标是改善民生，维护老百姓最根本的利益，充分发挥水利建设在改善民生中的作用，推进水利和民生的和谐共进。以科学发展观为依据，突出解决人民群众最关心、最直接、最现实的水利问题，让广大人民群众共享水利发展成果，实现民生和水利共同发展的双赢。

二是多赢治水要在统筹兼顾的前提下，促进工农之间、城乡之间互利共赢。特别注重解决与“三农”相关的水利问题，加快农田水利基本建设，夯实农业发展基础，保证农业生产，促进农民增收，加快农村发展。

三是多赢治水要赋予相关主体生存和发展的必要水权，据此健全水资源分配和水权制度，解决水资源分配不公的矛盾。在水资源和水权分配中要切实保障社会群体用水的公平性和基本用水需求，保障水资源利用权利和机会公平，通过实现人类社会内部的和谐，进而达到人与自然的和谐，维护区际公平、代内公平、代际公平，确保水利发展成果惠及全体人民及子孙后代，促进可持续发展。

四是多赢治水以资源水利、环境水利、生态水利等水利发展思路的基础上，最终促进可持续发展水利的实现。更加注重保障和改善民生，增强发展的普惠性；更加注重水资源节约保护管理和生态文明建设，增强发展的可持续性。

总之，随着人民生活水平的提高和社会的不断进步，人们对生态产品的需求在不断增强，必须树立多赢治水理念，不仅满足经济社会的水量和水质安全需求，还要把提供具有社会效益和生态效益的生态产品作为水利发展的重要内容，把增强提供生态水利服务能力作为水利资源开发的重要任务，把水利放到一个地区乃至国家发展全局和战略的高度去谋划，综合考虑水利的安全功能、资源功能、环境功能和经济社会功能作用，为区域经济社会发展提供合作共赢的平台。

2.3　“三化”协调发展需要多赢治水

2.3.1　中原经济区“三化”发展的经济社会条件

以河南为主体的中原经济区人口多、市场大、农业基础好，是我国粮食、能源、原材料、劳动力的集中供应区域，又是连接我国东西部的重要经济区域，具有独特的资源和区位优势，在我国经济发展中具有不可替代的地位和作用。改革开放以来，中原经济区经济社会发展取得了长足进步，已经具备较好的产业基础。从其自身发展和在全国的地位看，这一区域工业化、城镇化和农业发展具有以下特征①：

（1）区位优势明显，战略地位重要。中原经济区位于我国东、中、西部三大地带的交界，也处于长三角、环渤海地区向内陆推进的要冲，交通优势突出，我国主要的铁路、公路干线和第二条亚欧大陆桥都通贯其中，具有承东启西、联南通北的枢纽作用。国家促进中部崛起规划布局的“两横两纵”经济带中，就有“一纵两横”即陇海经济带、京广经济带和京九经济带位于这一区域。

（2）资源总量多、人均少，开发潜力大。中原经济区地处我国暖温带及其向亚热带过渡地带，黄河、淮河、海河、汉水四大流域在此区域流淌，气候宜人，自然景观荟萃。该区域有多种矿产资源储量居全国前列，是我国重要的能源原材料基地。同时，人多水少、人多地少是河南“三化”协调发展最现实的矛盾。目前，水利发展进入了一个生态与环境制约的阶段，如果处理不好水利建设与生态环境承载能力的关系，水利的发展将会受到较大的影响。

（3）劳动力资源充裕，人口压力大。中原经济区劳动力资源十分丰富。该区域用全国约1/32的国土面积承载了全国约1/8的人口，全部劳动力人口超过1.1亿人。丰富的人力资源不仅能为本地区经济发展提供支撑，而且为全国输出充足的劳动力。同时，这一地区也存在农村人口基数

---

①　本部分参考了喻新安的《建设中原经济区若干问题研究》。

大、劳动力素质偏低、就业压力大等问题。

（4）农业生产举足轻重，“三农”问题突出。中原经济区是我国有着悠久传统的农业大区，也是当今中国最重要的粮食生产核心区。全区（河南全省和邻省接壤十个市）耕地面积约 1 267 万公顷，占全国耕地资源的 1/10 以上，无论粮食生产、还是肉蛋奶产量在全国都具有举足轻重的地位。该区域粮食产量占全国的 1/6，其中夏粮产量占全国夏粮总产量的近 1/2。但与此对应，这一区域是全国土地耕种强度最高、水资源开发强度最高、农业比重最高、经济相对落后的地区。该区域“三农”问题比全国其他地方都显得更加突出，城乡二元结构的矛盾比全国其他任何地方也要大得多。

（5）平均发展水平低，工业化、城镇化任务艰巨。中原经济区产业门类比较齐全，工业基础特别是能源原材料工业、食品工业、装备制造业基础比较雄厚。但与全国平均水平相比，人均经济水平、民生水平和工业化、城镇化水平明显偏低。2009 年，中原经济区人均 GDP 只有全国平均水平的 3/4；人均财政收入不足全国平均水平的 1/4；第三产业占 GDP 的比重比全国平均水平约低 10 个百分点；城镇居民可支配收入只有全国平均水平的 4/5；农民人均纯收入是比全国平均水平低近 500 元；城镇化率 30％左右，不到全国平均水平的 2/3。

从主体功能区的角度看，以河南为主体的中原经济区具有鲜明的特点：首先这一地区是中国最大的农业区和粮食主产区，具有保障中国粮食安全的意义；其次是中国最大的农村人口聚集区，也是农民问题最突出的地区；第三是城镇化水平低，是中国加快城镇化任务最繁重的地区；第四是加快工业化最迫切的地区，是承接东部产业转移的重要地域，也是中国工业化由东向西推进过程的支点。在保障国家粮食安全方面担负着主要责任，都面临着解决“三农”问题、统筹城乡发展的迫切问题，都处于加快推进工业化、城镇化的阶段，都处于亟待转变经济发展方式、推进产业结构升级的关键时期。

因此，建设中原经济区，既要努力加快中原地区的现代化、工业化、城镇化进程，让亿万中原人民尽快富裕起来，又要切实保护好大平原、建设好大粮仓，在工业化、城市化加快的同时，做到耕地面积不减少、粮食产量不下降、农业地位不削弱。中原地区是中国农业要素聚集程度最高而工业化水平又较低的地区，在某种意义上说，这一类地区农业要素被吸纳的程度和工业化的进展程度会直接影响整个中国的工业化进程。这既是历史发展到今天，国家、民族对中部平原地区的功能定位要求，这也正是河南提出规划建设中原经济区要着力破解的难题及其对整个国家的意义。

2.3.2　中原经济区水利发展现状——以河南为例

改革开放以来，河南省水利改革发展取得了辉煌成就，初步形成了兴利与除害相结合的水利工程体系，为河南省粮食连续五年稳定千亿斤、连续七年创历史新高、连续十一年稳居全国首位做出了特殊贡献，在促进河南经济社会发展中发挥了重要保障作用。但水利“基础脆弱、欠账太多、全面吃紧”的问题依然存在，“短板”现象依然突出。

一是水资源短缺、水利设施薄弱。河南省水资源总量不足，时空分布不均，开发利用程度较高，水资源条件不能满足经济社会又好又快发展的需要，加上水利投入长期不足，水利建设欠账较多，基础设施建设严重滞后，防洪排涝体系不完善，农田灌溉体系不稳固，供水保障能力不强，使水利事业在工业化、城镇化和农业现代化跨越式发展的新形势下，面临着更加严峻的困难和挑战，对于对河南省经济社会发展的制约更加突出。

二是农田水利建设滞后。农田水利建设，既关乎国家的“粮袋子”，又关系农民群众的“钱袋子”。目前全省有效灌溉面积不足耕地面积的七成，还有200多万公顷耕地是“望天收”。全省灌溉设施大多建于20世纪五六十年代，先天不足、后天失修，严重影响工程效益的发挥。机井陆续进入报废和更新改造期，全省有一多半机井处于“带病”运行状态，井灌面积日益衰减。小浪底水库建成后，由于调水调沙，黄河河床逐年下切，致使不少引黄口门引水能力逐年下降，加之缺乏必要的引黄调蓄工程等原因，引黄水量指标不能充分利用，多年平均利用率不足五成。这一现状成为影响河南省粮食增产丰收、粮食核心区建设的最大硬伤，保证粮食生产持续稳定增长的后劲不足。

农田水利建设滞后仍然是对农业稳定发展和粮食安全的重大制约。大多数水利工程靠吃老本，“用的是大跃进的水，种的是学大寨的田”，水利设施薄弱。大量田间工程“上级投入少，基层投不起，农民干不了”，水利设施“基础脆弱、欠账太多、全面吃紧”。中科院院士、清华大学教授王光谦认为，很大程度上，河南的水利困局也是全国普遍存在的。

三是水旱灾害频繁仍然是心腹大患。河南水旱灾害频繁。从历史上看，河南5～6年一次大旱，4～5年一次大水，60年左右发生一次特大干旱和特大洪水，此旱彼涝，旱涝交错。河南省年内降水分布极不均匀，汛期降水量约占全年降水量的六成到七成，且多集中在几次较大的降雨过程中；年际降水量变化大，最大降水量与最小降水量相差两倍以上，降水条件使河南易涝多旱，且经常旱涝急转。2008年、2009年冬春之交的特大干旱，2010年豫西、豫南山丘区发生的洪涝和山洪泥石流灾害，以及2011年初出现的严重干旱，都表明水利基础依然脆弱。水资源短缺和水环境恶化已成为制约河南可持续发展的瓶颈。如果世界人均水资源是一满杯水的话，我国人均水资源不过是一个杯底，而河南省的人均水资源仅仅是杯底的1/5。更为严重的是，河南省44.4%的河段受到严重污染，已威胁到城乡饮水安全。

四是水利建设任务极为艰巨。干旱缺水、洪涝灾害、水土流失和水污染等水问题突出，水利基础设施建设滞后，地区间水利发展不平衡，特别是人民群众最关心、要求最迫切的一些民生水利需求还没有得到有效解决。中科院院士、清华大学教授王光谦认为，“发展方式粗放，高耗水、重污染项目在一些地方屡禁不绝，造成水质污染及资源性短缺；开采过度、保护不力，造成河道断流、水域被侵，水土流失严重”。很大程度上，河南的水利困局也是全国普遍存在的。

未来一段时期，水利年度投资规模更大，水利建设项目更多、范围更广、时间更紧、要求更高，对前期工作、施工组织、建设管理和资金管理带来严峻挑战，任务极为繁重，责任极为重大，如何在确保项目建设进度、质量和效益的同时加快发展仍然是水利工作的首要任务。

因而，水利建设与中原经济区经济社会发展需要还存在较大差距。随着工业化、城镇化的深入发展，全球气候变化影响加大，河南省水利面临的形势更趋严峻，增强防灾减灾能力要求越来越迫切，强化水资源节约保护工作越来越繁重，确保农业持续增收的水利保障任务越来越艰巨。

2.3.3　中原经济区“三化”发展需要多赢治水

中原经济区战略提出，要在河南打造国家重要的粮食生产和现代农业基地，全国工业化、城镇化和农业现代化协调发展示范区，全国重要的经济增长板块，确保到2020年粮食生产能力达到6 500万吨。实现这些目标，都离不开水，但如果仅仅是目前的水利设施，仍然存在不少“短板”和“软肋”，水资源保障体系瓶颈未破。

随着工业化、城镇化深入发展，加之全球气候变化影响，水资源短缺状况不断加剧、水资源分布不均问题更为突出、水生态环境恶化压力加大、水旱灾害发生几率上升我国水利形势更趋严峻，增强防灾减灾能力要求越来越迫切，强化水资源节约保护工作越来越繁重，加快扭转农业主要“靠天吃饭”局面任务越来越艰巨。“十二五”时期，“三化同步”发展（在工业化、城镇化深入发展中同步推进农业现代化）是中国发展的重大战略任务。无论从历史沿革还是从现实状况，以及从未来这一地区在全国区域协调发展中所承担的重大责任来讲，中原经济区将在中国探索新型工业化发展道路中承担着重要的水利支撑和保障功能。

中原地区是中国唯一地跨长江、淮河、黄河、海河四大流域的省份，加之南水北调中线工程纵贯南北，水利枢纽地位极为突出。同时，中原经济区总人口约1.5亿，粮食产量占全国的1/7，经济总量占全国的1/8①，是国家重要的粮食和现代农业基地，是全国的工业化、城镇化和农业现代化协调发展的示范区，更是全国重要的经济增长板块。这本身就决定了中原经济区水利发展是国家粮食战略和生态建设战略的重要组成部分。

相对于长江三角洲、珠江三角洲的发展思路，中原经济区建设应该走出一条有中原特色的新路子，就是工农齐步走，城乡一体化，以人为本、注重民生。中原经济区的主体河南省，提出要探索一条不以牺牲农业和粮食、不以牺牲生态和环境为代价的“三化”协调科学发展路子，而每一个环节的实现都离不开水利的保障和支撑。因而必须树立多赢治水理念。

第一，发展与惠民的关系。保障和改善民生是发展水利的根本目标。

① 新华网：发力中原．http：//news.xinhuanet.com/fortune/2011-11/11/c_111161409.htm。

水利是国民经济和社会发展的重要基础设施，是群众生产生活的基本条件，也是实现可持续发展的重要保障，水利必须做到保增长和惠民生的内在统一。事关国计民生和群众切身利益的水利问题、水利基本公共服务均等化问题、水利薄弱环节等问题都亟待解决。而且，在水利建设投资活动中，必须妥善处理公共利益和个体利益的关系、投资者和受益者的关系、建设区与受益区的关系，切实保障群众在水资源开发利用、水利移民安置、蓄滞洪区运用补偿等方面的合法权益，维护社会公平。

第二，当前与长远的关系。水利科学发展，必须把当前与长远有机结合，既要抓紧解决当前存在的突出矛盾和问题，又要善于把握、及时分析经济社会发展对水利的新需求，要多做打基础、增后劲、利长远的工作，科学确定水利发展长远目标、建设任务和投资规模。既要建立健全建设粮食核心区大中型灌区配套改造和小农水工程，确保粮食安全，又要加强对事关全局和长远发展的重大水利问题研究，探索“三化”协调的城乡水利工程连通工程建设问题。有序安排近期实施计划，针对水利重点薄弱环节，集中力量分期分批加以突破，推动水利又好又快发展。

第三，区域与流域的关系。流域上下游互为一体，左右岸唇齿相依，干支流相互影响。中原水利体系建设，既要以打造华北地区水资源配置的战略枢纽为目标，以小浪底水库和南水北调中线工程作为依托，以长江、黄河、淮河和海河流域这些原有的水系作为基本的构架，强化河南省“南北调配、东西互济”这么一个水资源的配置体系，又要让水利更好地在推动中原经济区建设，实现中原崛起和河南振兴当中起到的支撑和保障作用。一方面，必须立足全局、系统规划，坚持区域服从流域、局部服从整体，统筹各区域水资源条件、功能定位和发展战略，充分发挥水资源综合利用效益，促进流域和区域的水资源的优化配置和可持续发展。另一方面，必须兼顾区域发展需求，妥善处理上下游、左右岸、干支流的关系，优化水利发展布局，使流域水资源开发治理与区域经济社会发展战略相协调，努力实现流域与区域发展的良性互动和扬利抑害的多赢。

第四，经济与生态的关系。河南人多水少、水资源短缺，生态环境脆弱，必须牢固树立人与自然、人与水和谐的理念，以水资源的可持续利用保障经济社会的可持续发展。要统筹经济社会发展和水资源水环境承载能力，科学确定水资源开发利用规模。要全面考虑水的资源功能、环境功能、生态功能，合理安排生活、生产和生态用水，既要满足经济社会发展的合理需求，也要满足维护河湖健康的基本需求。

第五，节水与调水的关系。河南人均水资源占有量低，且时空分布极不均衡。解决水资源短缺问题，必须立足于节水，调整产业结构和城乡经济空间布局结构，遏制不合理用水需求和水污染问题，提高水资源利用效率和效益。对一些资源性缺水地区，在充分挖掘节水潜力的前提下，要遵循“先节水后调水、先治污后通水、先环保后用水”原则，因地制宜地建设一些跨流域、跨区域调水工程。建设引水和调水工程，特别是黄河引水工程和南水北调配水工程，要充分考虑调出区的水资源条件和水环境容量，全面把握调入区用水结构和受益程度，健全水源调出区的利益补偿问题，实现调出区和受水区的互利共赢。

总之，中原经济区建设需要坚持生态优先的水利发展思路，科学利用水利资源，以水利建设生态化、产业发展生态化为方向，找准经济生产、生活与生态多赢的结合点，在不危害生态环境的前提下，大力发展水利经济、水利旅游和水生态文化，实现水利经济发展与生态建设良性互动。

2.4　粮食核心区建设需要多赢水利支撑

2.4.1　多赢治水才能夯实国家粮食战略核心区建设动力

随着我国人口增长和人民生活水平的不断提高，以及工业化、城镇化进程的日益加快，对粮食的需求呈刚性增长。粮食是安天下、稳民心的战略物资，事关民生和国家安全。粮食安全与能源安全、金融安全并称为当今世界三大经济安全。正如亨利·基辛格所说，如果你控制了石油，你就控制了所有国家；如果你控制了粮食，你就控制了所有的人。

从中长期发展趋势看，受消费需求呈刚性增长、耕地数量逐年减少、水资源短缺矛盾凸现、供需区域性矛盾突出、品种结构性矛盾加剧、种粮比较效益偏低和全球粮食供求偏紧等因素的影响，国内粮食安全依然面临严峻挑战。

中国社科院的资料表明：从 1978 年到 2010 年，浙江和广东的粮食播种面积分别下降了 63.3%和 50.1%，粮食产量则分别下降了 47.5%和 12.8%。目前，广东、浙江等地由过去的粮食主产区转变成为粮食主销区。保障国家粮食安全的重任转移到了中西部地区。据国家有关部门预测，到 2020 年国内粮食产需缺口近 5 000 万吨。全国 13 个粮食主产省（区）能够调出粮食的仅有 6 个。许多过去的粮食调出省，已经成为产销平衡省，甚至有些已转为粮食净调入省，保持全国粮食总量平衡和结构平衡的难度越来越大。

近年来，粮食等农作物投入的回报效益偏低，我国粮食生产形势发生了很大变化，沿海发达地区的粮食产量不断减少，已经从过去"南粮北调"转变为"北粮南运"。许多过去的粮食调出省，已经成为产销平衡省，甚至有些已转为粮食净调入省。全国 13 个粮食主产省（区）能够调出粮食的仅有 6 个，例如广东、浙江等地由过去的粮食主产区转变成为粮食主销区。保障国家粮食安全的重任转移到了中西部地区。

粮食生产受到土壤有机质、水利、光照、气候、劳动投入及生态环境等因素的影响，而水利是农业的命脉，特别是高产优质高效的现代农业更需要现代化的农田水利来支撑。现阶段，河南发展现代农业的基础设施还很薄弱，抵御自然灾害的能力还不强。比如 2003 年秋季因涝减产，2009 年夏粮遭受冬春连旱就是典型例子。

要建设国家粮食战略核心区，推动粮食稳产增产，保障粮食安全，有四件基本的事情要做：一是要懂得怎么利用水资源、水力资源，并维护农田水利设施，"在农田水利基本建设上，不仅要加强投资，更要寻求投入机制"。二是深化粮食流通体制改革，"尤其在当下农业生产资料价格上涨，农业劳动的机会成本升高的情况下，如何保证农民收益"（徐小青，2011）；三是调动农民种粮积极性和地方政府积极性，粮食主产区往往财政收入较低，应考虑如何在政策上激励他们，加大对基础设施的投入和粮食直补；四是实施保护耕地的"红线"政策。

在农业水资源增长空间极为有限的情况下，要确保到 2020 年的时候，河南粮食生产能力要达到 6 500 万吨，把河南建设成为全国重要的粮食稳定增长核心区，在国内粮食价格政府调控而不能大幅度提高条件下，降低以农业用水为重点的农业生产成本就成为实施种粮补贴之外的提高农业比较效益的重要措施。

因此，改善农田水利基础设施供给水平，通过提高水资源利用率和用水效率，切实减低农业用水成本，提高种粮投入产出比和种粮收入水平，让农业生产者获得社会平均利润，才能保护好、发挥好粮食主产区政府和农民发展粮食的积极性，才能走出一条不以牺牲农业和粮食、生态和环境为代价的“三化”协调科学发展是中原经济区的一条主线。

可见，只有实行多赢治水方式，即治水目标不仅要满足防洪安全、饮水安全、生态安全的需要，还要满足节水与农业增产、农民增收共赢目标，唯此才能调动政府社会各方力量合力发展农田水利，为粮食核心区建设提供坚实的水利保障。

2.4.2　国家粮食战略核心区建设需要多方位水利支撑

针对我国综合生产能力在5亿吨徘徊、靠单一品种或技术已经很难带来大幅增产的局面，为保证国家粮食安全，确保国内粮食基本自给，2008年中共十七届三中全会《中共中央关于推进农村改革发展若干重大问题的决定》，提出抓紧实施粮食战略工程，推进国家粮食核心产区和后备产区建设，加快落实全国新增千亿斤粮食生产能力建设规划。2009年国家发展改革委编制了《全国新增1 000亿斤粮食生产能力规划（2009—2020年)》。

在这些粮食战略转型和战略布局中，河南扮演着重要角色。近十年来，河南省用全国1/16的耕地生产了全国1/4的小麦、1/10的粮食，总产量已连续10多年稳居全国第一，成为全国第一产粮大省，除了满足本省一亿人口需求外，每年调出粮食及制成品1 500万吨以上，成为全国6个粮食调出省之一。目前，河南已成为北京、天津、太原等北方大城市面粉及面制食品的主要供应基地，北京的一半、天津的三分之一面及面制食品来自河南。

河南与黑龙江、吉林三省相继成为2009年国务院批准的粮食生产核心区，成为名副其实的国家粮食战略核心产区，正承担起越来越重要的国家粮食安全重任。根据《全国新增1 000亿斤粮食生产能力规划（2009—2020年)》，国家粮食核心产区是指基础条件好、生产水平高、商品量大的粮食产区，主要包括黑龙江、吉林、河南、江西、安徽、湖南、湖北等粮食主产区以及非主产区的粮食生产大县。在新增千亿斤粮食规划中，河南省粮食增产任务775万吨，占全国的1/7，粮食生产的核心区域规划涉及河南省的15个粮食主产市、89个粮食主产县（市、区）。

在河南省层面上，河南粮食生产核心区的布局包括黄淮海平原、豫北、豫西山前平原和南阳盆地三大区域，选择了基础条件较好、现状水平较高、增产潜力较大、集中连片的95个县（市、区）作为河南粮食核心区的主体范围。在现有720万公顷耕地中，500万公顷作为粮食生产核心区。这95个县控制全省耕地面积的83.5%、基本农田面积的85%，其中的89个县是国家已经认定的粮食生产大县。到2020年，投资总额为3 000亿元，用于建设水利工程、高标准农田、科技支撑体系等3个方面的32个重点建设项目。其中，投资20亿元新建信阳、南阳、开封三大商品粮生产基地，续建安阳、商丘、濮阳三大商品粮基地，并投资20亿元，建设良种繁育基地、测土配方施肥工程等。

河南粮食核心区建设，是新中国成立以来河南省最大的农业系统工程，将对河南经济乃至全国经济产生比较明显的拉动作用。随着《国家粮食战略工程河南粮食核心区建设规划》和中原经济区建设的推进，河南省种粮方式将由“小米加步枪”式的小农生产向“规模化大生产”转变，由“中原粮仓”向“天下粮仓”和“国人厨房”转变。河南将在国家粮食战略工程中扮演越来越重要的角色。

根据《国家粮食战略工程河南粮食核心区建设规划》，河南全省都是粮食核心区，规划提出河南粮食生产能力由目前的5 000万吨提高到6 500万吨的目标，是河南全省粮食生产能力要达到的目标。要确保到2020年的时候，河南粮食生产能力要达到6 500万吨，把河南建设成为全国重要的粮食稳定增长核心区，必须大幅度提升河南农田水利保障能力，夯实粮食高产稳产的水利基础。具体而言，这需要从以下方面强化水利的支撑作用：

（1）增强粮食生产抗灾能力，需要水利工程强力保障。优先安排并重点支持重大控制性水利工程、低洼易涝地治理、病险水库（水闸）除险加固和大中型灌区建设，加大大型灌排泵站更新改造力度，例如小浪底南岸灌区、沁河河口村水库主体工程、淮干出山店水库前期工程、赵口引黄灌区二期工程、蛟停湖滞洪区及汝河、北汝河、新运河、天然文岩渠治理等重点水利工程，增强抗御水旱灾害能力。在保护地下水的前提下，在井灌区因地制宜实施“机井通电”和“以电代油”工程。通过建立健全农田水利配套工程设施，做到旱能浇、涝能排，从根本上增强粮食主产区灌溉排涝能力。

（2）发展高效节水农业，需要完善的农田水利设施为基础。中原地区渠灌区输水渠道防渗衬砌率低，田间工程不配套，灌水方法落后，特别是田间工程部分，由于以群众投入为主，是当前节水灌溉最薄弱的环节。因此，在对大型骨干工程的干、支渠等输水工程进行防渗的同时，对斗、农渠等田间工程进行防渗衬砌、节水改造，重新确定沟渠规格，采用小畦灌、沟灌、长畦短灌等先进地面灌水技术，以及非充分灌溉、降低土壤计划湿润层深度和采用覆盖保墒等农业综合节水技术，实现渠灌区全方位节水。大幅度增加和改善有效灌溉面积、除涝面积、节水灌溉面积，以及农田林网防护面积，加快旱涝保收高标准农田、中低产田改造、大型商品粮基地、粮食丰产科技工程等项目建设，提高灌溉保证率和节水灌溉面积，提升粮食生产核心区建设的水利支撑能力，夯实粮食生产稳定增长基础。

（3）保障生态和环境用水，需要实施大水利战略。农业和粮食、生态和环境均离不开充足的水资源的保障和支撑。大水利战略就是探索多态水源综合利用、水利功能相互兼容、城乡水系连接贯通的一体化水利大格局。农业和粮食、生态和环境均离不开充足的水资源的保障和支撑。在生态和环境用水方面，中原经济区建设提出不以牺牲生态和环境为代价，大规模的生态保护与建设，必然需要从单纯注重为经济发展用水，到经济用水与生态环境用水兼顾的转变。在维持黄河自身健康生命的前提下，在维持地下水适宜水位、维持河道生态基流、维持湖泊洼地适宜水面面积、保持河道泥沙冲淤平衡、维持城市水环境景观等生态环境需求，提供不同程度的保障，并为中原经济区生态建设重点工程直接供水。大力发展多态水源综合利用，构建灌溉、排水、防灾、景观、旅游等功能相互兼容的水利体系。

2.5　实施多赢治水的战略意义

农田水利是现代农业建设不可或缺的首要条件，是经济社会发展不可替代的基础支撑，是生态环境改善不可分割的保障系统，具有很强的公益性、基础性、战略性。目前，全球性经济衰退对中国经济增长的负面影响仍在持续，经济回升基础还不稳定，中国水资源环境仍在恶化，新旧矛盾交织在一起，保增长和调结构的难度都在加大。这种复杂的国内外经济形势特别需要农业的稳定，特别需要加强农田水利基本建设。这些基本国情决定了创新农田水利治理模式，不仅事关农田水利改革发展，而且事关农业农村发展乃至经济社会发展全局；不仅关系到防洪安全、供水安全、粮食安全，而且关系到经济安全、生态安全、国家安全，具有重要的战略意义。

第一，有利于根本改善农田水利供给绩效，为农业发展方式转变提供强有力的水利保障。我国正处于新型工业化转型时期，工业化、城镇化的加快推进，人增、地减、水缺的问题将更加突出，农业发展面临着“水、土、劳动力要素流失，节支增产技术应用不足”双重约束。

灌溉系统的物质资产与先进技术能否长久维持和有效利用，并随时间推移不断得以更新，从而持续提高农业灌溉绩效和农业长期生产能力，有效的制度激励即“软件”的现代化具有关键性决定作用，并且，“软件”建设是一个比“硬件”投入更难以解决的问题。当前中国发展现代农业、节水农业，不仅面临着灌溉系统的“硬件”瓶颈，更面临着灌溉系统治理的“软件”瓶颈。

因此，实行政府与社会协同发展农田水利的治理模式，有利于调动全社会资源，加强以民生水利、生态水利建设为重点的农田水利建设，加快农田水利现代化建设①，根本改变目前农田水利供给不足导致现代农业生物技术的增产节支环保效应未能充分发挥的瓶颈约束，有利于改变目前过分依靠“化肥、农药”提高产量的“高耗能、高污染、高成

---

① 农田水利系统现代化的概念与传统意义上通过工程技术措施提高灌溉系统运行效率不同，而是“一种以提高资源（劳动力、水、经济、环境）利用效率和水资源生产率为目的的、对灌溉方案进行技术和管理更新并与制度改革相结合的过程”，也即灌溉系统的“现代化”不仅是“硬件”的现代化，更是“软件”的现代化。资料来源：http：//www.mwr.gov.cn/ztpd/2005ztbd/d19jgjgpdh/zyjh/20050916000000058306.aspx. 阿卜杜拉．确保粮食安全和环境可持续发展的水土资源利用［Z/OL］．国际灌溉排水委员会（ICID）主席阿卜杜拉在ICID第19届国际灌排大会暨第56届国际执行理事会上的讲话，北京，2005年9月。

本”的石油农业模式。通过大力发展灌排蓄一体化水利，因地制宜地采用水肥联合喷灌、滴灌、膜下灌等节水灌溉技术，有利于“节水、减污、增效、安全”的现代农业科技的广泛采用和效能发挥，实现农业发展方式的根本转变。

第二，有利于提高农业综合生产力，保障粮食安全。粮食安全是我国国家安全的重要组成部分，我国拥有13亿人口，民以食为天，食以粮为纲，拥有足够的粮食是维护国家和谐稳定发展的基础，没有粮食安全保障，其他一切安全都将成为泡影。由于我国农田水利设施不健全、不配套，老化毁损严重，全国平均单方灌溉水粮食产量约为1千克，远低于发达国家的2.5～3.0千克，有2/3的耕地为缺少水利保障的中低产田，耕地土壤有机质含量平均仅为1.8％，这些耕地产量只有高产田的40％～60％；有一半多的耕地缺少基本灌排条件，要靠天吃饭。全国每年农业灌溉平均缺水300多亿立方米，因此影响粮食产量300亿千克左右。因此，加强以农田水利为重点的农田水利设施建设，采取多种措施提高耕地质量，将有效改善农业生产条件，夯实农田水利，是应对耕地质量不断下降而社会要求粮食需求增加需求的主要途径。2004年以来，在多种极端不利气象灾害交织叠加的背景下，中国采取多种农田水利供给措施设施保障粮食产量八连增的事实足以为证。

第三，有利于改善生态环境，促进现代农业大发展。人多地少、水资源短缺且时空分布不均是我国的基本国情。近年来极端天气频繁发生，洪涝、干旱、台风、山洪以及病虫害多发并发，使得农业灾害损失呈上升趋势。要应对气候变化，降低自然灾害对农业的损害，就必须加大以农田水利为重点的农用土地综合治理，提高农业防灾减灾能力。

由于多年来农业资源的超负荷利用、水土流失和荒漠化，土地质量不断下降，农田生态不断恶化。我国生态环境严峻，“局部有所好转，整体正在恶化，前景令人担忧”的格局从整体上没有得到根本的扭转。农田水利的建设关系到水生态环境的改善，曾因农业灌溉引发河流断流，导致下游生态突变的事例不胜枚举，大水漫灌引发的土壤盐渍化时有发生，甚至局部严重。

农业节水潜力大。目前，1/3以上的土地面积存在水土流失问题，一些地方因干旱缺水，导致农田沙化、盐碱化。农业是用水大户，2009年农业用水量为3 687亿立方米，占总用水量的62.1%，2009年全国灌溉用水有效利用系数平均值为0.493，灌溉用水有效利用系数均值超过0.55的有北京等9个省（直辖市）占28%，灌溉系数在0.35～0.45的有江西等等9个省（自治区、直辖市）占28%，整体情况来看，特别是与国外先进国家灌溉系数0.7～0.8相比较低，有较大的提升空间。通过农田水利建设改善农业的土壤品质、灌排条件和现代农技应用基础，促进现代农业大发展。

第四，有利于农村又好又快地可持续发展。农业、农村和农民问题是我国迫切需要解决的重大社会问题，其解决的好坏不仅仅涉及农民收入的提高，农业的健康发展，而更关系到国家现代化的建设。没有农村的繁荣昌盛，就没有和谐健康的中国，更没有现代化的中国。建设社会主义新农村，实现生产发展、生活宽裕、村容整洁，都迫切需要加强农田水利基本建设。我国2009年试点实施的“小农水”重点县建设中，通过整合涉水资金，系统建设农田水利和电网路网设施，把一家一户的零散地块连片改造，提升为“现代田园”，引发因水而动的“四部曲”（土地流转—水利项目实施—产业发展—新农村建设）成效表明，加强农田水利建设，是改善粮食主产区经济发展条件、降低农业生产成本和促进农民节支增收的根本举措，有利于促进新农村建设目标的实现。农田水利建设成为解决“三农”问题重要抓手和重要突破点之一。

第五，有利于促进城乡公共服务均等化。改善农业生产条件，增强农业农村发展后劲，促进城乡发展协调化。建设符合标准的供水设施，排除水利设施安全隐患对广大人民群众的生命财产安全的威胁，有利于改善农村人口饮水安全，改善农民生活条件，促进人与自然和谐。因而，不论对当前还是长远，加强农田水利建设对于促进河南粮食主产区经济社会发展都具有重要意义。

总之，增加农田水利有效供给，既有利于有利于增强农民收入预期、促进农村消费潜力释放，增加机械、建材等的需求，拉动当前经济增长，又有利于强化落实国民待遇、促进公共服务均等化，改善农业生产条件，增强农业农村发展后劲，促进城乡发展协调化。加强农田水利治理是发展现代农业的关键措施。只有创新农田水利治理模式，实现农业水利现代化，才能解放和发展农业生产力，才能有效突破资源环境瓶颈制约，才能保障农业生产安全和生态环境安全，才能提高我国农业持续发展能力和国际竞争力。

第三章　治水模式需要转型

——以农田水利治理为例

正当中国实现三十余年持续增长的经济奇迹为人称道之时，21 世纪的中国农业却遭受着高发、频发、重发的水旱灾害困扰，农田水利设施则成为国家基础设施最薄弱的短板，并成为制约农业发展和用水安全的最大瓶颈。启动于 20 世纪 80 年代的中国农田水利建设与管理制度改革，为何至今尚未扭转农田水利基础薄弱和供给短缺问题？尤其是近年来国家以 17 倍于改革开放前的农田水利建设投资，为何并未根本改变农业“靠天吃饭”的局面？怎样的治理模式，才能切实增强农田水利对农业和农村现代化发展的支撑能力？

这些都已经成为市场化、工业化和现代化转型发展中的国家或地区必须科学应对的问题。为此，本章以科学发展观为指导，以增强农田水利对现代农业发展的支持保障能力为目标，基于对农田水利发展面临的挑战和危机的考察，系统分析农田水利治理模式创新的时代需求和战略意义。

3.1　水利发展面临的挑战

中国的华夏文明史就是一部与治水史共同曲折演进的历史。中华文明发源于黄河、长江流域，而特殊的自然地理环境带来的连绵不断的水旱灾害，使得兴水利除水害历来是治国安邦的大事。水利是农业的命脉，农业是安天下、稳民心的战略产业。新中国成立以后，农田水利建设一直是我国农业基本建设的重点，并取得过辉煌的成就。

全国有效灌溉面积由 1949 年的 15 930 千公顷增加到 2010 年的 60 348 千公顷，有效灌溉面积占耕地面积的比例由 16.3%上升到 49.6%。有效灌溉面积万亩以上的灌区共 5 795 处，农田有效灌溉面积 29 415 千公顷[①]。全国先后建成万亩以上灌区 5 844 处（其中，50 万亩[②]以上灌区 125 处，有效灌溉面积 10 828 千公顷；30～50 万亩灌区 210 处，有效灌溉面积 4 747千公顷）；各类有独立运行的小型农田水利设施 2 000 多万处；累计建成灌溉配套机电井 501.2 万眼，装机容量 4 321 万千瓦，固定机电排灌站 43.5 万处，装机容量 2 331 万千瓦，流动排灌和喷滴灌设施装机容量 2 068万千瓦。这些工程数量多、分布广，是保障我国广大农村地区经济发展、人民生活水平提高做出了积极贡献。

然而，中国水利建设虽然曾经创造了一个又一个辉煌业绩，但 20 世纪 90 年代以来，农田水利建设管理却面临着现实、广泛、恒久、日益加剧而又缺少有效对策的治理危机，目前中国农田水利同时面临着诸多方面的严峻挑战。

3.1.1　水资源供求矛盾加剧

中国是世界上水资源最为短缺的国家之一，水资源总量不足且时空分布极不均衡。耕地亩均水资源占有量仅 1 400 立方米，是世界平均水平的 1/2；拥有中国大部分耕地的北方大部分地区存在严重资源型缺水问题。中国的农业用水量占全国用水量的 80%，其中灌溉农业又占农业用水的 90%。鉴于粮食安全的压力，我国一直把发展灌溉农业、扩大灌溉面积作为提高农业综合生产能力的重要措施。新中国成立以来，我国的有效灌溉面积由 1949 年的 1 593 万公顷增加到 2005 年的 5 502.93 万公顷，有效灌溉面积占耕地面积的比例由 1949 年的 16.3%上升到 2005 年的 42.31%。根据《21 世纪初中国农业发展战略研究》的分析[③]，到 2010 年和 2030 年，全国农田灌溉需水量分别为 3 819 亿立方米和 4 171 亿立方米。当前，干旱和严重缺水已成为制约我国部分地区农业发展的瓶颈。我国农业灌溉年均缺水达 300 亿立方米以上，年均受害面积 2 000 公顷，每年因旱灾减

---

① 中华人民共和国水利部．2010 年全国水利发展统计公报［M］．北京：中国水利水电出版社，2011.

② 亩为非法定计量单位，1 亩＝1/15 公顷。

③ 刘江．21 世纪初中国农业发展战略研究［R］．北京：中国农业出版社，2000.

产粮食约 200 亿千克[①]。

随着人口的增长以及工业化和城镇化的进一步发展，全球性水资源短缺将造成的可利用水资源绝对量的短缺，同时农业用水短缺问题还将呈现出多源性缺水态势：

（1）竞争性缺水。据有关专家预测，到 2050 年，全国需水构成比例中农业用水占 54%，城市工业及生活用水占 46%，如果以 1949 年的比例为基准，到 2050 年将有 3 427 亿立方米的水资源从“农用”转为“非农”用途[②]。从 1980 年到 2004 年的 20 多年间，全国总用水量增加了 25%，而农业用水总量基本没有增加。2004 年全国用水总量 5 548 亿立方米，人均用水量 427 立方米，其中生活用水占 11.7%，工业用水占 22.2%，农业用水占 64.6%，生态用水占 1.5%。全国农业用水量在总用水量中所占比例不断下降，由 1980 年的 88%下降到 2004 年的 64.6%。全国按目前的正常需要和不超采地下水，缺水总量约为 300 亿～400 亿立方米，一般年份农田受旱面积 600 万～2 000 万公顷。[③] 这种趋势还将随着城市化和经济社会的发展，特别是农业与非农产业用水的比较价值差异变得更加明显。

（2）结构性缺水。随着工业化和城镇化的推进，农业和农村生活用水占全国用水总量比重在逐渐下降，干旱和严重缺水已成为制约我国部分地区农业发展的瓶颈。农用水资源短缺制约着我国灌溉农业的发展。这种短缺来自于两个方面，一是农业发展对灌溉用水量的绝对压力；二是非农用水与农业用水的竞争。工业化和人口的急剧增长是造成水资源竞争加剧和短缺的最根本因素。耕地减少和水资源短缺的趋势不可逆转，将使我国农业面临结构性缺水问题（农业用水量占全国总用水量的比例逐年下降）。城市化和经济社会发展，土地被大量占用，工业、城市生活、生态等非农用水需求急剧增加，农业用水将进一步被挤占，优质和较优质的水资源将转向非农业供水，农业农村用水更为紧缺。水资源利用中“农转非”的结

① 国家发展改革委员会，水利部，建设部．水利发展“十一五”规划［Z］．北京，2007-05.

② 转引自胡雯：转型期中国农业灌溉系统可持续治理研究：一个嵌套分层的多中心治理视角［D］．成都：西南财经大学，2008

③ 加强农业节水提高用水效率．www.cqagri.gov.cn．2006-11-29.

构性转变更强化了农业农村用水的危机，农业农村水资源的供需矛盾会更加突出。

根据 2011 年 8 月出版的《2010 年全国水利发展统计公报》和往年的统计数据，2010 年农业用水量进一步下降到为 3 707 亿立方米；农业用水占全国用水总量比重已经从 1949 年为 97.1%、1980 年为 88.2%，1997 年为 75.3%、2004 年为 67.6%，下降到 2010 年的 61.8%；而工业用水的比重和绝对数量都在不断上升，从 1980 年的 10.3%、2004 年的 22.2%、上升到 2010 年的 23.4%。而且，转向非农业的供水主要是优质和较优质的水资源，由于农业与非农产业用水的比较价值差异，将使水资源利用中这种“农转非”的结构性转变趋势变得更加明显。如图 3－1 所示。

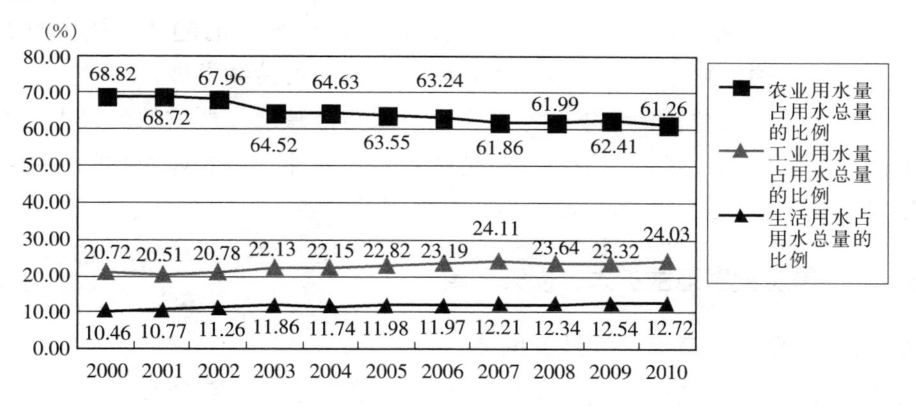

图 3－1　农业、工业、生活用水在全国总用水量的比重变化对比

（3）水质性缺水。与此同时，全国年排放污水总量近 600 亿立方米，其中 80%未经处理直接排入水域。在 700 多条重要的河流中，有近 50%的河段、90%以上的城市沿河水域遭到污染，使 70%的地面水源遭受不同程度的污染，其中 30%～40%的水源已不符合灌溉水质标准。每年全国农田污染事故造成的损失超过 1 亿元，粮食减产 100 万吨以上。如不采取有效措施，地面水和地下水的水质还将下降，农业用水还面临着水质性缺水。

从全国来看，我国耕地亩均水资源占有量仅 1 400 立方米，是世界平均水平的 1/2。按目前的正常需要和不超采地下水，全国缺水总量约为

300亿～400亿立方米，一般年份农田缺水受旱面积降到600万～2 000万公顷，农业水资源供需矛盾将更加突出。根据马晓河和方松海（2006）[①]的推测，到2020年，中国的粮食消费需求总量将达到59 961万吨，如果届时自给率调整到90%，国内粮食生产总量就应达到54 000万吨。假定届时仍有10 000万公顷的粮食播种面积，每公顷产量就必须增加到5 400千克。如果现有用水模式保持不变，到2020年，仅粮食生产一项的用水量就将达到5 400亿立方米，比目前农业和农村生活用水总量还高出44%，这个用水量将相当于中国2005年用水总量的97.3%。

灌溉水量的减少和水质恶化，加剧了农业用水供需矛盾，干旱缺水造成的农业损失日益加大。据水利部2009年统计，目前农业灌溉缺水300亿立方米左右，每年因干旱缺水受灾面积平均达0.27亿公顷，成灾面积0.13亿公顷，减产粮食1 000亿千克，且有逐年增长的趋势。资源性缺水、用水结构性缺水及水质性缺水，制约了农业可持续发展。

因此，在水源性、竞争性、结构性及水质性缺水较严重的形势下，必须创新水利治理模式，大力发展可持续水利，才能促进农业农村的可持续发展。

3.1.2　旱涝灾害范围扩大、损失加重

3.1.2.1　旱涝灾害危险性地区增多

近30年间，气候变化使得极端天气频繁发生、时空分布多变，灾害周期短（平均每3年一个循环），改变了我国的农业灾害具有地域、季节分布不平衡和年际间周期循环等特征。例如，2001年长江、嫩江发生大洪涝，2002、2000年全国大范围干旱，2006年川、渝地区大面积高温干旱，2008年南方雨雪冰冻，2009—2010年冬春西南干旱和华北低温冻害。2011年极端灾害性天气突发多发，从北到南，已接连发生三次大范围的严重干旱，西南等重旱区水利工程蓄水严重不足；“长江涝，华北、华南旱”、“长江旱，华北、华南涝”、“北涝南旱”，或一年四季旱、春夏秋三季涝，或旱涝并发，异常灾害现象频繁出现，导致一些原来的丰水地区也

---

①　马晓河，方松海．中国的水资源状况与农业生产［J］．中国农村经济，2006（10）：p4-11，19。

频繁受灾，且这些灾害绝大部分又发生在我国的粮食主产区。如表 3-1 所示。

表 3-1 全国和各省、自治区、直辖市农业洪涝受灾情况

地区	农作物受灾面积	农作物成灾面积	农作物绝收面积	地区	农作物受灾面积	农作物成灾面积	农作物绝收面积
全国	17 866.69	8 727.89	2 469.77	河南	1 166.54	548.32	95.09
北京				湖北	1 610.57	772.22	219.15
天津				湖南	2 100.76	1 083.43	272.19
河北	92.03	47.01	8.10	广东	550.47	254.32	90.00
山西	152.89	28.00	6.63	广西	598.25	250.55	47.12
内蒙古	215.61	165.02	70.96	海南	287.79	188.77	108.29
辽宁	852.51	529.39	197.52	四川	1 436.61	625.87	210.09
吉林	386.46	281.47	106.01	重庆	394.22	135.30	53.33
黑龙江	916.48	651.12	155.2	贵州	398.50	234.68	46.93
上海				云南	182.82	112.21	40.88
江苏	527.83	91.97	35.74	西藏	15.14		1.06
浙江	292.61	144.02	43.56	陕西	373.76	174.61	66.48
安徽	1 071.98	511.64	128.09	甘肃	252.30	155.72	32.82
福建	429.18	203.11	55.52	青海	14.72	9.51	2.23
江西	1 784.15	974.82	310.92	宁夏	10.47	9.14	3.10
山东	1 615.51	444.48	38.44	新疆	136.53	101.19	23.60

资料来源：2010 中国水旱灾害公报．2011 年 10 月 13 日，http://www.mwr.gov.cn/zwzc/hygb/zgshzhgb/201110/t20111013_306570.html。

而同时，作为水利灌排工程的兴利除害功能并未为此而提高，不仅存在各类工程发展不平衡问题，而且存在着地区布局空缺问题。例如，一些丰水地区并没有因旱灾险情蔓延而加大蓄水、提水、节水水利设施的建设和管护，导致水利设施毁损严重。据统计，“全国小型灌区的渠道完好率和渠系建筑物完好率最低的只有 20%，小型农田水利基本上还在‘吃老本’。”灌区末级渠道衬砌率仅为 11%左右，建筑物配套率约为 30%，小型农田水利工程完好率不足 50%。不少地方的老百姓把小型农田水利工程现状形容为“堰塘像碟子、渠道像筛子、水库像池子、机埠像叫花子”[①]。水旱灾害日益频发、重发，加之“渠断网破”的农田水利难以应对，导致自然灾害危险性地区遍布至全国各个省区。如图 3－2 所示。

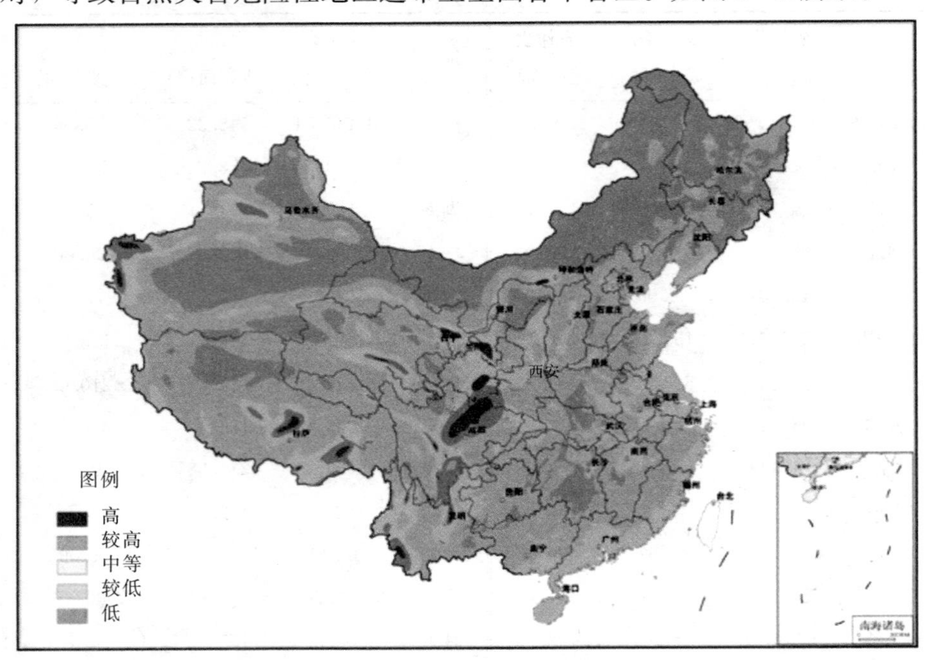

图 3－2　全国自然灾害危险性评价示意图

资料来源：国务院办公厅．2011 年全国主体功能区规划．

3.1.2.2　水旱灾害损失加重

近 20 年来，水旱灾害已经是我国农业受灾和成灾的主体，农业水旱灾害受灾面积、成灾面积分别占所有自然灾害受灾面积或成灾面积之比始终在 80％左右（两者的年均值分别为 81.4％和 82.7％），年均水旱灾害受灾面积和成灾面积分别为 3 866.7 万公顷和 2 044.9 万公顷[②]。其中，平均

① 江宜航，王永群．千疮百孔的小型农田水利体系．中国经济时报，2010.2。http：//zgjjsb.blog.sohu.com/143625019.html。

② 吴玉成．近 20 余年我国农业水旱灾害特点．http：//www.iwhr.com/whr/WebNews_View.asp? WebNewsID=241.

每年因气象灾害造成的粮食损失已超过500亿千克[①]。例如，2010年全国因洪涝灾害农作物受灾面积，与近十年以来的平均值相比偏多59%，位居20年以来第一位。

统计数据显示，20世纪70年代，中国农田受旱面积平均每年约1 100万公顷，80—90年代约2 000多万公顷；1990年后年均洪涝成灾面积增加到1 520万公顷，受旱面积增加到2 600万公顷；2000年以后，旱涝灾害损失呈加重趋势（例如，2006、2007、2009、2010年的农作物受灾面积均超过上年），平均每年受旱面积超过3 300多万公顷(图3-3)。

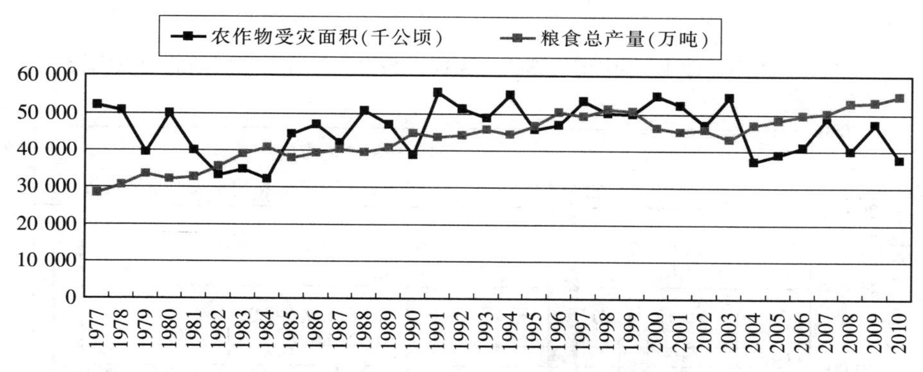

图3-3　1977—2010年中国农作物受灾面积与粮食产量的动态比较

近5年来，中国农田受旱面积年均超过2 000万公顷，因旱灾减产粮食约占同期全国平均粮食产量的5%左右。据国家防汛抗旱总指挥部统计，2010年全国耕地累计受旱面积2 333万公顷，农作物受灾面积1 267万公顷、绝收232万公顷，因干旱造成粮食损失99亿千克、经济作物损失260亿元，直接经济损失950亿元。有气候专家预测，因干旱与半干旱的影响，我国农作物产量到2030年，可能会减少5%～10%[②]（图3-4、图3-5）。

---

① 郑国光．气象灾害致粮食损失年均超500亿千克．http：//finance. sina. com. cn/roll/20110301/01509446776. shtml.

② 林治波，赵野．2010年全国防汛抗旱工作综述（N）．人民日报，2010-12-07. http：//www. cass. net. cn/file/20101207287501. html.

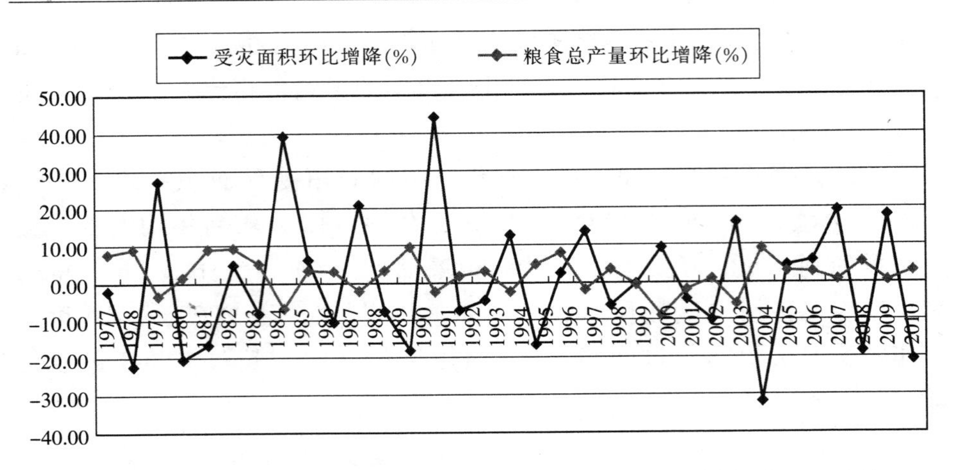

图 3－4　1978—2010 年中国农作物受灾面积与粮食产量增减周期的动态比较

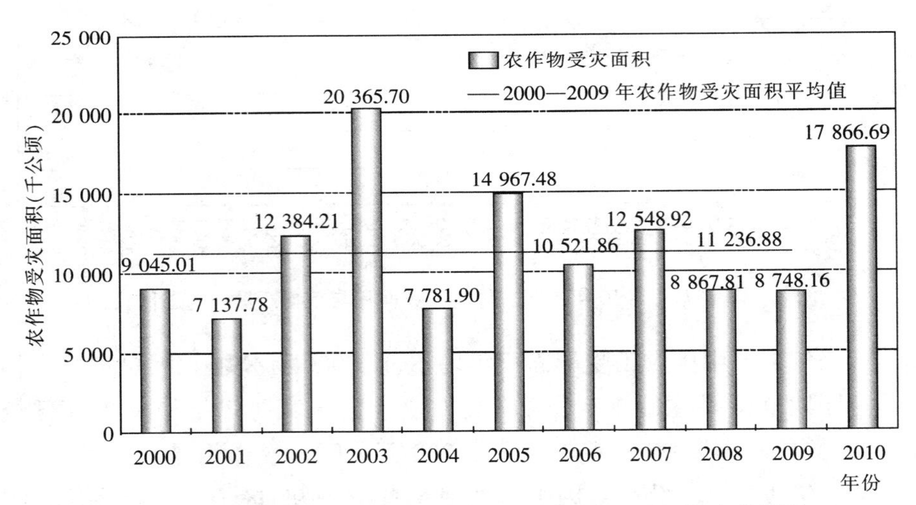

图 3－5　2000 年以来全国洪涝灾害农作物受灾面积历年变化情况

资料来源：2010 中国水旱灾害公报．

http：//www. mwr. gov. cn/zwzc/hygb/zgshzhgb/201110/t20111013 _ 306570. html.

一方面，农业水利基础设施普遍存在“新的建设不到位，旧的已经废弃”的情况。现有的农田水利设施大部分工程建于 20 世纪五六十年代，主要靠农民投劳，就地取材，工程标准不高、配套差，相当部分超期运行，老化失修，设施不配套，蓄水能力大幅度下降，功能衰退，受益面积减少，灌排保证率下降。另一方面，各类工程发展不平衡。大中型灌区骨干工程面貌逐步改善，但小型灌区及小型农田水利工程的状况普遍较差，小型水库、山塘的淤积、病险情况最为突出，特别是“田间一千米沟渠”严重缺位。由于农田水利防灾抗灾能力并未能有效提高，带来的直接后果便是粮食生产不稳定性加剧。

随着极端气象灾害频发，以及多年来农业资源的超负荷利用、土地质量不断下降，农田生态不断恶化，一些地方因旱涝出现农田沙化、盐碱化和荒漠化，造成我国1/3以上的土地面积存在水土流失问题。在水短缺、水污染、水旱灾害频发重发的现实条件下，加之工业化、城市化发展造成农业可用水资源下降的不可逆转趋势，这些都使得“水资源短缺比耕地短缺对我国粮食安全的影响更为严重”①，使得农田水利已经成为粮食增产的约束性要素。

3.1.3　治水内容复杂化

在工业化和城镇化快速推进的现阶段，中国治水面临着工程性缺水、水质性缺水、资源性缺水相互交织和叠加的多重难题。随着人口增加和城镇化发展，城乡之间、产业之间的用水竞争日趋加剧，生活、生产、生态用水都面临极大压力，水短期和水污染问题将更加突出。治水的内容也不断拓展，涉及越来越多的方面。特别是，随着全球气候变化和用水需求增加，水资源短缺将更趋严重，中国水资源短缺状况不断加剧、水资源分布不均问题更为突出、水生态环境恶化压力加大、水旱灾害发生几率上升，使得我国水利形势更趋严峻，增强防灾减灾能力要求越来越迫切，强化水资源节约保护工作越来越繁重，加快扭转农业主要“靠天吃饭”局面任务越来越艰巨。治水的任务不仅面临防洪抗旱、灌溉排水问题，而且面临日益严峻的水资源短缺和水污染问题。

治水面临严峻的现实挑战：一是水资源供求矛盾日益突出。经济社会发展对加快水利发展的需求更加迫切，人民群众对加快水利发展的期盼更加强烈。二是水源涵养的空间面临新挑战。特别是水短缺、水污染和水生态问题，其危害性和严重性已经不亚于洪涝灾害。中国的治水任务演变为

① 国家农业综合开发办公室主任王建国在2007年现代农业与国家粮食安全论坛上的讲话。

抗旱除涝保生态相互交织的复合性问题，且每一个问题均呈现高度的复杂性。三是农业现代化、现代产业体系、城乡一体化发展对水利建设提出更高的要求，对水利的改善生态功能提出新的挑战。

治水内涵从区域性发展为流域性和全局性问题、从单一问题演变成复合性问题。治水的内容除了防洪和灌溉，还包含了水力发电、除涝治碱、水土保持、城镇供水、人畜饮水等内容。

3.1.4　治水投入匮乏

新中国成立后的30年间，中央发出“水利是农业的命脉”的战略导向，国家总投资共763亿元兴修水利工程，而社队自筹及劳动积累，估计达580亿元。通过各种大江大河的治理与沟、塘、渠、堰的建设，努力完善农田水利设施，极大地改善了农业水利条件。

但自20世纪80年代以来，近年来我国农田水利建设投入远滞后于现实需要。国家每年水利投资力度很大，投资很多，但主要用在了大江大河的治理，基本农田水利设施没有得到重视；2004年逐步取消“两工”以后，农村水利投入稳定增长的机制也未完全建立。中央投资和地方配套资金不能及时足额到位，农民投工投劳锐减，各项水利投资规模存在难以弥补的资金缺口。

即使在我国农村水利发展的高潮期“十一五”期间，全国水利投资规模达7 000多亿元，是“十五”时期的1.93倍，远超预计的4 628亿元，而农村水利中央投入仅为1 027.7亿元，全国农田水利基本建设总投资才达4 865亿元，投入劳动工日143.2亿个[①]。其中，农田水利建设投工投劳人数由过去每年127亿个工日降至30亿个工日。

现在农村很多的渠系工程都是三四十年前所建，很多工程都出现了老化失修现象，很多地方的农田水利都是在吃老本。目前全国有8.5万座水库，多数是改革开放前建设的，改革开放后多年，分散的农民和县乡政府兴建的水库不多，而原有水库中有3万个中小水库亟待维修改造，有些地

---

① 姚润丰，晏国政．农田水利建设全面提速“十一五”时期中央投资1 027.7亿元。http：//news.xinhuanet.com/politics/2011-03/28/c_121241106.htm.

区连维修的工作都减免了，很多渠道和水库或被泥沙拥堵，或被用来排放污水。

国务院副总理回良玉在2010年12月召开的全国冬春农田水利基本建设电视电话会议上，坦承“农田水利脆弱，是影响国家粮食安全的最大硬伤，是国家基础设施的明显短板。”这块“短板”在近两年的从北到南大范围的旱涝并发、频发的事实中被验证①。目前中国面临的农业水资源危机和农田水利体系落后状况，不仅已经严重影响农业生产、农民的切身利益、水资源节约和国家粮食安全，而且制约着农村人口和经济的均衡分布，还带来了许多生态问题。

因而，无论是保障粮食安全，还是促进农民增收，无论是应对国际竞争，还是持续推进工业化和城镇化，解决农业的深层次问题，都必须加快发展发展现代水利，以水资源的高效、可持续利用，支撑现代农业的可持续发展。如果没有水利的现代化就没有农业的现代化，也不会有国家的现代化。

综上，21世纪以来，中央连续颁布8个“中央一号”文件强调要加强农田水利设施建设，2011年“中央一号”文件《中共中央国务院关于加快水利改革发展的决定》直接以水利改革发展为主题，把水利建设上升为国家战略，作为事关人类生存、经济发展、社会进步、治国安邦的第一要务来抓。这既表明国家对加强农田水利发展的重视，同时，也表明农田水利建设和改革现状还不能适应国家发展的需要，即使在政府高度关注并加大投入之后，农田水利供给不足和管理不善问题并未得以有效解决，现有水利治理模式亟待改革！

---

① 陈雷．应对西南特大干旱的实践与思考［M］．2010年中国水利发展报告。截至2010年4月19日，全国耕地受旱面积1.18亿亩（多年同期均值为1.04亿亩），有2 213万人、1 761万头大牲畜因旱饮水困难。另据邵芳卿2010年5月21日报道：据中国扶贫基金会的一项调研报告披露，据不完全统计，截至2010年5月19日，2009年冬至2010年5月的大旱导致西南五省区市（云南、贵州、广西、重庆、四川）经济损失超351.86亿元人民币，受灾人口超5 826.73万人，至少218.54万人返贫（不含四川）。云、贵、桂、渝四省区市小春作物绝收面积分别达4 743.7万亩、696.8万亩、358.52万亩、180万亩，大春作物推迟导致减产面积分别达552万亩、2 273万亩、733.84万亩和140万亩，而四川农作物受灾面积中重点县达609.7万亩，绝收面积重点县达22万亩。邵芳卿：西南五省区市因旱返贫已达218万人［N］．第一财经日报，2010-05-21。

3.2 相关研究综述

3.2.1 国内研究

中国农田水利发展研究主要缘于农村改革后，20 世纪 80 年代农村家庭承包责任制改革后，农户利益独立与分化，水利工程建设管理的“专管”与“群管”相结合的供给体制破裂，农田水利基础设施产权属于政府或乡村集体，而其供给管理主体与受益主体则是分离的（不一致），在农业用水福利性、水利设施产权与水权市场空缺的条件下，使得协调“政府与市场、政府与政府、政府与用水户、用水户之间、水资源开发与水生态保护”等诸多关系交织在一起，从而使得国内研究视角较多（具体包括从水利建设管理体制、水价、水利资产产权市场化、政府责任、财政投入、供需管理机制、用水户组织、农民参与机制，以及以小农水为重点的整体化改革等多个视角）。其代表性研究可概括为四个方面：

（1）关于农田水利工程管理机制的研究。我国农田水利基础设施的发展存在较多问题，主要表现在发展速度缓慢，设备失修、老化、不配套等几个方面，其原因在于农田水利基础设施本身的经济特征——公共产品特性、垄断性、投资收益低、规模大、风险高，导致的建设和管理上的困难。

为此，胡继连（2000，2002）提出小型水利“私人供给”的产业化实践模式；周玉玺（2005）的研究认为应该结合农村小型水利工程的物品特性、不同环境条件、不同规模、不同地区的经济发展条件和不同时段的宏观政治经济条件，根据用户数量、辐射范围等因素，合理确定最优的农户自愿合作供给制度。但是，吴仲斌、宋洪远（2009）探讨了小型农田水利设施的盈利能力、社会资源介入与产权制度改革之间的关系。认为小型农田水利设施的产权制度改革实践多数都是经济利益导向下的诱致性制度变迁，不是由政府推动的，而是民间自发的，尽管这些产权制度改革得到了实施，但大多数是不彻底的，产权承接人基本上是兼业户，且大多数只承担简单的日常管理和维护，建设与维修的责任仍由政府或集体承担；同时，对于盈利能力弱的小型农田水利设施，由政府强力推动的产权制度改革多数也都不成功或不可持续。

对于小型农田水利基础设施来说，阻碍其发展的因素包括农业比较收入低、导致我国土地细碎化的农地制度、农村社会资本和合作组织的缺乏等（吴安、路广利，2009）。李代鑫（2002）、穆贤清、黄祖辉（2004）、姜开鹏（2005）提出应构建用水户参与管理的多中心管理体制。但对于财力贫弱的中国农村，应采取什么样的管理体制，其内在决定因素是什么尚缺乏研究。唐忠等（2006）、曹鹏宇（2009）分别提出农户或合作组织供给、政府主导下的股份制、PFI 模式的社会参与机制。柴盈（2009）、张春园、李代鑫（2009）的研究认为农田水利是一项以公益性为主的系统工程，要抓好这项工作，离不开政府主导，也离不开农民群众的积极参与、社会各界的全力支持，建立中央决策、省级统筹、县级实施的管理体制。

（2）关于农民用水户参与水利管理的作用。张陆彪等（2003）、穆贤清、黄祖辉（2004）、张兵等（2004、2009）等对苏北、漳河、石津、青铜峡、皂河灌区等地的研究发现建立用水户协会组织农户参与有利于节水、满足用水需求、改善灌溉工程维护与管理，但也存在农民参与度不高、制度绩效低、停留于操作规则层面等问题。孔祥智等（2006、2008）、谭向勇、刘力（2007）、朱红根等（2010）等的研究表明农民参与意愿受家庭经济活动特征、村庄特征和社会资本、原有水利状况等影响。

（3）一些学者论证了政府的重要性。王金霞、黄季焜（2004）对黄河流域的实证研究发现缺乏对官员和农民激励机制，将使改革流于形式；要实现有效的农民参与，推进灌区管理制度改革，需要建立强有力的制度和政策环境，以及配套的水权明晰和水市场制度等；成诚、王金霞（2010）进一步的研究还证明政府的政策干预在促进灌溉管理改革上发挥了十分重要的作用，贺雪峰、罗兴佐（2006）的研究发现农田水利必须以国家强制力为保障。马晓河（2005）、林万龙等（2007）研究认为现实条件下，农民合作供给动力不足，应改变“以农民为主”的政策思路，通过“政府筹资、民间供给”、“公共供给与私人供给互补”解决供给问题；贺雪峰、罗兴佐（2006）的研究认为，农田水利必须以国家强制力为保障，形成国家与村庄之间合作与互补的供给机制；而宋洪远、吴仲斌（2009）的研究指出政府应当因势利导地为改革创造有利条件而将产权制度改革的具体方案交由市场决定。

（4）关于为什么会出现农田水利设施供给改革成效的差异？或者说为什么有的地方改革成功了，而别的地方并未见效？王金霞、黄季焜（2000）、张兵等（2004，2009）、谭向勇等（2007）、孔祥智等（2008）、陈雷、仝志辉（2008）、马林靖、张林秀（2008）、朱红根等（2010）等对苏北、皖、鲁、川、桂、赣等地的实证研究证明农民参与受农户特征、参与认知度、村庄特征、灌溉系统现状、用水户协会状况、政府支持、农户社会资本等因素的影响，但对这些因素的作用排序并不一致。

可以说，由于中国当代农田水利治理问题的研究，主要缘于农村改革后农户利益的独立与分化和政府管理的水利工程供水效率低下造成的农田水利不可持续问题（叶兴庆，1997；罗兴佐，2006）。因而，国内研究主要集中在有关小型水利工程产权、水费、水价、管理模式和运行机制等宏观层面的探讨，且较详细地分析了我国农村小型水利工程老化失修、工程效益衰减的真正原因，通过试图找到一条适合于我国农村分户经营制度的水利管理制度。

但是，现有研究依然没有回答农田水利基础设施供给改革成效的决定因素是什么？其中政府和农民组织的作用有多大，哪个更重要？为什么会出现农田水利设施供给改革成效的差异？或者说为什么有的地方改革成功了，而其他地方并未见效？

3.2.2 国外研究

国外对农田水利的研究主要侧重于乡村公共池塘水系和灌溉排水系统（或简称灌溉系统）。20 世纪初期，国外水利系统大多被视为公益性或公共性工程，其建设运营普遍得到政府直接投入和各种优惠政策（高鑫，李雪松，2008），20 世纪 70 年代，政府管理的农田水利设施毁坏严重，提供灌溉服务越来越困难，各国政府和研究者希望找到灌溉系统非持续性问题的解决方法。20世纪80年代以来在世界范围内的农田水利管理改革浪潮，推动了农田水利管理制度改革研究的迅速发展。主要涉及四个方面的问题：一是水利管理制度变迁；二是水利管理有效制度与政策的选择；三是水利系统运行效率的影响因素；四是农民用水户协会、灌溉水价等方面的细化研究。

（1）关于农田水利管理制度的变迁。Vermillion（2002）对亚洲灌溉农业的研究认为，现代社会的灌溉发展经历了两个阶段，并已进入第三阶段。第一阶段是1950—1970年的资本赞助式扩张。经典的发展经济学理论表明，发展中国家要根本摆脱贫穷落后，必须全面、大规模地进行基础设施建设投资（罗森斯坦·罗丹，1943）。自20世纪中叶以来，国外灌溉系统大多被视为公益性或公共性工程，其建设运营普遍得到政府直接投入和各种优惠政策。第二个阶段可以叫做增量改进，大约在1970—1980年。这一阶段强调改造、培训、新技术、信息和决策支持系统以及其他管理和技术的改进。这一时期的主要模式是参与式赞助，其特点是组织结构过于庞大，吃财政饭，依赖基础设施的外部融资，政府的官僚机构扮演着控制发展过程的统治者的角色，政府拥有灌溉基础设施，控制着水资源的发展和分配，管理着主要级别和二级公共灌溉系统。第三阶段将进入授权式参与。在20世纪80年代全球性政府治道变革背景下，参与式灌溉管理改革从发达国家迅速扩展到发展中国家，授权式参与作为一种根本上的制度结构调整，明确要重组和替代在扩展和改进时期受保护的政府占统治地位的组织结构，转而形成由用水户控制，由政府进行调控和提供服务的灌溉系统框架。关于灌溉管理制度变迁的有效取向问题，学界对于制度在灌溉系统及其绩效中的重要作用取得了共识，但在具体的制度和政策选择上存在分歧。

（2）关于农田水利有效治理制度与政策的选择。大量经验证据已充分验证，物质技术的投入、农业灌溉和生产有形技术的提高，并不必然提高水利系统的绩效，有效的制度才是避免农田水利系统这样的公共池塘资源处于低度供给和过度使用的关键。但关于什么样的制度是有效，学者的观点并不一致。

日本学者速水佑次郎和美国的拉坦指出，在由大量小农组成的农村社会里，耕地细碎化，不能使自流灌溉系统的投资效益内部化。市场不能提供这种服务，必须由制度创新来纠正。由于“公共池塘资源”的非排他性、农业灌溉市场化的局限性、工程的外部性等原因会造成市场失灵，导致私有化的失败。

Vermillion（1996）、Ruth Meinzen（2001）、Jules（2003）、Gheblawi（2004）、Kukul（2008）等基于多国经验和实证研究证明灌溉系统管理由集权向分权转化的必要性和基本途径，即把政府包揽的管理职责部分或全部移交给农民协会或其他私人部门，是提高灌溉系统效率的最有效途径。

针对政府干预是治理“公共池塘资源”的良方的观点，奥斯特罗姆的研究表明，由于政府也是有限理性的，同时信息的不完全和监督机制的缺失同样会导致政府失灵。自主管理机制不仅能够避免政府失灵、市场失灵，甚至能够促进使用者之间的认同与合作，增进彼此的承诺、信任与信任资本，促进政府和民间合作，增加社会福利。Ostrom（1990，2006）对多个国家灌溉系统的大量案例研究证明，西班牙、菲律宾群岛、美国加州、尼泊尔等地灌溉系统的有效治理，主要缘于当地使用者们经过长期重复博弈，逐步确立了符合 8 项自主治理制度设计原则的信任、互惠的灌溉制度。

（3）关于农田水利治理绩效的影响因素。已有一些国际性经验研究结果表明建立激励机制和农民参与是农田水利参与式供给改革成功的重要因素（World Bank，1993；Merrey，1996），而且农民参与和灌溉机构改革两个方面，二者相互制约、相互促进，仅仅成立用水户协会而不进行机构改革，注定要失败（Johnson et al.，2002）。Johnson（2001）的研究证明没有明晰的产权界定，用水户不愿意对现有灌溉工程的改造进行投资，更不愿意对灌溉系统进行改进。

Meinzen & Dick（2005）实证分析表明，当地水资源条件和社会经济特征（水质、水位、地表水源、农户规模、人口密度和地区虚拟变量）显著影响地下水灌溉系统产权制度创新。H. Van Keulen（2008），Kazumi Yamaoka et al.（2008），Heikki Lehtonen et al.（2006）等实证分析了公共投入有利于农业社会资本的形成、积累和发展的增强，强调要发挥公共投入对私人投资农业生产和资源保护的刺激和引导作用；Ostrom

（2006）、Narayan（2006）对巴基斯坦、尼泊尔、联合国支持的121个乡村水利工程项目的研究，分别发现用水户参与度、水利系统结构、当地社会资本、社区集团与政府部门及非政府组织的协同对于改革绩效有不同程度的影响。

（4）关于农民用水户协会、灌溉水价等方面的细化研究。Ostrom（1997）研究了用水户合作治理机制及其制度条件，奥斯特罗姆进一步指出：自我组织与自我管理的机制，虽比政府或市场更能有效管理共享性资源，但因共享性资源本身具有排他性程度困难与减少性高的特性，因此，在管理制度的设计与安排上，必须解决：①使用上的问题；②供应的问题，包括资源枯竭、规则遵守维持及搭便车问题；③认同、可信承诺及相互监督问题。Jensen（2000）也提出：①明确界定成员与非成员间的界限；②确保使用者的义务负担的公平性；③成员可以参与管理规则的改变；④成员能主动地互相有效监督资源的使用；⑤对于违规者予以惩罚；⑥能快速解决资源使用冲突的问题；⑦政府不应介入自治组织的运作。Ruth Meinzen（2001）、Jules（2003）研究了如何建立农民自己的组织或其他非政府组织来进行有效管理；Safwat Abdeldayem，et al（2005），Mark Phillips（2005），Vander Meulen V. & G. Van Huylenbroeck（2008）的实证研究指出，应综合考量各方面因素，而不仅仅是资金问题，项目支持、管理决策必须为合作关系的建立预留空间，鼓励对话，重视社区、技术部门、金融部门、各代理机构等各利益团体间的协同，以便有效利用相关资源，更有效地传递投资所带来的价值。

研究普遍认为，建立用水户协会（WUA）使农户参与灌区的运行与管理，对于提高水费实收率、保证灌区运行经费到位、增强灌溉系统可持续发展能力等方面，起到了积极作用，而农户参与程度的提高使灌区的管理更加民主化。但是，管理权移交过程中也存在着一些问题，如WUA没有制度化、合法化；政府取消了灌区可持续发展和新建设施所需的财政预算和新增投资，导致灌溉系统更新改造缺乏资金支持等。因此，将组建WUA作为单一的管理方式并不能获得成功，政府的支持必不可少。WUA的规则完备性、用水者之间的社会与经济的相容性、用水者之间信任度和相互依赖度、WUA与政府的合作互补等对WUA的持续发展具有重要影响。

（5）关于灌溉水价的专门性研究。文献主要集中于两个方面，一是灌溉水定价的实施方法，二是灌溉水定价（收费）的结果与影响。各个国家对水进行收费原因各异，包括成本补偿、收入再分配、改进水的分配和促进水资源保护，边际成本定价原理在发展中国家未得到普遍应用，相较之下，高收入国家对水价改革的约束较少（Dinar A.，Subramanian，2001）。一个政治上可行的价格范围内的水价作为控制水利用的单一工具并非是鼓励水资源节约和保护的有效方式（Rogers P.，Silva R. and Bhatia R.，2002）。并且，价格政策对灌溉水使用的影响具有地区特征，主要取决于地区、结构和制度条件，政策变化在同一地区和同一水域可能产生截然不同的结果（Consuelo Varela-Ortega et al，2001）。

综上所述，国外相关研究主要是基于水资源短缺和政府建设管理的灌排系统运行低效问题而展开的。重点是要找到灌溉系统的非持续性发展问题的解决方法。国际性改革实践证明，参与式农田水利治理改革在发达国家和发展中国家都出现了大量成功的案例和失败的国际案例，但现有文献并未深究其原因。

3.2.3　相关研究述评

综上所述，目前，各国都在探索如何改革农田水利治理模式，才能提高灌溉系统管理的运行效率，以摆脱农田水利供给短缺的困境。当传统的以政府和市场为主体的农田水利基础设施供给管理方式难以解决日益加剧的供给和需求矛盾时，以用水者为主体的参与式管理被国内外研究者普遍认同并寄予厚望。

国际经验研究表明，把政府包揽的管理职责部分或全部移交给农民协会或其他私人部门，是改善农田水利供给绩效最有效的途径（Gheblawi，2004），并积极探索在市场与政府之外农田水利设施的自主治理之道。

美国最初于20世纪50年代就尝试将灌溉管理系统的职责从政府移交给农民组织，法国于20世纪60年代也开始实施这一管理体制的变迁，一些发展中国家也分别于20世纪80年代后期开始了灌溉管理体制的变革，先后出现了将灌溉系统的权责从政府向农民协会或其他私人组织转移。

Vermillion通过对亚洲灌溉农业的研究认为，现代社会的灌溉管理制度发展经历了两个阶段，并已进入第三阶段。第一阶段是1950—1970年的资本赞助式扩张。第二个阶段可以叫做增量改进，大约在1970—1980年。这一阶段强调改造、培训、新技术、信息和决策支持系统以及其他管理和技术的改进。这一时期的主要模式是参与式赞助，其特点是组织结构过于庞大，吃财政饭，依赖基础设施的外部融资，政府的官僚机构扮演着控制发展过程的统治者的角色，政府拥有灌溉基础设施，控制着水资源的发展和分配，管理着主要级别和二级公共灌溉系统。第三阶段将进入授权式参与。授权式参与作为一种根本上的制度结构调整，明确要重组和替代在扩展和改进时期受保护的政府占统治地位的组织结构，转而形成由用水户控制，由政府进行调控和提供服务的灌溉系统框架。[①]

Ostrom（1990）基于大量案例研究，证明资源使用者自主治理不仅能够避免政府失灵、市场失灵，还能够增进使用者之间的认同与合作，比政府或市场更能有效管理灌溉系统。Vermillion（1996）、Gheblawi（2004）在综合众多研究的基础上认为把政府包揽的管理职责部分或全部移交给农民协会或其他私人部门，是提高灌溉系统效率、缓解农业用水紧张的最有效途径，在大多数国家是成功的。Y. S. Kukul（2008）运用灌溉系统管理权转移前（1984—1994）和转移后（1995—2004）的时间序列数据，对土耳其梅内门灌溉运行的评估结果表明，管理权转移促使更多的能够财政自给的民间机构出现，能够为灌溉系统创造出更多的可持续管理。

可以说，国内外学者和实践界，分别从水利建设管理体制、水价、水利资产产权市场化、政府责任、财政投入、供需管理机制、用水户组织、农民参与机制，以及农田水利投入的盈利能力等方面进行了多视角的研究和试验。特别是，国内学者主要研究了农田水利工程管理体制、产权制度、参与式管理、自主治理、公共投入政策、供给组织界定等问题，取得了大量的研究成果。可以说，既有研究对于全面理解农田水利问题做出了

① Douglas. Vermillion. 亚洲灌溉行业改革：从“参与式赞助”到“授权参与”[C] //水利部农村水利司，中国灌溉排水发展中心，中国灌区协会. 第六届用水户参与灌溉管理国际研讨会论文集. 北京，2002：62-78.

应有的贡献，对于改善中国农田水利供给绩效有一定的借鉴价值。

遗憾的是，既有理论及其所指导的改革实践也并不令人满意，农田水利发展体制不顺、机制不活、改革整体滞后的问题依然存在。相关研究也存在以下不足：

（1）研究范围比较散、深度不够。虽然所有的研究都认为农田水利需要多元合作治理，但是对其原因、实现条件、治理方式和制度安排都缺乏深入、系统的分析。任何农田水利治理制度都内生于一定的社会、文化和经济形态之中，有其运行的目标、资源、技术、组织和制度条件。转型背景下的中国农田水利面临的“供给不足与管理不善”、“水利资源不足与有限水利设施利用效率低下”并存的两难困境，必然有其内在的系统化的生成原因。既有的理论和改革举措没有很好应对中国转型期农田水利发展中面临的社会基础、经济条件、组织基础和制度环境等约束条件，以及农田水利供给的公益性与私益性冲突问题，使得农田水利改革效果并不令人满意。

（2）忽视社会规范因素对治理绩效的作用。国内外很多研究者，希望通过水利工程的产权明晰、市场化经营、责任制管理等市场方法和技术层面上的努力，解决农田水利治理困境，而忽视社会规范因素对治理绩效的作用。事实上，任何交易行为是嵌入在社会关系中的。经济维度和社会维度的交易关系共同影响着交易的绩效（Stern & Reve，1980）。仅仅从农田水利治理的经济维度，强调农田水利建管职责在政府、市场与社区之间的“责权转移”和“经济激励”，靠企业精神改革公营部门，而忽视了农田水利治理中社会价值关怀、社会关系因素、非正式制度等社会内在规范作用，在农村要素市场残缺、市场组织与民间组织缺乏的中国现实条件下，终将难以解决具有公益属性的农田水利治理问题。

（3）问题分析缺乏系统性。在农田水利发展方面，很多研究“就水利讲水利”，没有拓展并深化农田水利与现代农业、农村社会行政、经济、农民权益之间的关联，这使得当前的农田水利建设研究相对深度不足。事实上，农田水利与地方社会资本、社会文化、经济结构、农业产业形态、市场化水平、村庄治理等领域的社会合作意识、传统和组织存在密切关系。“就水利论水利”、“就农业论农业”，都不可能认清现代农业发展中农田水利有效供给的内在机理。

任何理论与措施的有效性取决于其前提假设条件是否得以满足。既有研究对不同国家或地区农田水利建设与管理的自然条件、水源基础、水利需求和水利供给面临的经济社会发展约束条件缺乏系统的把握。这势必导致既有研究不能为中国农田水利改革和发展提供可行的策略建议。这也许正是现有研究及其所指导的改革实践也并不能令人满意结果的成因。

因而，探究政府社会合作治水的有效模式，理应将包括资源、技术、文化与制度等诸多因素及其相互关系纳入分析框架。

3.3　治水模式问题探源

3.3.1　现行治水改革的问题

改革开放前，农田水利建设管理实行政府动员与村社投劳出工相结合的政府本位供给模式。由于有强大的国家权力作后盾，这一时期的农田水利建设保持着良好、稳定的“专管与群管”相结合的治理秩序。

农村实行家庭承包联产责任制后，为了缓解政府管理的水利工程效益下降和财政负担问题，从20世纪80年代初开始，我国对农田水利建设管理体制机制进行了两个方面的改革：一是灌溉专业管理机构（水管单位）管理体制改革，对水利工程管理单位实行“政、事、企”分开，行政事业性水管部门逐级归并到各级政府职能机构中，经营性水管单位进行企业化改制，从财政划拨经费向经济自立和企业化自主经营转变。二是小型灌溉系统的产权变革，通过承包、租赁、股份合作等形式，实现小型灌溉系统的所有权与经营权分离或者完全私有化。

与此同时，由于农户分散经营，村社通过征收“共同生产费”用于农田水利等农村公共事业的建设管理，而各户用水费用则实行按亩分摊的方式统一收缴给“准企业”性质的供水管理单位。由于准政府性质的乡村组织作为农田水利的“群管”组织与供水管理单位的关系，逐步由“专业指导与协作”关系转化为“水商品”市场交易关系，这样，“专群”结合的治理模式逐渐解体，农田水利治理走向乡村本位治理。

但由于水价、电价偏低，本来应由政府投入的经费不到位，水利站没有全额的财政拨款，实行经费包干，超支不补，以及一些村干部在水费收取过程中层层加码，引起农民抗缴、拒交水费，水利部门与村组的合作就越难达成，农田水利建设走向“有人用无人管”的无政府状态。

20 世纪 90 年代后期，在世界银行等国际机构的贷款支持下，试点开展了“参与式灌溉管理改革”并逐步推广到全国[①]。与此同时，《水法》和一系列法规的颁布，为灌溉系统治理提供了完整的法律制度框架，对 WUA 等用水团体的培育和权利界定与保护。水价、水权、灌溉设施产权和水管单位体制等改革不断深化，着力于解决激励机制，把农田水利治理更广泛地推向市场。

2000 年以后，各地逐步取消“两工”，中央政府积极探索建立农田水利建设新机制，以调动地方政府和农民群众开展农田水利建设与管理的积极性。国务院办公厅转发了由国家发改委、财政部、水利部、农业部、国土资源部等五部委联合制定的《关于建立农田水利建设新机制的意见》，明确要求“政府支持、民办公助”“民主决策、群众自愿”原则，采取“一事一议”方式开展农田水利工作。

2004 年以后国家连续发布 8 个中央一号文件强调要加强农田水利设施建设，创新相关体制机制，并逐步加大对农田水利工程建设投入和项目管理，以应对农田水利工程标准提高、建设模式的转变。其中，将大型灌区续建配套与节水改造、大型灌排泵站更新改造纳入国家基本建设范畴，中型灌区改造由农业综合开发项目统一安排，中央财政小农水重点县建设对小农水工程也实施项目管理。同时，中央提高对地方特别是中西部地区的资金补助比例，国家基建项目补助比例分别提高至 60%、80%，小农水补助比例统一提高至 50%。

2011 年中央一号文件进一步把水利发展改革提升到战略高度，提出在未来一段时期内将从政策与财政等方面加强农田水利建设的支持力度，以扭转当前中国农田水利的颓势，为新农村建设与农业现代化构建坚实基

① 改革的主要方式是在灌溉系统的受益区组建农民用水者协会（WUA），并将支渠或斗渠以下的灌溉系统管理权、经营权甚至所有权移交给 WUA，由 WUA 实行自主治理和民主管理。

础。截至2011年11月全国已经启动三批1 250个小型农田水利重点县建设[①]，基本覆盖全国农业大县和产粮大县，希望通过更新、修复田间地头的水利设施，打通农田灌溉“最后一公里”，为粮食连续稳产增产提供有力的水利支撑。

可以说，中国进行了30多年的水利制度改革，而且近年来政府和社会对农田水利的关注不断提升，相关投入也不断加大。这些举措对改善农田水利局部面貌发挥了重要作用。但目前农田水利供求矛盾和农业用水短缺问题并未得到缓解，农田水利设施供给尚不能为农业农村有效抵御水旱灾害提供必要的支撑。

据水利部统计[②]，全国共建成大、中、小（10万立方米以上）型水库87.085万座，其中1979年前的30年建设86万多座，1979年后的30年仅仅建了827座，而且工程设施的平均完好率相对较低。我国现有耕地121.73亿公顷，其中只有5 780万公顷有灌溉条件，占耕地面积的44.5%；而且全国已建成的5 780万公顷灌溉耕地上的农田水利设施，普遍存在灌溉设施标准低、配套差、老化失修、功能退化等问题。现有434个大型灌区骨干工程的完好率仅60%；4万多个中小型灌区50%的水利设施需要维修，设施完好率不足40%，灌溉保证率多数只有50%～75%。灌区末级渠道衬砌率仅为11%左右，建筑物配套率约为30%，小型农田水利工程完好率不足50%。“全国小型灌区的渠道完好率和渠系建筑物完好率最低的只有20%，小型农田水利基本上还在‘吃老本’。”[③] 其中，山塘（塘坝）为50%，水窖（蓄水池）为70%，小型引水堰为49%，小型扬水站的机泵电设备为51%、配套附属设备为47%，机井的机电设备为74%、配套附属设备为74%，小型灌溉渠道为48%，田间排水沟道为47%。

全国农业用水量在总用水量中所占比例不断下降，由1980年的88%

---

① 赵永平．中央财政111亿元支持小农水重点县［N］．人民日报，http：//www.chinanews.com/cj/2011/11-09/3447457.shtml，2011-11-09.

② 周学文．2009年全国水利发展统计公报［M］．北京：中国水利水电出版社，2010.

③ 钟玉秀．转引自：千疮百孔的小型农田水利体系。http：//blog.sina.com.cn/s/blog_64389f400100golr.html．中国经济时报，2010-02.

下降到2009年的62.1%。第二次全国农业普查公报显示，按目前的正常需要和不超采地下水，我国农业灌溉年均缺水量约为300～400亿立方米，每年因干旱缺水受灾面积平均达0.27亿公顷，成灾面积0.13亿公顷，减产粮食1 000亿千克，且有逐年增长的趋势[①]。据水利部统计，目前全国大型灌区40%的水利设施、中小灌区50%的水利设施需要维修。目前全国耕地质量总体偏低，每年农业生产缺水超过300亿立方米，农业主要“靠天吃饭”的局面并未根本扭转。

特别是，尽管农田水利30年间的投入是改革开放前的17倍、政府和社会近年来对农田水利的关注也不断提升，并出台了扶持政策。然而，“相比面广量大的水利需求，现在的投入是杯水车薪”[②]，基层农田水利严重萎缩局面依然存在。假定只对现有的大、中型灌区和小农水工程进行更新改造，如果每年能保持800亿～1 000亿元的投入强度，也需要5～10年左右的时间，才能基本扭转农业主要“靠天吃饭”的局面。

可以说，尽管我国农田水利建设取得了明显成绩，但是，农田水利供求矛盾仍在加剧，水利设施落后、功能脆弱的状况并没有根本改变，特别是连接骨干工程与田间沟渠的“最后一公里”水利设施。这与工业化、城镇化带来的耕地和水资源紧缺的形势相比，与抗御日益频发的水旱灾害、建设现代农业和确保国家粮食安全的需求相比，还存在相当大的差距。

以上资料给我们展示了三个方面的事实：一是中国农田水利供给是短缺的，水利设施老化失修、功能衰退十分严重，使用效率相当低下；二是水利短缺已经或将要造成严重的后果，危及现代农业发展乃至经济社会的可持续发展；三是财政投入不能满足水利建设投入需要。总之，中国农田水利治理制度改革并未根本缓解农田水利供求矛盾。

3.3.2 现行治水模式为何失灵？

上述事实引出的问题和思考是：农田水利设施“供给不足又管理不善、有短缺有闲置（不配套）、有人用而无人管（搭便车）”等问题，为何

① 李力．加强农田水利建设 推进现代农业发展［N］．经济日报，2010-01-11.

② 江宜航，王永群．“九龙治水”荒了农田水利——小型农田水利调查之二·原因［N］．中国经济时报，2010-02-01。

长期存在？中国农田水利建设管理体制机制进行了约30年的改革，为何并未形成行之有效的体制机制？造成“重建轻管、重大轻小、重骨干轻配套”的原因是什么？政府主导、市场化和农民参与的农田水利供给模式，为何都出现了“失灵”？“一事一议”解决水利建设的农民自主治理改革，为何步履维艰？

改革开放后的中国，与许多国家一样，遇到农田水利供给不可持续问题。农村家庭承包责任制改革后，农田水利基础设施产权大多归政府或乡村集体所有，而农户用水需求因种植结构和非农兼业化而存在着巨大差异，导致农田水利设施供给管理主体与受益主体相当程度的分离，农户集体建设维护农田水利的合作行动严重减少。尽管20世纪90年代，在世界银行的支持下，中国也开始以农民用水户协会为代表的用水户参与式灌溉管理改革，但农户合作行为往往局限于村社范围内的农田水利设施维护和水源配置领域，大量农田水利工程设施建设管护严重缺失，导致灌溉工程体系断裂、设施老化失修、生产力下降、为农户提供的灌溉服务越来越缺乏效率而难以持续运营。

在农田水利供给制度的改革探索中，虽然已出现一些小型水利设施拍卖等新形式，但由于不成体系、组织性差、不易管理，农民缺乏广泛参与的积极性，难以大范围推广。一些大中型水利设施，由于各级财政投入不足和水管单位效益差，维护和运行十分困难，有些工程设施已经到了瘫痪的边缘。这表明在社群治水组织和契约环境很不完善的中国农村，仅靠产权制度改革并不能为农田水利治理提高足够的激励和保障。

这种灌溉管理职责向农民转移所要求的条件在中国很不具备，特别是，我们发现国内外研究普遍是在一个理想假设下展开的，即改善农田水利基础设施可以给投资者带来净盈利，进而人们有激励参与农田水利投资和管理。但是，这个假设成立的前提条件在中国现实中并不具备。比如较强的社会资本、利益的相似性，以及“明确界定资源本身及其使用者边界、成员可以参与管理规则的改变、政府不介入自治组织的运作”等基本制度构件尚很缺乏。具体而言：

其一，治水面临利益集成难题。气象灾害频发、水土资源竞争加剧、用水需求的异质性（因耕地细碎化、农户利益独立与分化）、水利工程产权模糊，以及水利设施功能的外部经济性和弱排他性、自身的系统有效性、农业供水与节水的弱盈利性等现实条件，导致治水面临利益集成难题。具体表现为改善农田水利基础设施功能面临水地资源、资金、市场、集体行动资源（组织者、合作制度等）等多重约束。

其二，政府、农民组织、市场都没有足够动力和执行力来改善农田水利。在市场经济条件下，功能健全的农田水利基础设施一般具有灌排水服务功能、水资源交易服务功能和防洪防灾安全保障功能。因而，治水之利就包括灌溉农田作物增收之利、服务蓄水与节水的交易增值之利、保障粮食安全、人身与财产安全的公共福利增长之利；但在中国水利工程产权、水权市场缺失，以及农业收益率低下的现实条件下，尽管全国各地进行了多种形式的农田水利工程建设和管理体制改革试验，但农田水利有效供给的增值之利并不能转化为投资者的可预期收益，因而农田水利供给主体缺位、投资动力缺失问题在所难免。

其三，水利治理参与者的利益协调和权益保障机制没有真正建立。现实中，中国农田水利治理参与者从治水活动中实际所获之利，要么不足以弥补成本，要么难以得到合理定价补偿或市场交易补偿；即使能定价，治水者因交易权和交易服务设施缺失而难以交易兑现。究其原因，一是由于政府管制下的粮食价格较低导致农业灌溉用水具有福利性难以盈利；二是因工程和技术措施而节余的农业水权，尚因水权交易收益权和水权指标的产权模糊，以及水权交易基础设施残缺而难以实现。少数地区的水权交易实践基本是政府部门主导下完成的，尚无水权及其交易市场化的法规，因而也不能为多方合作提供实质性权利配置客体和可预期的利益联结点。

可见，国际社会普遍看好的参与式农田水利治理模式尚不适用于农户耕地细碎、要素市场欠发育、用水需求差异化的“小农经济”的中国农村。不同国家因其面临环境生态、统辖规模和治理模式的差异，所面临的困难和挑战也每每不同。简言之，在其他条件相同的前提下，农田水利治理模式决定了其运行特定的优势、负荷、困难和挑战。

任何脱离现实的继承与“非中国化”的借鉴，以及任何单向度的供给模式或供给制度创新，都不能有效回应现实需求而失灵。中国农田水利发展迫切需要既能提高农田水利兴利除害功能、满足农业发展用水需求，又能减轻国家负担、提高灌溉效益的农田水利治理新模式。而现有研究对中国农田水利建设的社会基础、经济条件和制度环境等现实国情尚缺乏足够的考察和重视，造成其政策建议未能根植于中国农村社会“小农经济”的现实“土壤”，而难以在具体实践中发挥有效作用。

有效的农田水利改革必须立足于中国“小农”生产方式与中国农田水利的经济社会性质，才能探索出一套切实可行的治理模式和操作机制。事实上，经历30多年的经济体制、社会体制、政治体制的改革开放，当前中国农田水利治理的命题、技术条件、制度环境、意识形态等均发生了巨大变化。这不仅使得适用于农业社会的单中心治理模式已越发显得无力，而且造成适用于其他国家的治理模式在中国未必能找到其成长的“土壤”。

3.4　路在何方？——“小农”经济体治水需要本土化合作模式

基于上述分析，本书认为任何脱离现实的继承与“非中国化”的借鉴，以及任何单向度的供给模式或供给制度创新，都不能有效回应现实需求而失灵。中国农田水利发展迫切需要既能提高农田水利兴利除害功能、满足农业发展用水需求，又能减轻国家负担、提高灌溉效益的农田水利治理新模式。而现有研究对中国农田水利建设的社会基础、经济条件和制度环境等现实国情尚缺乏足够的考察和重视，造成其政策建议未能根植于中国农村社会“小农经济”的现实“土壤”，而难以在具体实践中发挥有效作用。

有效的农田水利改革必须立足于中国“小农”生产方式与中国农田水利的经济社会性质，才能探索出一套切实可行的治理模式和操作机制。事实上，经历30多年的经济体制、社会体制、政治体制的改革开放，当前中国农田水利治理的命题、技术条件、制度环境、意识形态等均发生了巨大变化。这不仅使得适用于农业社会的单中心治理模式已越发显得无力，而且造成适用于其他国家的治理模式在中国未必能找到其成长的“土壤”。

因而，要解答并破解农田水利供求矛盾问题，必须深入考察并科学解答以下问题：当前中国国情下，农田水利供求矛盾的实质是什么？现行农田水利供给模式普遍存在的“供给不足、管理不善、效益不高”等问题产生、存在、难治的经济社会性原因究竟是什么？农田水利有效治理的经济社会条件是什么？进而，厘清政府社会协同治理农田水利的社会基础和经济制度条件是什么？进一步讲，政府、农民、民间组织和市场组织参与农田水利供给的合作基础和激励约束是什么？怎样的合作模式才能保障现代农田水利的有效供给？

本研究认为，“小农”经济体需要与其社会结构和微观经济组织特征相匹配的治水模式。在中国经济社会市场化转型的现实国情下，农田水利资源交易价值实现机制缺失，是农田水利供求矛盾激化之根源。这里的农田水利资源交易权及其价值实现机制，不仅指农田水利工程设施产权价值的交易实现机制，而且指农田水利设施有效供给衍生的社会与生态价值的交易实现机制及其制度基础设施[①]。例如，农田水利设施系统化建设所产生的农业灌溉排水有效供给、农田水分改善、防洪抗旱能力增强，以及由此带来的粮食安全、生命财产安全和水环境改善等社会与生态价值。农田水利设施建设者能否通过有效的要素或商品市场获得相应的利益补偿，决定了其投资动力的形成和动力的可持续性。

更具体地讲，尽管农地分散经营、农民利益分化、农业比较效益低下、国家财政投入不足、水利设施产权市场缺失，是造成农田水利供给不足且绩效低下的客观原因。但是，如果农民对其持有的水土资源拥有充分的交易自主权，并且其财产价值实现的社会化交易机制和交易设施得到法律制度和社会规范的必要保障，“理性”的农户会借助农村组织资源协商达成农田水利有效供给的集体行动。

可以说，农户关于水利资源的交易权、互惠交易规范及其交易基础设施的缺失，导致农户涵养与维护农田水利资源的供给行动严重匮乏；同时，农田水利资源“无人化”管理下农业用水搭便车和价格软约束状态，

---

① 本处借鉴了中国社科院世界政治与经济研究所所长张宇燕的观点：在强调“器物层面”基础设施时，“制度层面”的推进也可称作基础设施。这对一个地区的发展更关键。“制度层面”的基础设施包括招商引资政策，政府提供的司法、行政服务等。司法的公正、对契约的尊重、对财产权的保护，这是制度基础设施最核心的东西。资料来源：张宇燕．“器物”、“制度”基础设施共重．http：//www.sxdaily.com.cn/data/sdxw/20100519_9897120_8.htm.2010-05-19。

导致农田水利需求的膨胀；又因农户之间以及非农部门对于有限的农田水利资源的软约束甚至无约束的过度提取甚至争夺，造成单体水利设施林立而保障水资源循环互济的农田水利工程体系毁损破裂。这样，农田水利供求矛盾加剧在所难免。

因此，只有准确把握中国“小农”经济体农田水利治理面临的自然、经济社会大环境，建立健全农田水利资源价值的交易权、交易机制及其交易基础设施，才能改变当前农田水利供求矛盾局面。系统化地考察当前中国经济转型条件下农田水利建设与管理的内外部条件，从中找出农田水利有效治理的约束条件和实现路径。

这一系列问题都必须靠政府、市场和农户集体的共同努力，统筹“中央与地方、上下游区域之间、政府与市场、政府与用水户、用水户之间、水资源开发与水生态保护”等诸多关系，协调农田水利治理的诸多利益相关方的责权利，通过实行“政社分开、政社互补”，厘清政府与社会、政府与社会组织的关系，构建一种能够保障农田水利资源价值充分实现的自由交易秩序和交易机制，才能激发社会自主治理农田水利的内在动力，才能形成政府社会协同治水兴水新格局，最终提高农田水利的治理绩效和可持续发展能力。

以 2011 年中央一号文件为标志，国家关于农田水利改革思路、发展政策和建设投入战略的调整，恰好为农田水利治理模式的改革创新提供了难得的历史机遇和政治经济基础。

理论探索篇

第四章　治水交易性质决定论

——以农田水利治理为例

一切社会经济活动都可以视为交易，无论是水利工程提供者还是受益者，治水活动同样可视为一种交易。由于农田水利工程系统的自然特征是其交易关系特征的物质基础，因而，关于农田水利治理的交易性质分析就以其工程系统的自然特征分析为起点。

4.1　农田水利系统的自然特征

4.1.1　水利设施与水源的不可分割性

水利设施必须“依水而生”，其分布规律与流域水系的分布具有密切联系；水赋予了灌溉排水系统实质意义，离开了水资源，水利工程设施就如同没有了生命，无法独立完成农田灌溉及其他服务功能。

由于水资源是以流域或水文地质单元构成的统一体，每个流域的水资源是一个完整的水系，地表水、地下水、土壤水、大气水在水系中不断运动转化；而且，水资源具有总量有限性、流动性、流域或水文地质单元性、时空分布不均衡性、循环再生性、多用途性等自然特征。这在客观上要求水利工程建设必须服从于自然生命活动规律，适应流域、生态等特定的自然规律。水利工程建设必须在适应灌区地形、水文、气象、工程地质、水文地质、土壤、作物、现有水利设施、自然灾害情况等自然特征及社会经济、农业区划等经济发展要求基础上，进行合理规划、设计及建设，才能具备供水、防洪、除涝、排渍、水电、治污，以及服务工业和城市用水等功能。并且，水利设施是地方定位性投资，一旦建成即不可任意迁移，由此而进行的输配水服务便限定在一定的地域空间范围内，其指向的受益人群也具有一定的稳定性，水利设施的服务空间范围是有限性的。

4.1.2 资源系统与资源单位可分性

未将资源单位的可分性和资源系统的共享性加以区别，是造成了公共池塘资源与公益物品或集体物品的混淆的主要原因。没有资源系统就不可能发生资源单位的占用；没有公正、有序和有效的分配资源单位的方法，当地占用者就几乎不会继续提供资源系统做贡献的动机。

埃莉诺·奥斯特罗姆在《公共事物的治理之道》中写道：资源系统是一个储存变量，在有利的条件下能使流量最大化而又不损害储存量或资源系统本身，诸如渔场、地下水流域、牧区、灌溉渠道等均属此类；而资源单位是个人从资源系统占用和使用的量，它通常包括从渔场捕获的鱼的吨数、从地下水流域或灌溉渠道抽取的立方米水量、牲畜在牧场消耗掉的饲料的吨数，等等。

一个资源系统可以由多于一个的人或企业联合提供或生产，占用公共池塘资源单位的实际过程可以由多个占用者同时进行或依次进行，然而，资源单位却不能共同使用或占用。因此，资源系统是可以共同享用的，但资源单位不能共同享用。只要资源的平均提取率不超过平均补充率，可再生资源就能够得以持续利用。这一点对于把水利资源的提供、生产和使用环节分解开，采取不同的投融资方式、建设方式、运营管理方式，建构多元化的治理主体和治理结构特别有用。

4.1.3 工程依赖性

农田水利是农村水利的重要组成部分，与农村水利有密切联系。农村水利工程一般包括农村生态环境工程、农村饮水工程、农村工业用水工程、农田水利工程。其中，农田水利工程包括水土保持工程、农田灌溉工程、农田排水工程、节水灌溉工程。具体见图 4－1。

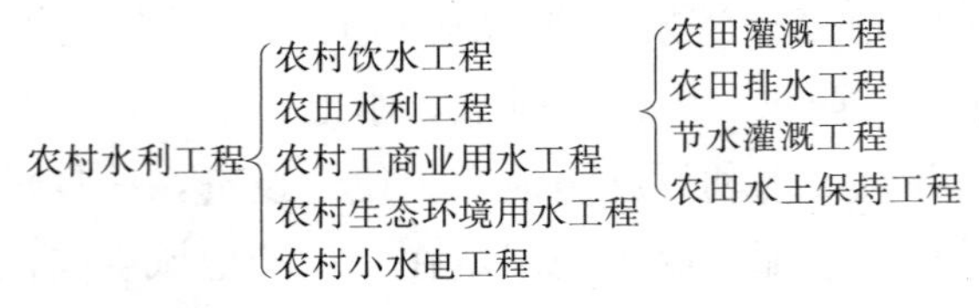

图 4－1 农村水利工程分类图

一个配套完整的农田水利工程一般具有“葡藤连架、长藤结瓜”式的物理结构特征，由一系列大、中、小水利设施衔接构成，通常包括三个部分：一是涉及流域资源和跨区域的渠首（蓄水和引水）及主要输配水系统（包括总干渠和分干渠），是灌溉工程的核心；二是配水系统（包括支渠和分支渠）；三是田间工程（斗渠、田间配水渠道或管道、水窖、水池、当家堰等微型农田水利）。揭曾祐（1956）所说的“葡藤连架、长藤结瓜”式的农田水利工程中，葡萄代表小蓄水体（鱼鳞坑、地窖、涝池、井、池塘、小水库等）；瓜代表大蓄水体（湖泊、地上大中型水库、地下水库等）；葡萄的藤须代表细小管道（小输水管、小渠、小沟等）；葡萄的藤茎代表较大管道（引水管、排水管、引水渠、排水沟、地上河流、地下河流等）。而且，这些水利工程设施技术含量、工程规模和资金需求逐级递减，所涉及的设施运作维护和管理、水资源供给和分配的利益相关者层级与范围广度也依次递减。

目前，我国大部分农村地区是以灌引提结合的农田水利系统为主。灌引提结合灌溉系统是由一系列大型骨干工程和小水利设施衔接起来，构成的一个完整、灵活的大、中、小与蓄、引、提相配合的灌排系统，以充分利用地表水，最大限度地发挥各种水利工程的作用。一个配套完整的农田水利工程一般具有“葡藤连架、长藤结瓜”式的物理结构特征。本书就以灌引提结合的农田灌排水利系统为分析对象，揭示农田水利系统的工程结构特征。

灌引提结合水利系统一般包括渠首工程、输配水渠道系统，以及一些中小型水库、塘堰和提水设施。渠系大都由多级渠道组成，其中，干、支渠称为骨干渠系，斗渠及斗渠以下各级渠道都称为田间渠系。由于渠道好似藤条，系统内的库塘好似结在藤上的瓜，因而又形象地称为长藤结瓜式灌排系统。该系统的主要工程结构如图 4－2 所示[①]。

---

① 刘肇玮，朱树人，袁宏源．中国水利百科全书——灌溉于排水分册［M］．北京：中国水利水电出版社，2004：171-172.

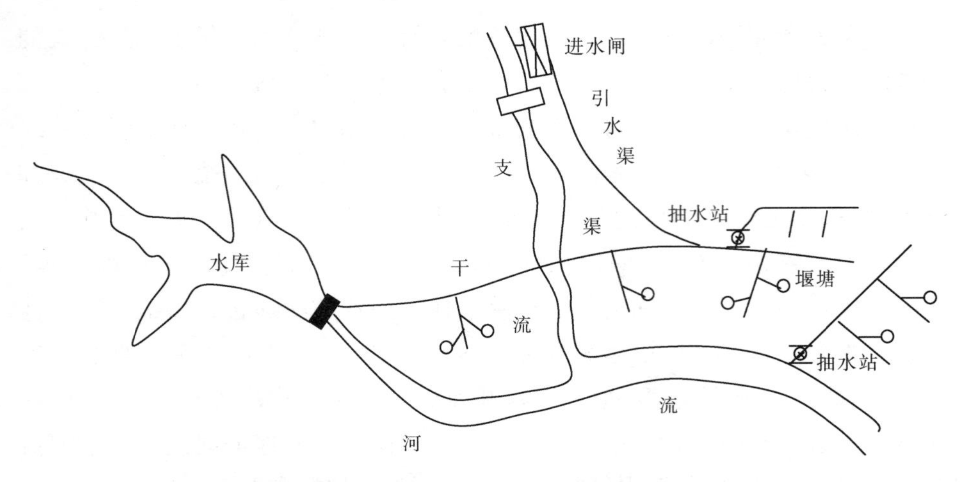

图 4－2　蓄引提结合农田水利工程结构示意图

4.2　农田水利的物品属性

为科学分析农田水利的交易特性，本研究根据各类农田水利的物品基本效用、外部性内部化难度和公共性程度，将农田水利设施分为四个类型：大型农田水利、中型农田水利、小型农田水利、微型农田水利。这不同于水利工程的划分方式，而是针对农业灌溉排水的受益者群体范围和空间范围而确定的，这一划分方法是对大型、中型、小型水利工程划分方法的进一步细化，更适合中国农田水利治理问题的研究。

4.2.1　农田水利设施经济属性比较

（1）大型农田水利。可指县（市）区域内与跨县域的河流、中小型水库、干渠、分干渠道、中型泵站及相关配套设施等大中型农田水利设施。其特点是：①效益主要表现为社会和环境生态效益，较难或无法进入市场。②受益者为不确定的人群，受益代价较为模糊，难于定量计算；效益的边成本为零，即受益者的增加不会引起其他受益者所享受到的利益减少，利益的享受不具有排他性。③有些水利工程如防洪堤、泄洪渠等投资规模大、建设周期长、需要一定的管护成本。④设施的利用与气候变化关系密切，具有不确定性。⑤县市政府的控制能力无力实现外部性内部化。

（2）中型农田水利。可指村镇区域内的支渠、斗渠、水塘、水坝、小型排灌站、村镇供水厂、村集体大机井及相关配套设施等小型农田水利设施。此类设施具有服务一定社区农业生产与农民生活的私人物品性质，又有联通社区水系支撑防旱、排涝和纳淤的公益物品性质。其特点是：①兼有公益性与私人受益性；②难以作为完整的商品进入市场。另外，还有一类如堤防、河道、小水库管理范围内的水土资源。其特点是：①有附加资产劳动价值的存在与转移；②占有、使用、收益权具有价值；③占有、使用应以保护水土资源、有益于环境生态为前提。本研究将其归入社区公用品水利设施的范畴。

（3）小型水利。是指自然村或村民组范围内的连接村内外水系的灌排渠道（一般为斗渠以下的末级渠系）、电机井、小塘堰、地头的沟渠及相关配套设施等农田水利设施。其特点是：①兼有公益性与私人受益性；②效益主要表现为可以提供水利产品与服务，可以以一定的方式进入市场；③受益者为确定的对象，受益代价易于确定；利益的享受具有村组间排他性，但村组内不具排他性。

（4）微型水利。农户田间地头的蓄水池、小机井、水窖、微型塘堰及其灌排水沟畦等自用水利。其特点是：①效益主要表现为可以提供水利产品与服务，可以以一定的方式进入市场；②受益者为农户或亲友，受益代价易于确定；③利益的享受具有完全排他性。

由于农田水利设施特有的自然、经济社会和生态属性，我们发现不同类型和规模的农田水利甚至同一灌溉系统内部的不同构成部分，因其不同的物质形态、所承载的经济社会功能、涉及的相关利益团体规模、外部性、资产专用性程度等因素不同，其资源属性呈现出多样性和多层次性，并最终直接和具体地表现为灌溉系统“排他性”与“竞争性”强度的不同。

4.2.2 农田水利设施的物品属性

根据农田水利的工程特征分析，参照英国经济学家布郎（C. V.

Brown）和杰克逊（P. M. Jackson）关于物品公共属性的判断标准，以及胡鞍钢和王亚华（2001）关于公共物品（非排他性和非竞争性）、私人物品（高排他性和高竞争性）、俱乐部物品（高排他性和低竞争性）和共池资源物品的分类，可以判断农田水利的物品属性不仅具有公共性与商品性并存的特点，而且随着技术的进步和制度的创新，其物品属性有从公共物品向私人物品转变的趋势。据此，我们认为水利的物品属性具有谱系特征（图 4-3）：

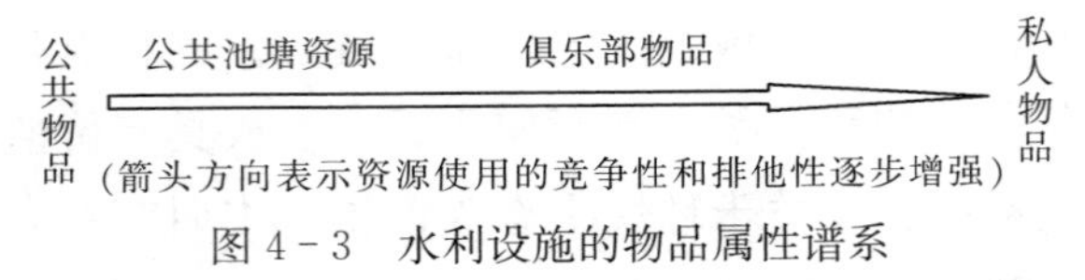

图 4-3　水利设施的物品属性谱系

在这一谱系中，水利设施物品属性的类别划分不是以灌溉系统的物理边界为依据，而是根据系统不同构成部分或不同类型的系统本身的经济特性而定。值得强调的是，完全清晰地划分和界定灌溉系统的资源属性只是一种理论可能，现实世界中广泛存在的农田水利在谱系中的分类具有边界模糊性和可变动性。

其中，所谓公共池塘资源（Common-pool resources）是同时具有非排他性和竞争性的物品，是一种人们共同使用整个资源系统但分别享用资源单位的公共资源。它既不同于纯粹的公益物品（不可排他，共同享用），也不同于可以排他、个人享用的私益物品，同时也有别于收费物品（Toll Goods）或者俱乐部物品（Club goods）（可以排他，共同享用），它是难以排他但是共同享用的。正如埃莉诺·奥斯特罗姆教授所言："公共池塘资源是一种人们共同使用整个资源系统但分别享用资源单位的公共资源。在这种资源环境中，理性的个人可能导致资源使用拥挤或者资源退化的问题。"

不同的水利设施可能同时兼有多种功能，如防洪、灌溉、工业和生活供水、水力发电、种植、环保等，使得同一设施可能既有公共物品的属性，又有公共池塘资源的属性，甚至具有私人物品的属性，从而呈现出嵌套性资源属性形态。而且，随着资源系统相对价值的提升、制度改变、技术进步等，都会引起农田水利设施物品属性的改变，从而在谱系中的位置也必然发生变化。

上述分析表明，前三类农田水利设施均具有较强的公共物品性质，第四类水利“邻里互惠水利”属于准公共物品，鉴于第四类水利的效能实现往往受前三类水利管网的接入门槛的制约，除明确提出之外，本书所说的农田水利主要是指前三类（表 4－1）。

表 4－1 四类农田水利工程设施的物品属性比较

比较项目	大型水利设施	中型水利设施	小型水利设施	微型水利设施
物品基本效用	A、B、C、D	A、B、C、D	C、D	D
外部性内化的责任主体	县以上政府	县乡政府	乡村组织、村民组	农户、村民小组
外部性内化的执行主体	政府	政府、法人	村委会、法人、社团	农户、社团
公益性程度	公益性强	有较强公益性	有一定公益性	私益性强
物品属性类别	社会性公共品	区域性公共品	公共池塘资源	俱乐部物品

注：①本研究将农田水利的物品效用大致分为四个方面：A 为水环境安全效应；B 为网络经济效应；C 为农业综合生产率提升效应；D 为农产品增产效应。

因此，基本农田水利工程设施具有较强的公共物品性质，不能完全市场化，它只能是公共品或准公共物品，其建设和提供均超出私人个体的控制能力，需要依托政府机构、乡村组织和受益群体社团（例如农民用水合作组织或农民专业协会），通过一种超越市场决定但又利用了市场力量的手段和机制来供给，既弥补在满足公共需要上的市场失灵，又能促进私人产品生产的发展。

农田水利工程建设的目的是解决天然降水不足、减轻旱涝灾害损失而进行的人工补水工程，其最主要的功能是为农业生产提供基础生产资料，保证国家粮食安全，这些都属于满足社会生存与发展的公共需求。农田水利所用之水为公共资源，农田水利服务为公共服务，农田水利服务不仅关系到防洪安全、供水安全、粮食安全，而且关系到经济安全、生态安全、国家安全；农田水利建设所产生的效益集中体现在粮食安全、农田生态改善和水环境安全。因此，农田水利基础具有显著的公共物品属性，属于公共基础设施。

总之，农田水利是现代农业建设不可或缺的首要条件，是经济社会发展不可替代的基础支撑，是生态环境改善不可分割的保障系统，具有很强的公益性、基础性、战略性。农田水利基础是具有显著的公共物品属性的公共基础设施。

4.3 农田水利治理关系的二重性

4.3.1 农田水利治理基础的反思

近年来，随着水资源危机的加剧，政府部门和学术界对加大农田水利工程的产权改革和多中心治理研究的关注愈来愈高涨。但是，改革实践表明，农田水利产权改革、参与式管理、用水户自主治理等改革措施并非是一改就灵。

无论是国外还是中国，既有成功的尝试，也不乏最终失败的案例（Vermillion，1997）而且，各地改革的成效差别很大（Johnson et al.，2002）。中国政府致力推行近20年的参与式灌溉管理制度改革，并未改善农田水利基础设施供求矛盾，反而有所加剧。对此，既有研究成果尚未能给出较合理的解释，其原因何在?

纵观农田水利治理研究现状，大量研究注重通过经济杠杆调解农田水利供需矛盾，对农田水利价值认识存在不同程度的偏差，对农田水利治理的经济价值与社会生态价值二重属性缺乏更深层次的理解，在治水理念和方略上，往往忽视农田水利治理所蕴含的社会性交易价值的作用。

由此导致严重的后果：多态水资源良性循环和农田水生态平衡等的资源环境价值的增减，在国民经济核算账户中没有得到反映，一方面经济的不断增长，另一方面资源环境资产不断减少，形成经济增长过程中的“资源空心化”现象，其实质就是以消耗资源推动国民经济发展的“泡沫式”的虚假繁荣。可以预计，随着经济的高速发展，对水利资源等的消耗速度日益增大，最终会到某一时刻水利生态达到阈值，水利资源难以支撑经济社会发展的需求，人类的生存会受到威胁。在治水方略和水利建设决策上，往往是忽视农田水利社会性交易价值，强调农田水利建管职责在政府、市场与社区之间的“责权转移”和“经济激励”，而忽视农田水利的资源价值在国民经济财富创造中的作用，其结果是治水决策发生偏误、治水投入严重不足、水旱灾害损失攀升。

正如最新研究成果发现，许多先前的理论认为，产生公地悲剧的主要原因在于缺少清晰的产权界定，这就导致他们往往对所有公地悲剧相关问题都给出相同的政策建议——那就是彻底解决产权问题。然而，实践证明这些政策建议常常会导致失败的结果（Ostrom E. et al，2002，Pritchett L，2004）[①]，这也就是我们常常说的“万能药”悲剧。因此，我们必须系统考察社会、经济和生态系统对农田水利治理活动及其绩效的影响，科学地处理好农田水利治理中的复杂性问题，而不是简单地把它们从系统中消灭。

农田水利社会化或市场化多中心治理，必须具有完善的社会和市场基础，其中，合理确定农田水利的社会—生态价值是前提和关键。因为农田水利的资源价值不仅是水利经济循环连接者，也是水利经济与其他部门经济连接的纽带，还是经济生态系统的重要组成部分。农田水利治理活动不仅涉及人与自然、关联主体之间的关系，而且涉及治理活动的政治社会和生态环境中，即农田水利治理关系具有经济价值和社会生态价值两重属性。农田水利治理绩效不仅受其经济技术性交易关系性质的影响，而且受其社会性交易关系性质的影响。

所谓农田水利的社会性交易关系主要体现为相关利益主体间的社会—生态价值偿付性关系，它不仅受制于特定政治经济制度下的产权制度安排，而且受制于产权或交易治理的机制模式。在一定的政治经济制度下，农田水利的社会性交易关系性质决定着利益相关方的责权利匹配关系。农田水利的社会性交易关系性质在水利资源交易关系治理中占有重要地位。

例如，在计划经济时期，农田水利基础设施是由村民集体统一提供、统一使用，农田水利所产生的农业增产、农村用水安全、水环境友好等经济社会和生态效益，也为村社集体的全体村民所享有，因而农田水利设施

① Ostrom E，Dietz Te，Dolsak Ne，Stern Pc，Stonich Se. The drama of the commons [M]. National Academies Press，Washington，DC，2002.：2；Pritchett L，Woolcock，M. Solutions when the solution is the problem：arraying the disarray in development [J]. World Development，2004，32 (2)：191-212；Axelrod R，Cohen M. D. Harnessing complexity [M]. FreePress，New York，2001. 转引自：谭江涛，章仁俊，王群．奥斯特罗姆的社会生态系统可持续发展总体分析框架述评．科技进步与对策，2010（22）：42-47.

的提供方和受益方都是村社集体的全体村民，没有个体经济利益的村民从集体行动中共享治水效益，不需要交水费，也不存在权益匹配问题。但是，在农村市场化之后，农户种植结构多样化，特别是农户兼业化甚至非农化之后，农田种植收入在农户收入结构中的比重大大降低，农户的用水需求和水利依赖性趋于高度差异化，对于大量兼业化农户而言，农田水利的经济价值不再重要，他们自然不愿也不应该承担农田水利供给的全部责任。如若要让他们承担一定的农田水利供给责任，就必须对其水利投入予以足够的利益补偿，以平衡其责权利。而由于政府肩负着保障国家农产品稳定供给、粮食安全和农村居民生命财产权的社会责任，因而政府对农田水利提供的社会生态价值提出了较高需求，相应地，政府应该为此承担更多的农田水利供给责任，在政府特别是受益区政府不直接参与农田水利供给的环节，这些政府必须提供一定的财政资金给具体的建设管理者作为责任转让的利益补偿。

可见，全面理解农田水利供给过程中的交易关系及其契约性质，特别是准确把握不同时期农田水利的社会性交易契约性质，可以掌握农田水利供给活动的经济运动规律，反映国家调整农田水利产业与其他产业间利益分配关系的发展战略安排，体现水利治理的财政投入政策、产业间补偿（工业反哺农业）、区域间补偿（城乡之间、上下游、左右岸行政区之间的水利效益补偿）政治经济制度导向。适宜的农田水利社会性交易性质界定不仅有利于合理选择农田水利治理体制机制，协调水利产业与其他产业经济关系，改善水利供给，提高治水效率，促进节约用水，增强地区间产业间水资源合理调配能力，而且对于发挥水利资源支撑经济发展和生态改善的功能发挥都具有重要意义。

既有研究和政策制度设计，由于对农田水利交易的社会特性的作用缺乏足够的认识，致使所采取的治水机制和措施缺乏广泛的经济社会基础，最终结果是政府干预行为过于集中和强硬，市场行为和经济杠杆的作用因缺乏相应的组织基础而难以奏效，导致治水期望与现实相差甚远。

因此，合理判定农田水利供求契约性质，重视农田水利的社会性交易性质对治理模式的作用，对农田水利治理目标设定和治理体制建构具有重要影响，是农田水利治理的关键内容之一，是农田水利有效治理和的基础和关键。

4.3.2　农田水利的价值特性

农田水利的社会性交易关系主要体现在农田水利治理活动与农田水利工程生命周期之中关联主体之间的社会互动与交易关系特征。其性质主要是通过农田水利的价值（经济、社会和生态价值）创造及其享用的可偿付性得以体现的。

4.3.2.1　农田水利价值构成

价值是指客体的属性和功能能够满足主体需要的一种功效和效用。价值产生于主体与客体的相互关系中，这种关系表现在客体对主体的需求、目的和愿望的满足、实现与接近上。就农田水利来说，正是一定的价值追求推动了农田水利的产生与发展。

水是生命之源、生产之要、生态之基。兴水利、除水害，事关人类生存、经济发展、社会进步。农田水利工程在农业农村发展中发挥着水旱灾害防御功能、生产生活用水服务、水生物用水服务、水生态环境保护、支撑相关产业综合发展等一系列功能。农田水利的多功能性决定了它的多价值性。如，提供人类生产过程所必需的生产资料使水具有经济价值；改善江、河、湖泊，维持天然河流、湖库等水体所需要的正常生态环境，维护自然生态平衡，防止生态系统遭到破坏，使水具有生态环境价值；美化、绿化、净化生态环境，减少疾病，提高人们健康水平，使水利具有社会价值。

因而，农田水利的价值，是指农田水利在支持、维护农业农村经济生态复合系统的存在和运行过程中所体现出的功能和效用之和。亦即，农田水利工程投入运行后，比没有该工程状况时所增加的、对全社会或业主的直接和间接利益，包括经济的、社会的和环境等方面利益的总和。为尽量避免分项价值的交叉，本书将农田水利价值分为经济价值、社会与文化价值、生态价值三个方面。

（1）经济价值。指有工程和无工程相比较所增加的财富或减少的损失，如提供生产用水使工农业增产所获得的收益，兴建防洪除涝工程所减少的洪涝灾害损失等。从国家或国民经济总体的角度进行经济分析时，所有社会各方面能够获得的收益均作为经济效益；从工程所有者或管理者的角度进行财务分析时，只有那些实际能够征收回来的水费、电费等，才算作经济效益。

（2）生态价值。指修建水利工程比无工程情况下，对改善水生态环境、气候及生活环境所获得的利益。如修建存蓄与排水工程改善水质的作用，修建水库跨时空配水改善气候及美化环境的作用等。

（3）社会与文化价值。指修建工程比无工程情况下，在保障社会安定、促进社会发展和提高人民福利方面的作用。如修建水利工程设施可创造更多的就业机会，修建防洪排涝工程可以保障人民生命财产安全等。

上述三类价值按其表现形式又可分为下列几种：①直接效益和间接效益。由水利工程直接提供的效益称直接效益，如灌溉增产的农产品等。由直接效益所引发的效益称间接效益或次生效益，如有了灌溉增产的农产品就可以发展加工工业以获得新的收益。但要注意很多间接效益，需要另外的投入（如办农产品加工厂）才能获得。②有形效益和无形效益。可用产品或货币表示的效益称有形效益，如可提供的水量等；很难用数量指标表示的称无形效益，如提供电力对文化、卫生的作用等。③正效益和负效益。可获得的各种收益为正效益，造成损失或带来不良影响的称为负效益。

因此，作为一种基于自然环境的人工兴利除害复合系统，农田水利的价值是自然系统、社会系统、经济系统各因素相互影响、相互作用、相互耦合的产物，是经济价值、社会价值和生态环境价值的统一体，是一个复杂的体系。

4.3.2.2　农田水利价值特性

农田水利的价值是在农田水利自身属性和规律与人类社会的相互作用中产生的，伴随着水在经济生态系统中的循环和流动，通过产品、劳务、维系生态平衡、改善社会福利和净化污水废物等经济生态功能表现出来，并在人类社会的发展过程中得到充分体现，最终成为社会发展的物质基础。因而，农田水利价值体现着一定的经济社会交换关系，其价值性质与价值实现受自然环境、经济技术条件和社会制度的制约，作为人类利用自然和改造自然的产物，在不同自然和经济社会环境下，农田水利价值表现出不同的特性。农田水利的价值具有如下特性：

（1）社会生态价值公共性。社会生态价值公共性，或者说农田水利价值具有弱交易性，不仅表现在其经济社会生态价值往往具有间接性、潜在性和长期性，在短期内不易展现；而且表现在其价值被低估，造成农田水利交易价值严重低于价值。其原因在于，一方面农田水利的生态价值在现有价值交换体系中未能转化为供给者（个体或团体）的私益，尽管其公共意义上的价值在提升，其结果社会供给者没有动力和激励去改善农田水利的供给状况；另一方面，现代经济条件下，农民谋生和收入的渠道增加，对农田水利依赖性降低，无形中降低了农民对农田水利价值的评价。

（2）经济价值弱私益性。农田水利的经济性主要体现在为农业生产提供水分保障。水经过灌溉工程系统的有效分割之后，向农户提供具有商品属性的水资源，农户得到灌溉供水和灌排技术服务，并在农业增产增收中获益。但是，在农民收入渠道多元化、农业比较效益低下的现实市场条件下，水利的经济价值对于农民而言是在降低的，甚至可有可无。大量“望天收”耕地的存在足以说明这一点。特别是，农民利用水利工程供水生产的粮食更多是服务社会、保障国家粮食安全，在目前粮价低廉、农民口粮比例下降、农户收入来源非农化的背景下，种粮成为一种责任，农田水利经济价值给用水农民带来的私益很低，更多体现为保障国家粮食安全的公益。

（3）价值综合性或称弱可分性。农田水利系统特别是大中型工程，往往是多目标开发、综合利用的工程，具有防洪、除涝、灌溉、供水、发电、调蓄水源、休闲观光、水生态调节等多方面的价值，经济、社会和生态环境既因价值体现系统的不同而相互独立、自成一体，又因经济社会生态系统中的水循环流动而相互影响、相互制约，三者是紧密联系、不可分割的。如图 4－4 所示。

在当前农村缺乏超个体的村际、村内水利供给者搭建起大小水利设施贯通的通道背景下，在没有足够大的农田水利系统建设投资之前，分散的

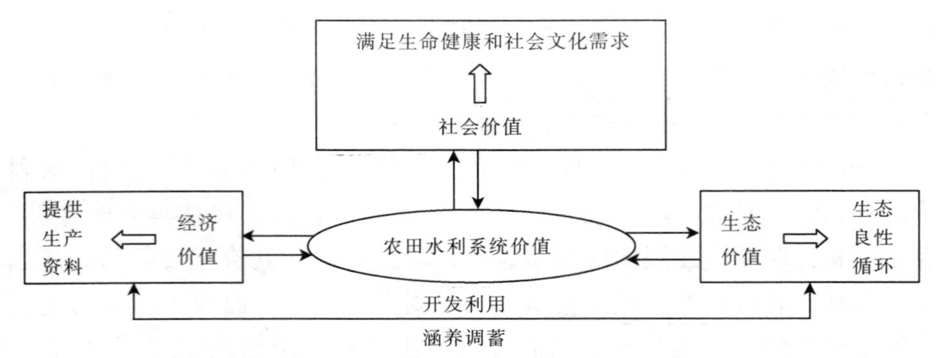

图 4-4　农田水利系统价值结构示意图

个体农户不愿也无力促成农田水利网络外部性的形成。同时，农田水利系统因灌溉水资源的特性影响（农田水利的首要服务对象是受政府保护的弱势产业——农业，农业承担着保证国家粮食安全的基本任务，而且农业用水权关乎农民基本生存权），因而农田水利是一种公共资源，具有代内和代际外部性的特征，蕴含着代表公众利益的生态环境功能和社会公共价值。

（4）随机性。由于各年水文情况不同，水利工程价值的实现也具有随机的特性。如某些年份，防洪、除涝工程可充分发挥作用，效益就大；如遇较小洪涝年份，作用就小甚至没有作用。又如遇干旱年，灌溉的作用就大，效益显著；而遇多雨年，灌溉工程的效益就小等。

（5）复杂性。水利工程设施的效益往往比较复杂，需全面分析研究。如在河流上修建水库，由于它的控制调节作用，下游可获得效益，而上游由于水库淹没会受到一定的损失。又如在河流左岸修建防护整治工程，可减免崩塌获得效益，但有时对右岸往往会造成一定影响，引起一定的损失等。

综上，由于农田水利是改善农业生产、农村生态环境条件的基础设施，是促进农业增产、农民增收的物质保障条件，而且农田水利的社会生态价值是公共性而非私益的，因此，农田水利基础设施具有明显的公共产品属性。尽管农田水利工程系统中的工程设施具有相对独立性、可分割性，比如小机井、塘堰、水窖、喷灌、滴灌设施的外部效应相对减弱，但其兴利除害功能较弱，而且其功能的发挥依赖于其他相关大中型水利设施的存在和功能的发挥。

由此可见，绝大多数农田水利基础设施是以准公共产品的形式存在的。准公共产品又称为混合产品，兼有公共产品与私人产品的特征。一般而言，这类物品的有效供给，在产权安排上一般归政府、集体所有。事实上，大多数国家对农田水利基础设施都有一定比例的财政投入，这既是农田水利基础设施作为公共事业的特点所决定的，又是政府支持农业发展的具体体现。而且，随着水资源和水环境危机的加剧，在某种程度上，农田水利的社会生态价值远远超过其经济价值。人们对农田水利的社会价值和生态涵养价值的忽略，导致农田水利的社会生态价值在水利供给价值中没有得到体现，价值补偿难以实现，因而出现农田水利被无偿使用招致严重后果，如水利工程“有人用无人管”问题、经济杠杆调节失调问题、生态环境恶化问题等。

4.4　农田水利治理的交易性质四维决定论

农田水利系统不是毫无生气的输水管道，而是生灵跃动的生命之河，它不仅是农业的命脉，而且是区域经济与生态系统的重要组成部分。农田水利的多功能性决定了它的多价值性，而农田水利的多功能价值是自然系统、社会系统、经济系统各因素相互影响、相互作用、相互耦合的产物，是农田水利建设管理动机、效益核算和可持续发展的经济社会基础。

由于农田水利治理不仅受到自然环境、水利工程的自然属性、资产专用性等交易技术结构的影响，而且其交易的实现还受到相关社会政治环境、相关主体之间的经济社会交换关系的影响。因此，农田水利供需交易关系在一定程度上体现着人们之间的政治经济社会关系。

根据嵌入理论的观点，经济行为是嵌入在社会关系中的，任何交易关系除了其经济维度（交易的形式与组织管理机制）以外，还包含着一个社会维度。因而忽视了经济交易行为所嵌入其中的社会互动背景对交易行为的解释是不完全的（Granovetter，1985）。而根据组织间交易关系的政治经济分析框架，任何交易关系除了其经济维度（交易的形式与组织管理机制）以外，还包含着一个社会维度，二者共同影响着交易的绩效（Stern，et al，1980）。现有的研究大多集中在农田水利交易关系的经济技术维度，而对社会维度的研究较为缺乏。因而，本书力图从交易关系的经济技术与社会生态四个维度探索农田水利治理中凝结的交易关系性质，从而提出农田水利交易性质的四维决定论。

农田水利的价值和供需主体，在不同自然和经济社会环境下，会表现出可变性、不确定性和复杂性，从而造成农田水利供需体现不同的交易关系性质。在经济维度上，资产专用性、交易频率和不确定性等交易技术结构，影响并决定着农田水利的技术性交易性质。在社会维度上，农田水利治理中嵌入治水行动者的社群属性和社会规范共同决定的水利的社会价值可偿付性，会影响并决定农田水利的社会性交易关系性质。如图 4－5 所示：

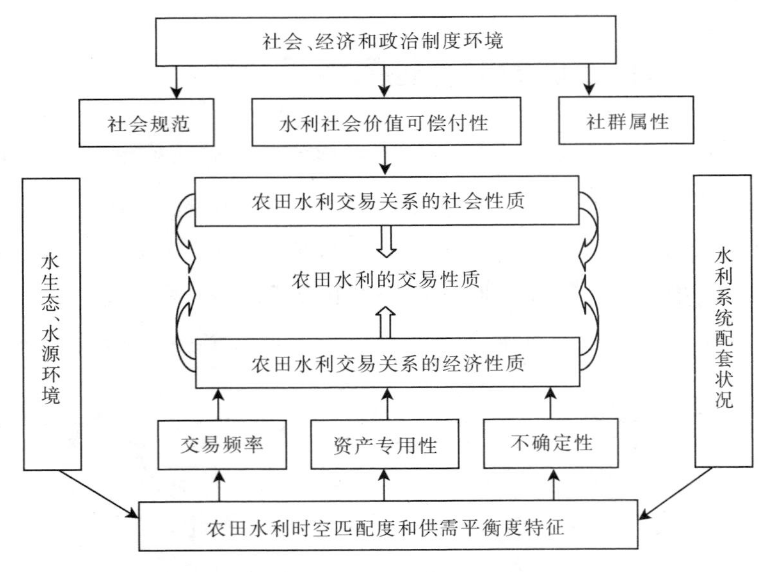

图 4－5 农田水利交易性质四维决定论图示

在经济社会和政治制度环境的约束下，社会规范、社群属性（主要指嵌入治水行动者的社会共同体属性），共同决定了农田水利社会价值（主要指社会生态价值）的可偿付性，进而决定了农田水利交易关系的社会性质。

在区域水生态、水源系统特征、农田水利工程系统有效的资源特征的自然限制下，特别是农田水利水源与水利需求匹配度、农田水利供需平衡度两个重要特征，共同决定了农田水利交易的三方面技术特征（资产专用性、交易频率和交易不确定性），进而决定了农田水利交易关系的经济性质。

农田水利交易关系的社会性质和经济性质共同塑造了农田水利的交易性质，进而决定了其治理模式。因而，在自然、经济社会与制度环境的综合作用下，农田水利的三大交易技术特征和社会价值可偿付性共同构成了农田水利的交易关系特性，并共同决定了农田水利治理活动中的交易关系性质。

第五章　多赢治水生成机理

5.1　相关理论基础

5.1.1　资源有效配置理论

资源有效配置是新古典经济学研究的核心问题，当资源在各生产部门中的配置达到最优状态，即最大可能地增加国民收入，从而也最大程度地促进社会福利的提高。就自然资源而言，其配置是指自然资源之间以及自然资源与其他经济要素之间的组合关系在时间结构、空间结构和产业结构等方面的体现及演变过程①。

5.1.1.1　资源配置最优标准

在新古典经济学中，通常以帕累托最优作为衡量资源配置效率的标准，即如果对于某种既定的资源配置状态，所有的帕累托改进均不存在，即在该状态上，任意改变都不能使至少一个人的状况变好而又不使任何人的状况变坏，则称这种资源配置状态为帕累托最优状态②。也就是说，当不存在帕累托改进的时候，资源的配置就已经达到了帕累托最优。其前提假设是，行为人都是以最大化效用为目的的“经济人”，而且人的偏好是被假定为稳定的；经济活动不存在信息成本等交易费用；产权制度和市场等组织形式的存在是外生给定的③。资源配置最优主要包括以下三种情况：

（1）交换域的最优。假设有两个消费者A和B，两种消费产品X和

---

① 曲福田．资源经济学［M］．北京：中国农业出版社，2001.

② 高鸿业．西方经济学［M］．北京：中国人民大学出版社，2004.

③ 谭荣．农地非农化的效率：资源配置、治理结构与制度环境——“三层次”的经济学分析［D］．南京：南京农业大学，2008.

Y，产品总量是一定的。A，B都希望通过交换使各自的效用提高。当交换达到埃奇沃思盒式图中的契约线时，两者消费的边际替代率（MRS）相等，实现了消费领域的帕累托最优。因此，消费领域帕累托最优的条件就是：消费者A、B对产品X、Y之间的边际替代率相等，即存在$MRS_{XY}^{A}=MRS_{XY}^{B}=P_X/P_Y=-dY/dX$。

（2）生产域的最优。假使有两个企业C和D，使用两种生产要素L和K，要素总量是一定的。分别生产两种产品X和Y。两个生产者希望通过交换各自占有的生产要素，使产量增加。当交换达到效率曲线时就实现了生产领域的帕累托最优。因此，生产领域的帕累托最优条件就是C、D生产者投入要素L、K的边际技术替代率相等（MRTS），即存在$MRTS_{LK}^{C}=MRTS_{LK}^{D}=P_L/P_K=-dK/dL$。

（3）交换和生产的共同最优。当交换领域和生产领域分别实现了帕累托最优，整个经济体还未必实现了最优。只有当$MRS_{XY}^{A}=MRT_{XY}^{B}=P_X/P_Y$时，即只有当消费者对X、Y的边际替代率（MRS）等于生产者生产X、Y的边际转换率（MRT）时，才能达成生产与交换的一般均衡，整个经济体才能实现帕累托最优。

5.1.1.2　水资源配置的效率标准——以生产领域资源配置为例

根据效率原则合理配置水资源是实现节约用水的重要手段。如何使有限的水资源最有效地促进当地的农业发展和其他社会目标的实现是水资源配置要解决的重要任务。水资源合理配置所需达到的目标就是在各种竞争性用途之间分配水资源。从资源经济学的角度来看，水资源在经济与生态之间的优化配置可以理解为一定区域范围内水资源的净收益最大化。但是由于水利经济产品与生态产品价值不一致，水资源利用效率具有较大的差异性，也就是说不同领域（经济领域、社会领域和生态领域）产品具有不同的水资源利用比较优势。因此，我们可以根据比较优势原则来安排水资源在生产、生活和生态用水之间的配置。

为简明起见，我们可以将问题归结为治水者在利用水资源生产经济与生态两个领域的产品时，如何达到最大可能的生产边界。

假定有一个治水者A，可以生产两种产品，粮食和饮用水，治水者的可用水量是给定的。

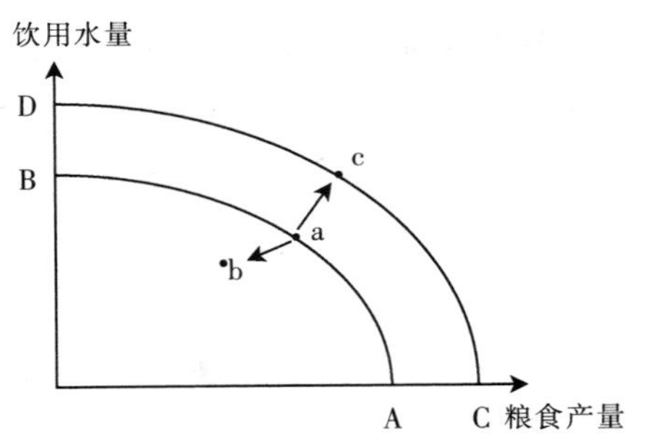

图 5-1 经济与技术条件约束下的治水产出图

在图 5-1 中，横轴代表粮食的产量，纵轴代表饮用水的产量。如果当治水者把所有的水资源都分配给粮食，产量达到了 A 位置；如果把所有的水资源都分配给了饮用水，产量达到了 B 位置。曲线 AB 则是既种植粮食又生产饮用水的最大产量组合，这条曲线被称为生产可能性边界，在所有的生产组合中，达到这条曲线的生产组合是帕累托最优的。如果一个治水者的生产能达到 a 点状况，那么这个治水活动就是一定时期经济技术条件约束下最大治理能力。但是如果组合点位于曲线 AB 的内侧 b 点，意味着生产没有达到最优的效率。

从动态看，治水经济制度和技术条件是不断变化的。如果制度改进和技术进步会使得治水产出效率提高，生产可能性曲线外移至 CD 位置，治水产出水平就可能得到相应提高（由 a 点提高到 c 点）；如果治水经济制度和技术条件未能适应社会经济变化及时调整，实际的治水产出就未必随着生产可能性曲线外移而增大。

5.1.2 集体行动理论

集体行动理论主要研究非市场决策问题，或者说是集体行动问题，是一门介于经济学和政治学之间的交叉学科。两千多年前亚里士多德指出："凡是属于最多数人的公共事物常常是最少受人照顾的事物，人们关怀着自己的所有，而忽视公共的事物；对于公共的一切，他至多只留心到其中对他个人多少有些相关的事物。"①

公共选择理论奠基者奥尔森研究发现，社会科学中传统的假设"有共同利益的个人组成的集团通常总是试图增进那些共同利益，……为他们的共同利益而行事"，并不能很好地解释和预测集体行动的结果，许多合乎

① 亚里士多德．政治学［M］．吴寿彭译．北京：商务印书馆，1965：48.

集体利益的集体行动并没有发生。相反，个人自发的自利行为往往导致对集体不利、甚至是有害的结果[①]。由于某个个人的活动使整个集团的状况得到改善，假定个人付出的成本与集团获得的收益等价，集团中的每个成员都均等地分享收益，但付出成本的个人却只能获得其行动中的极小份额。集团的这种性质导致每个成员都想“搭便车”而坐享其成。奥尔森指出：“除非一个群体中人数相当少，或者除非存在着强制或其他某些特殊手段以使个人按照他们的共同利益行事，有理性的、寻求自我利益的个人将不会采取行动以实现他们共同的或集团的利益”。集体行动的逻辑呈现了一个现实生活中无法回避的矛盾：个体的理性导致集体的非理性。

哈丁 1968 年发表在《Science》上的《The Tragedy of the Commons》（公用地悲剧）一文，对公共池塘资源的治理困境给予了充分证明。文中[②]描述了一群在公共草地上放牛的牧民，当任何一个牧民意识到他可以通过扩大自己在公共草地上的放养规模增加自己收益的时候，悲剧就开始产生。在草地上每增加一头牛就会加大对公共资源的破坏程度，然而负面影响却由所有牧民而非单个牧民承担。这种成本和收益的分配是既定的，每个牧民对每增加一头牛产生的收益都非常敏感，而这种行为最终将导致公共草地因过度放牧而遭到破坏。

由此可知，“任何时候，一个人只要不被排斥在分享由他人努力所带来的利益之外，就没有动力为共同的利益做贡献，而只会选择作一个搭便车者。如果所有的参与人都选择搭便车，就不会产生集体利益”[③]。

治水活动中的政府行为也不例外，“因为政府是由人组成，政府的行为规则是由人制定，政府的行为也需要人去决策，而这些人都不可避免地带有经济人的特征”[④]。地方政府在水利治理中的理性行为会导致区域水资源超采、水污染或水环境的破坏。每个地方政府都是理性的“经济人”，面对水利资源治理问题时的行动目标无外乎不断追求自身效益的最大化，

---

① 曼瑟尔·奥尔森．集体行动的逻辑［M］．陈郁等译．上海：上海人民出版社，1995：128.

② Garrett Hardin. The Tragedy of the Commons［J］. Science，1968，162（23）：1243-1248.

③ 埃莉诺·奥斯特罗姆．公共事物的治理之道［M］．余逊达、陈旭东译．上海：上海三联书店，2000：18.

④ 蒋自强等．经济思想通史（第 4 卷）［M］．浙江：浙江大学出版社，2003：190.

一些地方利用“水系是连接的、水流是延续的”特点，不可避免地寄希望于“搭便车”——分享周边地区水利治理的成果，而不愿分担水利治理的成本。

可以说，在水利治理过程中，始终贯穿着不同利益主体间的博弈。根据行为博弈论，博弈参与方的互动情形包括背叛或合作两种，而其合作的前提是互利共赢，博弈参与者的策略选择会依据支付和成本的变化而作出相应的调整，并会反映到博弈均衡的结果中。因此，有必要通过相应的制度创新来对参与博弈者的行为进行引导，促进治水参与者的合作共赢。

5.1.3　资源依赖理论

资源依赖理论是研究组织变迁活动的一个重要理论，是组织理论的重要流派。该理论萌芽于20世纪40年代，70年代后被广泛应用到组织关系研究中，其与新制度主义理论被并列为组织研究中的两个重要流派。资源依赖理论的主要代表著作是杰弗里・普费弗（Jeffrey Pfeffer）与萨兰奇克（Gerald Salancik）于1978年出版的《组织的外部控制：一种资源依赖的视角》。

资源依赖理论[①]最早应用于企业管理组织行为的研究。资源依赖理论的基本假设是组织无法产生自身需要的所有资源，当组织资源有限且无法自给自足时，组织倾向于与外部环境中关键要素的掌握者进行交换，引进、吸收和转换各种资源，由此形成组织间的资源相互依赖关系网络。Pfeffer和Salnacik提出4个重要假设：组织最重要的是关心生存；组织需要赖以生存的资源，而自身又不能生产这些资源，所以组织必须与环境中的其他因素互动，这些因素包括其他组织。他们提出在资源有限的情况下，没有组织能够完成自给自足。为取得组织生存所必需而又被其他组织控制的资源，组织必须与其他组织进行联盟，以取得所需的资源[②]。

因此，组织的互动就是组织之间资源争夺、保卫、巩固的合纵联盟过

---

① 转引自胡佳的论文。胡佳．跨行政区环境治理中的地方政府协作研究［D］．上海：复旦大学，2010.

② Pfeffer. J， Salnacik. GTheExternalControloforganizations： AResoureeDePendenceperspeetive［M］. New York：HarPer and Ro，1978.

程。周雪光（2003）[①] 指出，组织间的依赖关系导致了组织的趋同，因为当组织间的关系越来越紧密的时候，尤其是当资源集中在某个组织的时候，不同的组织都必须和这个组织打交道，因此，组织间的联系、人员的交往、信息的交换就越来越多了。不同组织间的结构越相似，资源的交换就更容易，反之，当组织之间的结构不接轨的时候，资源交换就会产生许多难以协调的困难。

根据该理论，没有任何一个组织拥有充分的权威、资源和能力去实现公共事务治理目标。面对日益增多的复杂性问题和资源有限性的限制，一个组织的运作目标的实现需要依赖多个利益相关者的协同工作，组织必须向外部寻找资源，与其他组织联合，通过资源交换关系降低未来资源提供的不确定性来稳定组织间关系，并且维持组织间持久性的互动[②]，通过内外部资源的互补整合，才能有效提供公共服务。在水资源、水利工程治理等区域性公共事务治理中，单个地方组织不可能独善其事，需要借助其他利益相关方的资源和力量，分工协作应对水资源治理问题，实现合作共赢。

5.2　相关概念

5.2.1　农田水利

水利是人类为实现“兴其利、除其害”的水资源利用目标所进行的适应水环境、改造和优化农业水环境的一种社会实践活动。由于受自然天气、水源条件、地形地貌、经济社会发展需求的影响，在不同地区、不同阶段、不同时期，农田水利供给的具体内容存在差异，对农田水利供给内涵的理解与定义也有所不同。

国际上，大多数国家习惯将农田水利建设称之为灌溉与排水。在我国，自从《史记·河渠书》中提到“自是以后，用者争言水利”，首次赋予“水利”一词以广泛的含义之后，农田水利的内涵不断演变。《辞海》

① 周雪光．组织社会学十讲［M］．北京：社会科学文献出版社，2003.27.

② 吕志奎，孟庆国．公共管理转型：协作性公共管理的兴起［J］．学术研究，2010（12）：33.

诠释："为农业生产服务的水利事业"；中国农田水利创始人沙玉清（1935）将农田水利的内容概括为灌溉、排水、放淤、洗碱和垦泽5个方面。《中国水利百科全书》将农田水利定义为："以农业增产为目的的水利工程设施，其基本任务是通过兴建和运用各种水利工程设施（闸、坝、泵站、渠系建筑物、水井和灌水机具等），调节改善农田水分状况和地区水利条件，促进生态环境的良性循环，使之有利于农作物的生长。"上述定义，放在具体的历史环境中是正确的。当水环境调控手段日趋丰富而农业水环境脆弱性不断加剧的今天，农田水利的内涵和外延进一步拓宽。

农田水利工程种类很多，大体可归纳为以下几类：水库、塘坝、水池、水窖等蓄水设施；拦河闸坝、引水闸、截潜流等引水设施；渠道、管道、闸门等输水配水设施；渡槽、隧洞、倒虹吸、桥、涵等交叉建筑物；泵站、机井等提水设施；防渗渠系、灌水沟、畦、喷灌、滴灌、闸管灌、"小白龙"等田间灌水设施；保护村镇、农田的小型圩堤、河道堤防等防洪设施；排水闸、排涝泵站、排水沟、地下暗管等排涝降渍设施。

提水工程一般有机械提水（机灌站）、电动提水（电灌站）、水轮泵提水（水轮泵站）和机电井，以电动提水最为普遍。随着农村水电站的发展，提水工程大都以电为动力，并且建设了专为提水灌溉提供动力的水电站。

排水系统是一般包括各级排水沟（管）道及其建筑物、排水容泄区、排水泵站（见排灌泵站）等。排水沟道建筑物的种类、结构和功能同灌溉渠系建筑物。在使用地下水灌溉或无法实现自流灌溉而需提水灌溉时，或低洼地区不能自流排水时，应兴建排灌泵站进行机电排灌。

渠道建筑物主要分为配水建筑物、节制建筑物、输水建筑物、连接建筑物、桥涵泄水建筑物以及排水建筑物等六种建筑物。在使用地下水灌溉或无法实现自流灌溉而需提水灌溉时，或低洼地区不能自流排水时，应兴建排灌泵站进行机电排灌。一般来说，除总干渠、干渠级渠道系控制高程的主要输水渠道不受规定的灌溉面积限制外，其余支干渠以下各级渠道按以下规定面积划分。干、支渠优化配水是指在田间各种作物种植面积已定情况下，当渠首实引水量小于灌溉需水量时，将有限的水量在不同地块、不同作物之间进行分配，以取得配水指标最优。在渠向布置上，主要是利用天然地形特点进行选定，灌区排水渠系主要是利用天然沟溪进行排水。

参照水利部历年的《中国水利发展报告》和 2011 年中央一号文件《关于加快水利改革发展的决定》，农田水利的主要内容可以概括为：农田水利、饮水工程、防洪除涝、中小河流治理和小型水库除险加固，以及农村水污染防治、小流域水土保持和水生态保护。可持续发展的农田水利有利于转变农业生产方式，有利于提高农业生产力，有利于改善农村经济社会发展环境，是促进农村结构调整的必要保障。

既有研究和实践中经常使用大水利与小水利概念，这对概念实际是从水利设施规模角度上作出的简单区分。

所谓大水利一般是指大江大河上的水利设施，以及大中型水库等，而小水利则主要包括堰塘、机井、小型水库等。大水利规模大，覆盖范围广，一般跨村、跨乡，甚至是跨县、跨省，大水利不仅能够解决正常年景的水利问题，而且能够应付大旱大涝年景的水利问题。因此，大水利具有应急性。小水利规模小，覆盖的范围窄，一般只能满足村组范围内的水利需求，小水利具有常规性，抗灾能力相对较弱。

就二者关系而言，如果缺乏良好的大水利作为后盾，小水利就失去保障，尤其在灾害年景，小水利不具备应急性。相反，若缺乏良好的小水利基础，大水利就无法与农田对接，或者极大地提高了农田水利的使用成本。因而完善的农田水利系统是以大小水利有机结合为基础的，大水利与小水利不可偏废。

在具体实践和理论研究中，通常把大中型水库、泵站等覆盖范围广，为数个村或数个乡甚至数个县市提供灌溉服务的水利设施称为大水利，它所服务的区域通常构成大中型灌区。一般把以堰塘、机井、小型抽水机台、小型水库、小河坝为代表的水利工程称为小水利，其覆盖的范围窄，一般只能满足村组范围内甚至是单家独户的水利需求。通常，人们把灌溉 667 公顷、排涝面积 2 000 公顷、库容 10 万立方米、渠道流量 1 立方米/秒以下的水利工程（小坝塘、小水池、小水窖、沟渠、小型泵站、小型机电井、输水管道）、小型河道治理工程、乡（镇）村集中供水工程、农村人畜饮水工程、小型引水工程界定为小型农田水利工程。

由此可见，农田水利有广义和狭义之分。广义的农田水利是以农业增产为目的的水利工程措施，即通过兴建和运用各种水利工程措施，调节、改善农田水分状况和地区水利条件，促进生态环境良性循环，使之有利于农作物的生产。狭义的农田水利是指为防治干旱、渍、涝和盐碱灾害，对农田实施灌溉、排水等人工措施的总称。相比而言，广义的农田水利，不仅包括农田灌溉排水的内容，还包括通过兴修各种农田水利工程设施和采取其他各种措施，调节和改良农田水分状况和地区水利条件的一些具有明显地区特征的水利活动。例如，黄淮海平原旱涝碱综合治理、兼及中小型河道整、盐碱地改良、圩区水利和垦荒水利等。

综上，尽管农田水利的内涵目前尚无一致公认的完整界定，但根据当前农田水利面临的新形势和新要求，结合现代农业发展的实际需要，今后相当长的时期内，农田水利工作的基本内容是：贯彻可持续发展的治水理念，以保障农民群众饮水安全，维护人的健康生命为第一任务，以提高农业综合生产能力和改善农村生态环境为主要目标，坚持农田水利基本建设为核心，加快农田水利改革发展，推动农村社会走上生产发展、生活富裕、生态良好、社会和谐的文明发展道路。现代化的农田水利大致可以概括为：用现代设备、材料装备农田水利，用现代科学技术改造传统农田水利，用现代经营管理方法来管理农田水利，用可持续发展的思想来指导农田水利（翟浩辉，2008）。

因此，农田水利应具有四大功能：灌溉、除涝渍碱、节水、养水。农田水利工程体系应主要包括农田灌排渠系统（由取水枢纽、输水配水系统、田间调节系统、排水系统、容泄区和各种灌排建筑物）、截留提水系统（包括小型水库设施、小型抽水站等组成的小型农田水利）、水资源开发系统和水土保持系统（防治灌溉土地盐碱化、沼泽化和水土流失）等四个方面的内容。农田水利活动就是采取灌溉引水、排水、蓄水等措施，改变不利于农业发展的农田水分状况，为农业农村生产生活提供安全高效服务的水利活动。农田水利的基本任务是通过水利工程技术措施，改变不利于农村生产生活发展的自然条件，为农村生产发展、生活富裕、环境改善提供有效的引导和保障服务。

5.2.2 治理

在治理的各种定义中，全球治理委员会（Commission on Global Governance）的定义具有很大的代表性和权威性。该组织在《我们的全球伙伴关系》的研究报告中对治理作出了如下界定：治理是各种公共的或私人的个人和机构管理其共同事务的诸多方式的总和。它是使相互冲突的或不同的利益得以调和并且采取联合行动的持续过程。从操作的层次上看，治理理论也提出了公共管理和公共行政改革的系列举措，如提升政府的公正、透明性和灵活性，在政府中引入市场或竞争机制，开发非政府组织和个人在公共事务治理方面的能力，建立公私合作伙伴关系，实行“公私共治”，发展社区自治等。

库曼（Jan Kooiman）强调，治理不是一种固定的安排，而是“国家与社会，还有市场以新方式的互动，以应付日益增长的社会及其政策议题或问题的复杂性、多样性和动态性”[①]。库曼依据治理主体不同，把社会治理模式划分为三种基本类型：社会自治（Self-governance）、合作治理（Co-governance）和科层治理（Hierarchy-governance）[②]

从治理概念所强调的重点看，治理理论具有如下特征：①政府不再是唯一的权力中心，治理主体从一元走向多元。②在政府与社会合作中，模糊了公私机构之间的界限和责任，政府职能的专属性和排他性不再坚持。③管理对象的参与，在管理系统内形成一个自组织网络，加强系统内部的组织性和自主性。④在政府完成社会职能的手段和方法方面，除传统手段外，还应采取新的方法与措施。

本书把治理理解为一种使相互冲突的或不同的利益得以调和并且采取联合行动的机制。这是一种“权力分散，而不再是科层集权”的公共事务治理方式。这种机制能够随着社会的发展和变化不断地进行调整和变革，以适应新形势下的挑战，克服各种“不可治理性”的问题。这样一种机制的行动主体不再是单一的政府主体，而是多元的，是政府与非政府的合

---

① J. Kooiman. Social-Pollitical Goverance：Overview，Reflection and Design［J］. Public Management，1999（1）.

② J. Kooiman. Governing as Goverance［M］. London：Sage Publication，2003：79-131.

作，公共机构与私人机构的合作，多元主体之间的关系是建立在合理分工基础上的伙伴或合作关系。

5.2.3　农田水利治理

农田水利治理是人类为实现“兴其利、除其害”的水资源利用目标所进行的适应水环境、改造和优化农业水环境的一种社会实践活动。由于受自然天气、水源条件、地形地貌、经济社会发展需求的影响，在不同地区、不同阶段、不同时期，农田水利治理的具体内容存在差异，对农田水利治理内涵的理解与定义也有所不同。当人类发展到水环境调控手段日趋丰富而农业水环境脆弱性不断加剧的今天，农田水利治理的内涵和外延进一步拓宽。

综观我国的农田水利治理的内容，既包括灌溉、节水、排水等农田水利设施建设，又包括整地、改土、改碱等农田基本改造；既包括与农田基本建设相配套的山、水、田、林、路、村综合治理，像道路建设、绿化美化、水土保持等，又包括与农田安全、农业生产条件、农村生活条件密切相关的调节改善地区水情的活动，像较大的防洪、分洪、除涝、蓄水、保水、调水、人畜饮水工程建设；既包括工程措施，又包括工程管理、田间管理、农业结构调整等非工程措施。

因此，农田水利治理活动就是通过资源投入、组织和制度建设，促使农村水资源开发利用、水利工程建设管理及其他一系列水事活动有序开展的兴利除害活动。其目的在于提高农田水利工程设施供给和管理水平，提高农田水利工程的引水、排水、蓄水、节水效率，促进农田水生态持续改善的水利治理活动。农田水利治理的基本任务是通过建立健全资源投入、组织管理、制度建设等方面的体制机制，使水利供给方式、规模、质量和结构适应现代农业发展的需要。

5.2.4　治水利益相关者

管理学意义上的利益相关者（stakeholder）是组织外部环境中受组织决策和行动影响的任何相关者，包括顾客、供应商、政府、雇员、特殊利益团体等。

水利治理的利益相关者可以从直接和间接两个方面来考虑。所谓直接利益相关者就是与区域水利设施的决策、规划、建设、维护和运行等直接联系的利益主体，包括水利设施直接受益区内各级水利管理部门、水利设施具体管理者、运营者（水利企业、农民用水合作组织）和使用者（用水者）等；所谓间接利益相关者就是与水利设施治理有间接利害关系的部门或群众，间接利益相关者包括水利设施直接受益区外的各级政府、相关国际机构、公众、学者等相关公益群体，其中与农田水利治理改革相关的国际组织主要有联合国粮农组织（FAO）、联合国开发计划署（UNDP）、世界银行（WB）、国际农业发展基金（IFAD）、国际灌排委员会（ICID）等。

不同时期，治水的经济社会目标不同，治水的决策、规划、建设、维护和运营等主体不同，因此，不同时期治水的直接和间接利益相关者也会有所不同，并且彼此的角色可能会发生转换。

5.3 治水需要多元合作共赢——基于治水经济社会特性的分析

5.3.1 治水的系统有效性

农田水利工程涉及蓄水工程（包括水库、堰塘）、引水工程（包括有坝引水、无坝引水）、提水工程（即泵站工程）、渠道系统和机井。虽然水利工程类型不同，但在同一区域中，不同水利工程是相互关联、互为补充的。

农田水利的有效性在于它的系统性，而系统性表现在单个水利工程构成的系统性和灌区水利工程之间构成的系统性两方面。农田水利的系统性并不仅仅是指单个水利工程构成的灌溉系统（如泵站灌溉系统由进水渠、泵房、输水渠等组成），而且指同一区域内不同水利工程之间所构成的水利系统，维护这个系统是有效发挥不同水利工程效用的前提。整个水利系统功能的发挥有赖于各个水利工程的有效运行。

5.3.2 治水的外部经济性

治水的外部性是指农田水利治理主体所带来的额外收益或额外成本并不能直接反映在市场价格之中，治水方从其经济行为中得到的利益或支付的成本与其产生的社会利益或社会成本不相等。正的外部效应是指当某一经济行为所得到的社会利益大于私人利益的经济效应；负的外部效应则是指某一经济行为所产生的社会成本大于私人成本的经济效应。

农田水利的系统性决定了，共同维护这个系统是有效发挥不同水利工程效用的前提。农田水利规模经济效应的实现在于其各类水利设施系统配套，结网贯通，这些单元有机地结合起来的网络整体，才能产生边际用水成本递减的经济效应。

农田水利的系统性和功能多样性特征，使农田水利系统兼具正负效应的外部性，农田水利设施与水资源的不可分割性更是强化了这一特征。就农田水利而言，无论谁出资修建和维护，农田水利系统服务的灌区甚至流域覆盖区域均会受益，特别是农田水利所具有的防洪、防涝、抗旱及改善周边水土涵养和生态环境等公益型功能，受益主体边界极其广泛和模糊，是难以排他的。农田水利作为一种准公共产品，在没有实施具体的排他措施之前，或者实施得不够完全的时候，其非排他性就会造成一定经济外部性。

同时，农田水利建设不仅服务于农业生产，而且有利于水资源环境的改善，农业承担着保证国家粮食安全的基本任务，农业用水权关乎农民基本生存权，水资源环境则关系着当代人和后代人的生存条件。因而，农田水利承载着代表公众利益的生态环境功能和社会公共价值，具有代内外部性和代际外部性的特征。

5.3.3 治水方相互依存的竞争性

农田水利的系统性表明，农田水利难以做到有效排他；水利资源的非排他性和竞争性特点，决定了治水利益相关者之间在行动和利益上一种相互竞争又相互依赖的制约关系，即依存的竞争性——行为体之间存在着相互依赖的竞争性关系。水利资源治理的议题范围、实现空间超出了任何单一个体、组织或政府部门的管辖权，水利资源治理的实现无法单凭某一个体、组织或地方完成。同时，水利资源系统中任一主体行为的变化或内部发生的变化，无论是主动还是被动的，都会对其他的行为主体产生影响。

如奥斯特罗姆所言："公共池塘资源是一种人们共同使用整个资源系

统，但分别享用资源单位的公共资源。在这种资源环境中，理性的个人可能导致资源使用拥挤或者资源退化的问题”[1]。客观上，由于水利资源的产权在一般情况下不容易被度量和被分割，区域内的地方都有权使用，但过度使用的成本却由所有使用者共同承担。“产权不清”和“利益独立”使所有经济主体面对水资源短缺问题时，都倾向于选择“先下手为强”的治水策略，决定了使用者（各个地方）之间为寻求自身利用资源的利益最大化，往往忽略整体利益协调，最终将导致公地悲剧的发生。此特性造成水利资源消费上的“拥挤效应”和“过度使用”问题。

水利资源治理是一个系统工程，治水问题涉及不同利益主体和多个政府部门，并非单一组织可以独自解决的。由于上下游、左右岸地区之间水利资源与生态环境的依存度相当高，上游的水枯竭或污染了，下游同样遭殃，这使得利益相关方集体合作十分必要。

5.4 多赢治水生成机理

治水活动是解决社会经济系统与自然水生态系统之间的矛盾，促进两个系统协调发展的过程，它不仅受到自然环境、水利工程的自然属性、资产专用性等交易技术结构的影响，而且还受到相关社会政治环境、相关主体之间的经济社会交换关系的影响。因而，水利资源治理问题研究必须从社会—生态互动的视角，将水利的资源系统、资源单位、治理系统、使用者和行动情境纳入交互作用的分析框架，综合考虑人文因素和自然因素双重作用对治水行为及其结果的影响，进而促进治水参与方合作共赢格局的生成。

根据奥斯特罗姆 2009 年构建的“社会—生态系统”分析框架（Social-Ecological Systems，SES）[2]，治水所面临的社会—生态系统包括 4

[1] 埃莉诺·奥斯特罗姆．公共事物的治理之道［M］．余逊达，陈旭东译．上海：上海三联书店，2000：5.

[2] Michael，D. M，Ostrom，E. Introducing the program in institutional analysis of social ecological systems（piases）framework，working paper［J］．Workshop in Political Theory and Policy Analysis，March，2010：24.

个核心子系统[①]：①水利资源系统，地下水流域、水库、河流、灌溉渠道等其他水体都是水利资源系统，例如，一定灌区内的水库、输配水渠道系统等；②水利资源单位，它是用水者从水资源系统使用或占用的量，如从地下水流域或渠道抽取的水量等；③治理系统（如地方政府、灌区管理组织或其他组织、管理区的规范相关主体之间关系的应用规则和规则的制定）；④用户（如管理区内以各种方式、出于不同目的使用资源的个人）。这4个子系统直接影响社会生态系统最终的互动结果，同时，也受此互动结果的反作用，见图5-2，该图基于奥斯特罗姆的SES框架有所改进。

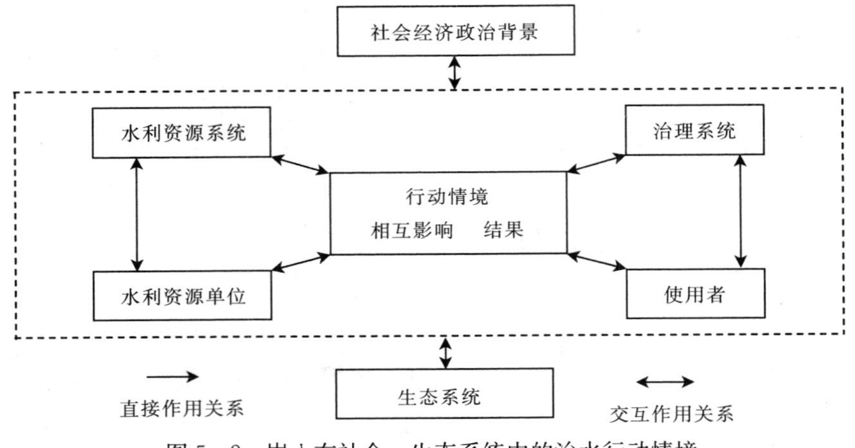

图5-2　嵌入在社会—生态系统中的治水行动情境

由图5-3可知，治水产出效益是自然系统、社会系统、经济系统各因素相互影响、相互作用、相互耦合的产物。因而，多赢治水应确保以下目标共同实现。

（1）使用者因水利设施改善，其用水保证率、水资源利用率和水资源单位产出价值得到一定程度的提高，即用水经济效益和用水安全得到提高。

（2）治理系统因水利设施改善，使管辖区内防洪抗灾能力、供水保障能力和综合发展能力得以提升，防洪安全、饮水安全、经济发展用水安全、水环境安全得到保障，即社会发展用水保障度得以增强。

① 谭江涛，章仁俊，王群．奥斯特罗姆的社会生态系统可持续发展总体分析框架述评［J］．科技进步与对策（Science & Technology Progress and Policy），2010，27（22）42-47.

（3）水利资源单位因得到有效治理，其灌排水服务能力、水源调配能力、水生态服务能力得以增强，其经济和生态服务价值得以充分体现。只要水利资源的平均提取率不超过资源系统的补偿率，可循环再生的水资源系统就能长期维持下去。

（4）水利资源系统因得到有效治理，其水资源互济共生能力、水体自净能力、水循环再生能力、调节区域小气候服务能力得以增强，其对社会—生态系统的承载力获得可持续性。

治水活动必须明确每一个参与者在行动情境中的身份以及行为对潜在结果的影响。在一个既定的行动情境内，个体行为能对结果产生多大影响取决于行动者对这些影响因素的获得、解释及判断。

如图 5－3 所示，水利治理系统应提供一系列不断演进、符合地方实践、能够回应反馈、诱导规则服从的策略体系，以促进治水活动中不同利益团体和行动者（用户、社会组织和政府）之间有效对话与协同性互动。因此，从社会—生态互动的角度看，水利治理系统应将资源“使用者”增加到治理系统中，以及时把握不确定性的治水需求与治水环境，增强治理体系的弹性和学习功能，从而保证治理系统、使用者、水利资源单位和水利资源系统的状况均因治理活动而得以改善，即实现了多赢治水。

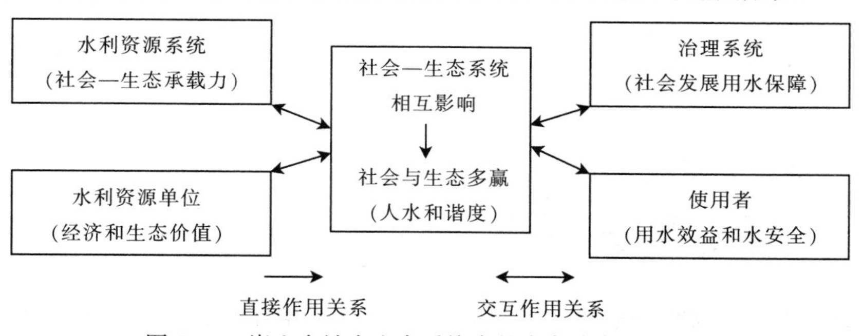

图 5－3　嵌入在社会生态系统中的多赢治水生成机理

因此，要实现水利事业大发展，必须以多赢治水理念统筹自然生态系统与社会经济系统的关系，统筹治水的经济效益、社会效益和生态效益目标，兼顾治水相关方的发展诉求和经济利益，不仅要关注防洪安全、供水安全、粮食安全、经济安全，而且要关注资源系统安全（可再生）、水生态安全，以实现水利资源的可持续发展与永续性利用，最终促进人水和谐度的提高。

第六章　多赢治水实现模式的理论分析框架

经过30多年的改革，农田水利设施有所改善，但世界银行2011年发布的《解决中国的水稀缺》研究报告称："中国正面临有效管理稀缺的水资源，以便在未来维持经济增长的挑战。这是一项艰巨的任务。"

针对农田水利治理问题研究中以产权和交易成本理论为主要分析范式而忽视了水利价值属性对治水活动交易性质的作用问题，本书将交易成本组织理论、嵌套性规则理论和关系交换理论引入农田水利治理研究，以农田水利交易关系特性为逻辑起点，阐明农田水利治理的交易契约性质、治理结构需求及其对治理绩效的影响，构建了一个"交易特性—治理结构—治理行为—治理绩效"的农田水利合作治理的理论分析框架，论证中国农田水利治理要实现多赢目标必须采取合作治理模式。

6.1　相关理论基础

6.1.1　交易成本组织理论

交易成本经济学（transaction cost economics，以下简称为TCE）亦被称为"治理经济学"（economics of governance）或"组织经济学"（economics of organization）。它采用比较制度分析方法，探究交易存在的各种特征或维度及其对交易成本的影响，是一种采用契约的探究方法研究经济组织及其治理的新制度经济学，是融法学、经济学和组织学为一体的跨学科交叉研究的理论与方法，是新制度经济学当中唯一在实证检验方面成功的领域。

该理论分析的逻辑起点是交易[①]和契约，强调处于契约关系中的参与人是“契约人”，其特征是有限理性，从而导致契约是不完全的。契约人是机会主义倾向的，环境特征是不确定的；存在交易频率问题和资产专用性问题。给定这些环境和交易特征假定，有限理性的契约人就可能利用不完备契约实施机会主义，这就可能带来资源配置低效率。但由于理性限制，参与人不可能在事前就通过契约设计来降低或者消除机会主义行为的不良后果，因而只能通过事后的治理机制来加以解决。

进而，该理论提出了交易性质三维决定论和交易性质契约治理机制匹配论。①交易性质三维决定论，是指交易的性质取决于资产专用性、交易频率和交易不确定性三个基本维度或特征，即从被交易物品的技术特性（亦称交易的技术结构）分析交易的性质，而且在交易技术结构的构成要素中，资产专用性的作用最重要。②交易性质契约治理机制匹配论，是指交易属性不同就需要多样性的契约关系与之相匹配，进而需要匹配相应的契约治理机制。

究竟参与人会选择哪种治理机制？这要取决于交易成本的大小。为了使交易费用最小化，就必须有相应的治理结构与之相匹配。即，不同性质的交易，需要不同的缔约活动以确立不同的治理结构或交易规制结构与之相匹配。

为了研究每种交易关系及其相应的治理结构，威廉姆森把交易关系分为两横三纵的矩阵共包括六类，见表 6-1（威廉姆森，1971）。

表 6-1　交易特性与治理结构的匹配

		投资特点		
		非专用	混合	专用
频率	偶然	市场治理	三方治理（新古典缔约活动）	
	经常	古典缔约活动	双边治理	统一治理
			关系型缔约活动	

资料来源：Williamson，O·E，1971.

① 交易是制度经济学的最小分析单位，它是指具有可分离性的物品在人们之间的让渡，它反映的是人与人之间的关系。

由于交易属性的差异，交易存在多样性，用简单的治理结构解决复杂的交易问题会把事情搞乱，而用复杂的治理结构解决简单的交易问题成本太高，因此必须选择多样性的契约治理结构。他援用麦克尼尔的分类，将合约关系分为：古典契约、新古典契约和关系契约。古典契约相当于市场治理，新古典契约对应于三边治理，而关系契约则对应于双边或统一（科层）治理。同一种交易技术结构与不同的组织匹配时，交易将表现出不同的行为倾向，从而会导致不同的交易费用，同样，同一组织与不同的交易技术匹配时，其交易费用也不相同。如果某种交易技术结构与特定的体制组织形式相匹配时，其交易费用最低，这时，这种资源配置的运行效率最高。

从表 6-1 来看，对契约关系有效治理结构的选择主要有四种。

（1）契约的市场治理。契约的市场治理又称为依约治理结构和完全契约，主要适用于计划性交易。由于是在非资产专用性条件下，对于偶然性或经常性的交易可采用的契约的市场治理结构，也称为古典式契约法治理结构。交易双方可在信息对称的条件下，签订条款经仔细敲定、强调法律原则、正式文件以及自我清算的契约，以保护当事人免受对方投机之害。契约条款已规定了交易的实质性内容，并且也符合法律原则，因此这类契约无疑会使依法履约人从中受益。威廉姆森认为，当相同频率的交易或相同交易种类被合作者所熟悉时，协商调解的决策就会变得更加容易。无疑，这是交易成本较低的治理结构。

（2）契约的三方治理。契约的三方治理又称为调解治理结构，主要适用于可信性交易和竞争性交易。鉴于双方专用资产交易的成本太高，显然需要有一种中介性的制度形式，才能建立相应的治理结构。采用三方治理不是将遇到的问题提交法庭来裁决，而是借助于第三方的帮助（仲裁）来解决纠纷，并对双方行为做出评价。采用仲裁的优越性在于，一是具有商业性，解决纠纷的效率较高；二是具有专业性，许多专家学者被聘请参加仲裁，降低了由法庭来裁决交易的成本；三是具有非公开性，避免交易者的商业秘密被泄露。广泛采取仲裁这种专业性的补救措施，是为了达到持久合作的目的。

（3）契约的双方治理（又称为关系法契约治理）。如果交易双方都有维持合作关系的愿望，那么，通过明示方式表明他们的意见，就能按照双方都能信赖的条款做出调整。这种治理方式适合于持久的、复杂的、具有适应性的交易，实际上就是事后适应性在契约关系治理中的运用。

（4）契约的一体化治理（或称科层治理）。即不是在市场上进行交易，而是在组织或企业内部进行交易。契约统一治理结构的选择，完全取决于适应资产专用性交易的形式，在这种情况下，采取纵向一体化的契约形式的优点在于强调适应性。即这种契约能适应一系列连续的变化，只要双方的所有权统一起来，就能保证双方都得到最大的利益。很显然，这种治理结构的关键在于交易双方的相互适应性，适应性已成为经济组织降低交易成本的核心问题（威廉姆森，2003）。这种治理结构通常被广泛应用于专用性资产契约或专业性较强的交易中。

实际上，交易成本组织理论研究的目的就是提供一种理论来比较在四个不同的治理结构下的计划、适应和监督交易成本，进而将具有不同性质的交易分派给不同的治理结构，以使交易费用最小化。这就从节省交易费用的角度，解释了各种经济组织的性质及存在理由。出于节约交易费用的理性，有效率的组织结构设计应遵循三条原则：①资产专用性原则。一般来说，资产专用性越强，内部组织就越趋向于取代市场机制。②外部性原则。该原则意味着，在具有很强外部性的场合，以组织内部的交易取代市场中的交易即可降低交易费用，提高效率。③等级分解原则。该原则认定有必要通过等级分解，使各当事人的努力动机相互激励、相互促进，降低组织内部的交易成本（或称组织成本）。

需要注意的是，该理论只强调契约制度与个人行为间的关系，而忽视了交易契约制度与社会制度的关系。美国当代交易成本理论研究者迪屈奇指出，组织制度不仅与个人行为有关，它更是制度环境（如政治主张、法律制度、文化习俗等）的产物。交易成本组织理论对契约性质与类型的强调，使得交易关系所嵌入其中的社会互动与交易关系的生命周期过程等要素难以进入分析视野，这在某种程度上限制了其对交易关系与交易行为的解释能力。

根据经济社会学嵌入理论的观点，经济行为是嵌入在社会关系中的，因而，忽视了经济交易行为所嵌入其中的社会互动背景对交易行为的解释是不完全的（Granovetter，1985）。根据组织间交易关系的政治经济分析框架（Political Economy Framework），任何交易关系除了其经济维度（交易的形式与组织管理机制）以外，还包含着一个社会维度，二者共同影响着交易的绩效（Stern & Reve，1980）。社会结构、制度规范、法律准则及其他一些环境因素，会影响到各种经济组织结构及个人行为，特定社会制度环境需要特定的组织结构与之相适应。

因而，在交易关系性质决定及其治理模式分析时，需要将社会结构与制度环境决定的社会维度的交易关系要素纳入交易性质决定因素，将交易成本组织理论的交易性质的三维决定论拓展为四维决定论，从而全面地判定交易关系的性质。

6.1.2　嵌套性规则理论

嵌套性规则这一分析框架最初隐含于托克维尔《论美国的民主》的分析方法中。托克维尔在确立这一分析框架过程中，特别强调个体和群体在操作选择、集体选择和立宪选择过程中，所面临的总体行动的情境。在操作层次，采取具体行动的是最直接受到影响的个体，也包括政府官员。这些行动的结果直接地影响着外界。界定和约束单个公民和官员在操作层次活动的规则，发生于集体行动层次，而修改这些规则是在立宪选择层次所确定的。

嵌套性规则体系一般包括三个不同层次的规则体系：宪法选择规则、集体选择规则和执行规则，各主体行为分别发生在三个层次中，同时不同层次的规则体系又具有一定的“嵌套性”，一个层次行动规则的变动受制于更高层次的规则，所有层次一起构成嵌套性规则体系。

柯武刚和史漫飞（2004）提出了制度层级结构本质上是由三个不同层次的规则构成：即顶层的宪法、中层的成文法和底层的政府规章条例。即宪法调控成文法，成文法控制着操作性层面和分权化层面上缔结出来的契约。

由此，一个层次的结果确定了下一个“较低”层次所进行的博弈性质。也就是说，立宪决定了组织进行互动的过程。同样，集体选择具体说明了操作权利和特定行为者的责任。最后，个体（或者集体行为者）从可能的范围内选择具体的行动，而这些互动的结果影响世界的某些事件。立宪和集体选择结果因此影响个体在操作层次上必须做什么、不做什么或者可以做什么。在每一个层次中，个体和集体选择局限于某一范围的大的策略选择方案。行动者会面临一个行动的情境，在该情境与“较高”分析层次的互动过程中，确定其策略选择方案和角色预期。在每一个层次，行动者的选择一起产生互动模式和结果，而这塑造了其他层次互动的性质（尤其是与“较低”层次相关的互动）。各个层次以复杂的但可理解的方式相互影响。

奥斯特罗姆将这种三层次制度分析框架一般化。她认为，行为人的活动通常会受到三个层次制度的影响，分别是宪法制度、集体选择制度和操作制度。她利用计算机语言的嵌套性原理分析了三个层次制度的特征及相互关系，所有制度都能纳入规定如何改变该套制度的另一套规则中，即制度具有层次性。与对不同级别的计算机语言的嵌套相同，在较高层次上能完成什么取决于该层次上的软件（制度）能力和局限性，取决于更高层次上的软件（制度），也取决于硬件（基础设施）。进而，她指出了这种多层级制度的变动特征：一个层次的行动制度的变更，是在较之更高层次上的一套“固定”规则中发生的；更高层次上的制度变更通常难以完成，成本也更高，因此提高了根据制度行事的个人之间相互预期的稳定性。也就是，在一个层次上行动制度的变化，是在比它更高层次规则中发生的；制度的层次越高，其变化的成本越高，因而就越难以变化。与个人在某个制度框架内进行策略选择相比，制度的改变相对不频繁，在任何一个分析层次上改变制度，都会增加个人的风险，制度提供了预期的稳定性，改变制度能使稳定性迅速减少。

从制度层次上看，操作制度通常比集体选择制度更容易改变，而集体选择制度通常比宪法制度容易改变。

奥斯特罗姆（1990）将这一理论应用于公共资源治理问题。最低层次是操作制度，在既定博弈结构条件下，规定人们对资源的使用、供给、监督和强制实施行为；其次是集体选择制度，是改变操作制度的制度，规定政策决策的制定、管理和评判行为；最高层次是宪法制度，是制定集体选择制度的制度，规定决策的规划、治理、评判和修改等行为。

她还指出成功治理公共资源的制度设计原则：操作制度的设计应该是明确界定公共资源使用边界、占用和供应规则与当地条件保持一致、有效监督和分级制裁；集体选择制度的设计应该是全部或部分制度均由资源使用者提出、建立分权制的组织结构和具备冲突解决机制；宪法制度的设计应该使外部政府权威必须能够认可自治组织。

为解释包括应用规则在内的三组外生变量（exogenous variable）如何影响公共池塘资源自主治理中的政策结果，奥斯特罗姆（Ostrom，2002）进一步细化了这个多层级嵌套制度分析框架，并将其命名为制度分析与发展框架。

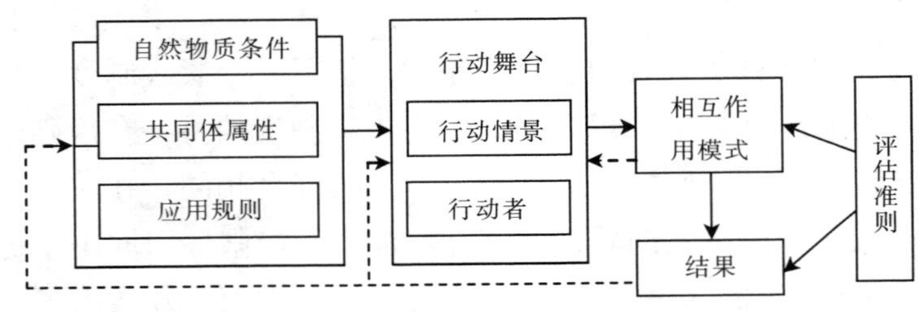

图 6-1　奥斯特罗姆的制度分析与发展框架

其中，规则在制度分析与发展框架中是直接影响行动情境的最具“操作性”的一组外生变量。行动情境定义为直接影响作为研究对象的行为过程的结构。它能够分析一种制度对人的行为及其结果的影响，并区别和限定一种制度同其他制度的不同点。行动者是指处于行动情境中的个体（Ostrom，2005），“行动者”其实就是采取行动的“参与者”。分析者通过对行动者的偏好、信息处理能力、选择标准、资源占有程度及决策机制等假设，构建一个行动者模型，并由此推测其行为及相应结果。

运用该分析框架对一个公共池塘资源自主治理制度进行分析时，既可以从自然物质条件、共同体属性和应用规则这三组外生变量入手，也可以从行动舞台或者结果入手。然而无论从何入手，首要任务都是确认一个概念单位，即所谓的行动舞台（Ostrom，1999）。行动舞台是指一个广泛存在于公司、市场、地方、国家、国际等各种和各级事务中的社会空间，此空间内的个体由于利益矛盾而相互斗争。具体讲，行动舞台由行动情境和行动者两组变量组成。运用制度分析与发展框架的关键就是搞清楚行动舞台中行动情境和行动者在外生变量影响下的相互作用及其产生的结果对两者的反作用。同时，这种反作用通过直接或间接方式影响外生变量和行动舞台。也就是说，行动舞台既是一个自变量，又是一个因变量（Ostrom，2005）。行动情境是行动舞台的核心，决定着个体在整个制度框架中如何通过行为把外生变量和结果连接起来。

奥斯特罗姆通过制度分析与发展框架为资源使用者提供一套能够增强信任与合作的制度设计方案及标准（Poteete et al.，2010），并且用来评估、改善现行的制度安排，并向人们表明，对资源退化等问题的研究不应该仅限于相关的自然属性，例如土壤、动植物种类、降水；资源所在社区（community，或译为共同体）的特点、管理体系、产权、用以规范个体之间关系的应用规则等社会因素和自然属性一样重要[①]。

6.1.3 合作治理理论

英国经济学家弗里德里希·冯—哈耶克认为，人类公共事务的本质表现为合作秩序[②]。美国经济学家罗伯特·帕特南认为，“自愿的合作可以创造出个人无法创造的价值”。“公民共同体合作的社会契约基础，不是法律的，而是道德的。”[③] 法国思想家皮埃尔·卡蓝默指出：治理的艺术在于，通过倡导自由、团结一致和多样性来达到和谐[④]。从社会管理的角度看，合作治理是政府为了达成公共服务的目标而与非政府的、非营利的社会组织，甚至与私人组织和普通公众开展的、意义更为广泛的合作[⑤]。合作治理的本质在于，政府不再是唯一的社会管理主体，政府与其他社会组织具有平等的社会管理地位。

---

① 王群．奥斯特罗姆制度分析与发展框架评介［J］．经济学动态，2010（4）：137-142.

② 弗里德里希·奥古斯特·冯—哈耶克．致命的自负［M］．冯克利译．北京：中国社会科学出版社，2000.

③ 伯特·D·帕特南．让民主运转起来［M］．王列，赖海榕译．南昌：江西人民出版社，2011.

④ 皮埃尔·卡蓝默．破碎的民主——试论治理的革命［M］．高凌瀚译．北京：生活、读书、新知三联书店，2005.

⑤ 陈华．吸纳与合作——非政府组织与中国社会管理［M］．北京：社会科学文献出版社，2011.

合作治理是社会力量成长的必然结果，是对参与治理与社会自治两种模式的扬弃，通过社会自治而走向合作治理将是一个确定无疑的历史趋势（敬乂嘉，2009）[①]。

合作治理是构筑在信任和平等的基础上的多元协调合作的治理模式。“在这个合作性治理体系中，政府以及社会自治性组织之间在自主负责、合作分担治理责任的基础上共同从事公共产品的生产和供给，形成灵活的、多元的公共利益实现途径。通过政府与社会自治性组织的合作，可以达到取长补短、优势互补的效果，以至于实现社会治理体系的优化。真正的合作性治理体系是对管理型治理模式的扬弃，通过合作型组织，管理终于被管理者、治理者与被治理者之间的界限开始消融，关系和谐，从而走向合作治理的境界”（张康之）[②]。因而，它被认为是符合后工业社会要求的治理模式。

合作模式（Collaborative Model）包括两种方式：一是“合作的卖者”模式（collaborative? vendor model）。在这个模式中，非营利组织仅仅是作为政府基础上管理的代理人出现，拥有较少的处理权或讨价还价的权力。另一种是“合作的伙伴关系”模式（collaborative? partnership model）在这个模式中，非营利组织拥有大量的自治和决策的权利，在项目管理上也更有发言权。吉德伦等认为，长期以来，由于人们误以为政府提供资金就能够控制非营利组织，就理所当然地认为合作的卖者模式是最普遍的形式。但实际上，合作的伙伴关系模式在福利国家中更加普遍。美国是最典型的合作模式。

所以，合作治理并不意味着就只能是国家与社会之间自由而平等的合作，合作治理也并不排斥政府中心主义的倾向。那种建构在成熟民主政治和公民社会基础之上的合作治理形态，只不过是合作治理发展的高阶形态，而这样一种形态事实上就是我们通常所说的“良好治理”或“善治”。“善治”离不开公民的积极参与和合作，没有一个健全和发达的公民社会，就不可能有真正的善治；“善治”也是与民主有机结合在一起的，没有民

① 敬乂嘉．合作治理：再造公共服务的逻辑［M］．天津：天津人民出版社，2009.

② 张康之，张浩．在后工业化背景下思考服务型政府［J］．四川大学学报（哲学社会科学版），2009（1）：12-20.

主，善治便不可能存在[①]。

因此，所谓合作治理，对于政府部门而言，就是从“划桨”向“掌舵”与“服务”转变的过程；对于非政府部门而言，就是从被动排斥到主动参与进来的过程。正如麦克格鲁所认为的那样：“合作治理是一种以公共利益为目标的社会合作过程——政府在这一过程中起到关键但不一定是支配性的作用”[②]。

对此，可以从以下几方面理解合作治理：

其一，治理是政治国家与公民社会的合作、政府与非政府的合作、公共机构与私人机构的合作、强制与自愿的合作。

其二，治理是当代民主的一种新的实现形式。治理虽然需要权威，但这个权威并非一定是政府机关，而统治的权威则必定是政府。但，该理论认为政府不是合法权力的唯一源泉，公民社会也同样是合法权力的来源。

其三，合作治理是社会力量成长的必然结果，是对参与治理与社会自治两种模式的扬弃，通过社会自治而走向合作治理将是一个确定无疑的历史趋势。

合作治理具有如下一些特征：①主体的多元化。治理主体除了包含政府部门，还包括一切可能参与进来的多元主体；治理的过程是多元主体协调互动、相互影响的过程。同时，多元主体主要是通过合作、协商的途径共同对社会公共事务进行管理。治理主体的多元化导致了治理过程中权力的运行向度是多元的、相互的，而不是单一的和自上而下的。②主体间权力的互相依赖性和互动性。在合作治理模式中，没有哪一个治理主体拥有足够的资源和能力来独立治理公共事务。由于存在权力依赖关系，各主体需要相互补充、互通有无才能有效地治理社会事务。于是治理过程就是一个互动的过程，政府与其他社会组织在这种过程中便建立了各种各样的合作伙伴关系。③政府作用范围及方式的重新界定。目前公共行政的性质已经不适应时代发展的要求，必须改革政府，实现某种程度上的治理，重新界定政府的作用范围和作用方式。④行动的自组织化。治理的行动机制是

① 俞可平．治理和善治引论［J］．马克思主义与现实，1999（5）．

② 托尼·麦克格鲁．走向真正的全球治理//全球化与公民社会［M］．南京：广西师范大学出版社，2003：94.

以“反思的理性”为基础，即把目标定位于谈判和反思之中，通过谈判和反思做出调整，借助谈判协商达成共识、通过建立相互信任以实现合作，从而在“正和博弈”中实现共赢。⑤结构的网络化。多元化的治理主体之间的权力依赖与合作伙伴关系，表现在运行机制上，最终必然形成一种自主自治的公共治理网络。在合作治理模式中，多元主体面对共同的问题，这一网络要求各种治理主体都要放弃自己的部分权利，依靠各自的优势和资源，通过相互间的对话设立共同目标，通力合作，针对共同关注的问题采取集体行动，最终建立一种共担风险和责任的公共事务的管理联合体。

尽管合作治理模式可以弥补国家和市场在调控和协调过程中的某些不足，但是它也存在着许多内在局限。①合法性主要指政府部门能否赋予多元治理主体以合法身份，“合法性危机是一种直接的认同危机”；②权威性在于政府能否赋予多元治理主体真正的权利，使多元治理主体能够为了共同的目标采取互利的共同行动；③有效性是指在不断变动的治理环境中，多元治理主体可能会向合作网络提出不尽相同甚至相互对立的公共需求和政策主张，这无疑会给合作网络施加重负，需要有另外的决策安排来处理和解决各主体之间的冲突[①]。

当然，克服这些问题的思路也是存在的。根据罗伯特·伍思努(Robert Wuthnow，1991)[②] 提出的国家、市场和志愿部门的三部门模式。伍思努分别对国家、市场和非营利组织进行了界定。他把国家定义为，“由形式化的、强制性的权力组织起来并合法化的活动范围”。国家的主要特点是强制性的权力。市场被定义为，“涉及营利性的商品和服务的交换关系的活动范围”，“它是以与相对的供给和需求水平相关的价格机制为基础的”。市场主要以非强制性的原则来动作。志愿部门被定义为，“既不是正式的强制，也不是利润取向的商品和服务的交换的剩余的活动范围”。它主要以志愿主义的原则来运作（Wuthnow，1991：5-7）。

① 本段参考了樊慧玲、李军超 嵌套性规则体系下的合作治理——政府社会性规制与企业社会责任契合的新视角［J］．天津社会科学，2010（6）：91-94.

② Wuthnow，R. The voluntary sector：legacy of the past，hope for the future［A］．In Robert Wuthnow（ed）．Between states and markets：the voluntary sector in comparative perspective［C］．Princeton：Princeton University Press，1991：3-29.

伍思努认为，在概念上，这三个部门之间的关系看起来比较清楚，但在实际中，政府、市场和志愿部门的关系正变得日益模糊。在政府与市场之间，由于政府和商业部门在科学技术方面的共同投资以及政府以管制、税收等方式介入市场，彼此之间的界限已经很难分清了。在政府和志愿部门之间，由于政府把一些福利项目承包给志愿组织，并为它们提供资金，政府与志愿部门之间的合作项目也模糊了彼此的界限。在很多情形下，复杂的组织计划把营利性活动与非营利性活动置于同样的管理体制下，志愿部门与市场的关系也很难分清了。不同社会中这三个部门重叠的程度是不一样的。

在伍思努看来，政府、市场和志愿部门之间存在着频繁的互动和交换关系，这包括：竞争与合作；各种资源的交换；各种符号的交易等。当不止一个部门的组织提供相似服务的时候，就存在着竞争关系。当集中不同的资源来共同解决社会问题的时候，彼此之间就是合作关系。

合作治理是作为一种工具理性而存在的，合作治理如同治理一样，植根于历史传统之中，同时又需要随着社会的发展和变化不断地进行调整和变革，因而不是一种固定化、理想化的模式，有其自身的发展谱系。

6.1.4　SCP 分析范式

以梅森和贝恩为主要代表的哈佛学派依据新古典学派的价格理论，从结构—行为—绩效相互作用关系，考察了市场组织的资源配置效率，建立了 SCP（即 Structure-Conduct-Performance）的分析范式。该范式将现实的市场置于完全竞争和垄断两个极端之间，因而它将市场中企业数量的多寡作为相对效率改善的判定基础，认为随着企业数量的增加和完全竞争状态的接近，经济基本上就能够实现较为理想的资源配置效率。

SCP 范式的基本分析程序是按“市场结构—市场行为—市场绩效—产业组织政策”展开的。该范式的三个基本范畴：市场结构（S）、企业行为（P）和市场绩效（C），并分析了三者之间的作用关系。在这里，结构、行为、绩效之间存在着因果关系，即市场结构决定企业组织在市场中的行为，而企业行为又决定市场运行的经济绩效；显然，市场结构是 SCP 范式分析产业组织的重点。因此，有效的产业组织政策首先应该着眼于形成和维护竞争的市场结构。哈佛学派的这一主张对二战后以美国为首的西方发达国家反垄断政策的开展和强化都发生过重大的影响。

然而，这种范式完全建立静态均衡的思维上，是一个单向传递作用的静态线形逻辑，市场结构、行为、绩效之间存在一种简单的、单向的、静态的因果关系（杨蕙馨，2000），即市场结构决定了市场中的企业行为，而企业行为则决定了市场绩效的各个方面。这对产业组织的变迁缺乏解释能力，而且市场结构的外生性也不符合经济现实。

大量的理论和实证研究表明市场结构、行为和绩效之间的关系是复杂的和相互作用的。斯蒂芬·马丁指出，市场结构和行为两者都部分地受到潜在需求和技术的影响，市场结构影响企业行为，同时企业的策略性行为也影响着市场结构，结构和行为相互作用决定着市场绩效，销售的努力程度作为企业的行为也影响市场的需求。另一方面，市场绩效反过来会影响企业的技术进而影响市场结构。市场绩效会表现出动态性的累积效果或者说由于技术积累而带来的市场势力，同样会对结构和行为造成影响。获利的机会吸引更多的企业进入市场，对市场结构具有动态变化的影响效果。这一作用机制可以用图 6－2 表示。

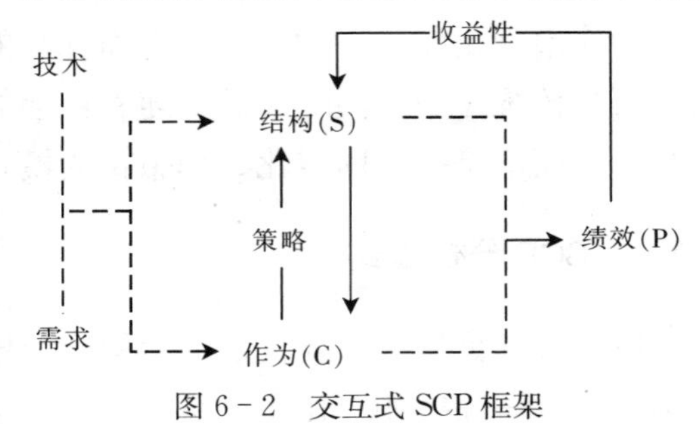

图 6－2　交互式 SCP 框架

由此，以泰勒尔为代表的研究者突破传统 SCP 范式固守的均衡和静态的阵地，借助博弈论和信息经济学的方法，研究了市场行为对市场结构和市场绩效的影响，突破了厂商单纯追求利润最大化的单一目标，对 SCP 范式进行了动态化的修正。由此，SCP 逐渐包含动态演化的思想，由单向静态分析范式转变为双向动态分析范式，不仅能够更敏锐、更完善地反映现实，而且在揭示经济现象时更具有说服力也更接近于社会实践。

需要强调的是，SCP 范式的继承者虽然引入演变经济学和信息博弈论来弥补其缺陷，但仍然没有考虑制度变量和交易的不同特性对组织有效性及其绩效的影响，这导致该范式对产业组织的变迁、不同组织结构绩效差异成因缺乏解释能力。

因此，要提高 SCP 范式的现实解释力，就需要借鉴交易成本组织理论的交易组织效率分析框架，将交易性质纳入组织结构决定因素，构建“交易性质、治理结构、交易行为和经济绩效”双向互动的组织效率分析框架。

6.2 农田水利治理的契约性质

任何一项社会经济活动都可以还原为交易，而任何一种交易行为都包含一定的契约关系。契约是人类试图降低未来的不确定性与风险的一种重要机制。交易属性的差异性是多样性契约存在的基础（威廉姆森，2002）。由于交易中的社会关系性质、不确定性、有限理性、机会主义和资产专有性等因素的存在，决定了一项交易可能会出现交易属性的差异性。这种差异性需要不同的、多样性的契约来协调。为考察农田水利治理的契约性质，我们首先需要具体分析决定农田水利治理契约性质的交易性质特征。

6.2.1 农田水利交易特性

6.2.1.1 价值弱偿付性

农田水利价值偿付性主要是指农田水利治理产生的经济社会生态价值的提供者能否得到正当的利益补偿，无论这种补偿是来自社会具体享用者还是社会享用者总代理人——政府。因而，它是一定条件下利益相关者之间的社会交换关系的体现。

当农田水利的经济、社会和生态价值享用者可以通过等价交换的方式偿付给提供者时，我们称该农田水利价值偿付性高；当农田水利的经济、社会和生态价值享用者难以甚至不能通过等价交换的方式偿付给提供者时，我们称该农田水利价值偿付性低。根据农田水利价值可偿付性高低，可以将农田水利治理活动参与者之间的交易关系划分为市场买卖关系、关联交易关系、科层交易关系。

受自然环境、经济技术条件和社会制度的制约，目前农田水利的价值可偿付性具有如下特征：

（1）社会生态价值公共性。社会生态价值公共性，或者说农田水利价值具有弱交易性，不仅表现在其经济社会生态价值往往具有间接性、潜在性和长期性，在短期内不易展现；而且表现在其价值被低估，造成农田水利交易价值严重低于价值。其原因在于，一方面农田水利的生态价值在现有价值交换体系中未能转化为供给者（个体或团体）的私益，尽管其公共意义上的价值在提升，其结果社会供给者没有动力和激励去改善农田水利的供给状况；另一方面，现代经济条件下，农民谋生和收入的渠道增加，对农业收入和农田水利的依赖性降低，无形中降低了农民对农田水利价值的评价。

（2）经济价值弱私益性。农田水利的经济性主要体现在为农业生产提供水分保障。水经过灌溉工程系统的有效分割之后，向农户提供具有商品属性的水资源，农户得到灌溉供水和灌排技术服务，并在农业增产增收中获益。但是，在农民收入渠道多元化、农业比较效益低下的现实市场条件下，水利的经济价值对于农民而言是在降低的，甚至可有可无。大量“望天收”耕地的存在足以说明这一点。特别是，农民利用水利工程供水生产的粮食更多是服务社会、保障国家粮食安全，在目前粮价低廉、农民口粮比例下降的背景下，种粮成为一种责任，农田水利经济价值给用水农民带来的私益很低，更多体现为保障国家粮食安全的公益。

而且，随着水资源和水环境危机的加剧，在某种程度上，农田水利的社会生态价值远远超过其经济价值。人们对农田水利的社会价值和生态涵养价值的忽略，导致农田水利的社会生态价值在水利供给中没有得到体现、价值补偿难以实现，造成农田水利治理的经济杠杆调节失灵、水利工程“有人用无人管”、生态环境恶化等问题。

由此可见，绝大多数农田水利的价值是弱偿付性的，又因为市场条件下农田水利利益相关者均具有相对独立的权益，因而农田水利价值享用者和提供者之间的交易关系不能由单一的市场或宪制规则简单化处理，而需要通过利益相关者密切协商、合作互惠的混合制规则来协调。

6.2.1.2 较强的资产专用性

资产专用性是一项资产可调配用于其他用途的程度或由其他人使用而不损失生产价值的程度。Williamson（1985）认为，资产专用性是指为支持某项特殊交易而进行的耐久性投资。资产专用性可以有几种形式，其中最普遍的有场地资产、实物资产、人力资产以及各种专项资产。由此可见，资产专用性表明资产有专门用途，其收益依赖于它所支持的专门交易。资产专用性反映了某一资产对交易关系的依赖程度。专用性资产导致供求双边依赖，从而使合约关系复杂化，相应地，这样的投资有助于将来减少生产成本或增加收入，否则决不会有人去做（威廉姆森，2001）。一般来说，资产特殊性的高水平意味着双边垄断的存在，资产特殊性越强，市场交易的潜在费用越大。

农田水利设施显然是地方定位性投资，因而具有很强的资产专用性。因为这种投资一旦形成就难以迁移或移作他用，于是就成为水资源配置交易活动得以进行的沉淀成本（Sunk costs），而且由于水利设施一旦投资建成，其使用与受益上的排他性成本极高，在机会主义行为泛滥的情况下，搭便车行为给合作使用和维护渠道的集体行动带来困难，使得这种成本需要较大的交易规模和较长的时间才能逐步回收成本，因而农田水利工程具有很强的资产专用性。

农田水利的高资产专用性集中体现在其自然垄断性：其一，对应于灌溉系统服务空间范围的确定性这一自然属性，灌溉系统为农业生产提供灌溉服务，受水资源、地形、地理条件限制，供水范围和服务对象也限定在有限的地域内，具有天然的垄断性。一套灌溉系统一经建设完成，其服务对象因灌溉系统的布局和覆盖范围而确定，难以在空间上任意迁移，除非服务受益者发生迁徙，离开系统服务区域。因而在涉及灌溉系统等公共池塘资源的研究中，学者们常常假定灌区内各资源占用者的行为不会对该资源系统以外的人的环境产生重大影响，也难以受到系统外人们行为外部性的侵害[①]。其二，农田水利的自然垄断性源于“当一家厂商的平均生产成本在市场可能出现的产量范围内是递减的，即会出现自然垄断”[②]。农田水利须根据流域水资源特征、区域地理、经济等特性整体规划建设，固定投资大、资产专用性较强，其工程容量往往根据覆盖区域历史数据和未来预测合理设计，在规划服务年限内能有效满足灌溉需求的正常增长，灌溉

① 埃莉诺·奥斯特罗姆．公共事物的治理之道［M］．上海：上海三联书店，2000.

② 斯蒂格利茨．经济学（第二版·上册）［M］．北京：中国人民大学出版社，2000.

系统建设和维护、管理的平均成本随服务消费者数量的增长而摊薄，表现出明显的规模经济效应，具有自然垄断特性。在同一空间范围内平行地配置两套或两套以上的灌溉系统，不仅不会提高效率，反而会造成灌溉投资的巨大浪费。

6.2.1.3 较高的不确定性

不确定性是与自然环境和有限理性密不可分的。加林·库普曼斯（1957）曾把不确定性区分为原发的和继发的（primary and secondary）两类（外部环境干扰导致的不确定性，人的行为可以导致的不确定性）。

其一，原发的不确定性。农业水源具有多样性，而且农业用水受天气、降水量等自然因素影响极大，自然来水的不确定性势必导致水资源交易的不确定性，尤其是集体使用大水利灌溉具有很强的不确定性。大水利工程供水作为一种特殊的商品，只是天然降雨不足时人工补水的措施之一。农户对大水利工程水的消费程度，不仅依赖于其价格的高低、可获得性和取水成本占农户支出的比重，还依赖于相近替代品的可获得性及其成本。在大水利工程商品水与廉价水源并存，而灌溉工程输水效率低下和农民经济承受能力等多种因素的现实约束下，并非必须从水利工程单位购买才能消费，必然使得大水利工程水的交易具有较强的不确定性。其二，行为不确定性。因为大水利放水有一定的规模量和集体行动要求，一般同一支渠的3～4个村同时要水时的供水量，而且要在一定的渠系完好率条件下，才能保证正常的流速和效果，否则，无论对供水单位还是对农户都是不合算的。在目前市场经济条件下，农民之间相互关联度较低、缺乏诚信和相互信任的社会背景下（马培衢，2006），达成一致取水协议往往需要高昂的交易成本，而几个村庄一致性要水的行动主要局限于插秧期、孕穗期，再加上农民总是想投入少于按规定对于水资源分配需要做的相应投入的机会主义倾向，更强化了灌溉水交易的不确定性。

由于交易双方的协议不可能是完全的，在交易过程中就可能因为一方的机会主义行为出现一些预料不到的情况，这就是交易的不确定性。由于不确定性的存在，农田水利供求双方的交易关系更加复杂化，进而提高了对契约关系的调整性能的要求，并因此对农田水利供给组织与交易性质的匹配关系产生影响。

6.2.1.4　交易频率多变性

交易发生频率可以理解为交易双方进行交易的经常性或重复程度。交易频率并不影响交易成本的绝对值，而只影响进行交易的各种方式的相对成本。由于自然来水的不确定性、农户分散生产、土地分散、距离渠首的位置和水源条件不同，导致上下游、乃至同村组农民的用水时间和用水量需求存在一定的分散性和差异性，而供水则要求规模性和时间一致性。而且，由于农民支付的水费与其用水量直接相关，为了降低水费，农民只浇保命水和及时水，农民不浇保墒水与增产水。同时，在“惜钱等雨”的心理作用下，农民掌握用水时机和数量是凭经验“看人、看地、看庄稼”，等天下雨的心理较重，总想少用水少花钱，或总是想投入少于按规定对于水资源分配需要做的相应投入，暗地里占有比规定更多的水。这就造成有限次数供给与频繁需求、规模供给与分散化差异需求之间的矛盾，从而导致灌溉水交易频率表现出多变性。

采用专门的组织结构对交易进行组织管理，能够提高契约关系的稳定性和调整性能，但建立专门的保障机制会增加组织管理费用。因此，只有对较高频率的交易建立专门的保障机制在经济上才可能是合理的。

6.2.2　农田水利治理的契约性质

根据外部性理论和交易成本理论，不同的公益性物品因其交易关系性质差异，就决定了其有效治理方式存在差异。因此，欲寻找一种产品的最有效的供给机制，或建立一种最佳供给模式，就必须先把握其交易契约性质。

根据 Macneil 关于契约的分类方法，借鉴 Williamson 关于交易特性匹配相应的契约治理结构思想，本书提出农田水利治理契约性质四维决定模型。从资产专用性、交易不确定性、交易频率和价值可偿付性四个维度判定农田水利交易契约的性质。

其一，从交易的技术层面看，由于农田水利投资具有较强的专用性，农田水利供需交易频率具有多变，参照 Williamson 关于交易特性匹配相应的契约治理机制模型，可以判定农田水利交易关系对应于关系型契约。

其二，从交易的社会性层面看，农田水利供给既具有农村水环境安全、粮食安全、农业综合生产力提升等公共利益改善效应，还具有农产品增产增收的个体利益增进效应。就目前而言，由于农田水利基础设施和农田水利服务具有较强的公共性特征。在当前农村资产产权残缺、农业副业化（农民不再仅靠种粮求生存）和正规水利组织缺位的现实约束条件下，农田水利建设管理投入创造的经济社会和生态价值的可偿付性相对较弱，其治理活动的提供者和享用者之间的交易关系难以通过古典契约或新古典契约来协调。

同时，由于经济发展的阶段性，中国农田水利的价值偿付性及其物品属性具有与国情相关的典型特征：动态性、交叉性和特殊性。动态性主要表现在随着市场和经济发展水平提高，出于经济与生态安全、社会服务均等化的要求，一些理论上应由私人部门和农民承担的水利事务需要政府承担。交叉性主要体现在现实中农田水利的系统配套性、多功能性，以及因水源变化而出现的交易服务边界、受益范围的可变性，使得不同层次的农田水利基础设施的物品属性交叉，不同类型的农田水利设施在自然条件、经济社会环境变化时，其契约关联主体和契约关系性质也会发生变化。

据此，我们可以对农田水利基础设施治理活动中发生的契约关系性质做出判断：服务于农业生产和农民基本生活的农田水利基础设施治理关联主体之间的供需契约关系，是关联利益引导的关系型契约；因此，农田水利系统供需契约是多层级嵌套的关系型契约。

6.2.3 现行农田水利治理方式的契约性质解读

根据农田水利交易性质四维决定论，本小节重点对中国现有农田水利治理方式的契约性质予以解读。

（1）古典式契约。这种契约关系源于农村改革开放以后，小型农田水利治理水利设施建设权放开，实行“民建、民有、民管、民营”，农户、联户、合作组织和其他经济主体从事小型农田水利设施的建设与管理，产权完全归私人组织。商品水、引水、排水等农田水利服务通过市场交易方式完成，供给者与需求者之间的关系就是古典式契约。古典式契约关系是指契约条件在缔约时就得到明确详细的界定，并且界定的当事人的各种权利和义务都能得到准确的度量；契约各方不关心契约的长期维持，只关心违约的惩罚和索赔。因为交易通常是一次性的，交易完成后各方“形同路人”。所以，古典式契约强调交易者的独立性和契约的清晰性，所有与交易有关的事项都能清晰地描述，且成本可以忽略不计。这种契约存在于确定性的条件下，受完全竞争理论所支持。在古典契约条件下，契约各方通过市场交换实现协调。

（2）新古典式契约。这种契约关系存在于“灌溉供水公司＋用水者协会”的水利供给服务之中。20世纪90年代，世界银行在我国湖北湖南等大型灌区支持推行的“供水公司＋用水者协会”的灌溉水利治理中就采用了该类契约。新古典式契约的产生是为了维护专用性强的投资。因为契约的不完全性和难以避免的机会主义行为的存在，新古典式契约强调第三方的介入，对契约进行规制。新古典契约关系是一种长期契约关系，它意味着当事人关心契约关系的维持，并且认识到契约的不完全和日后调整的必要。如果发生纠纷，当事人首先谋求内部协商解决，解决不了再诉诸法律。所以，它强调建立一种包括第三方裁决在内的规制结构。这里的第三方规制既包括诉诸法律，也包括仲裁机构。在新古典式契约条件下，契约各方通过协商和独立第三方实现协调。

（3）关系型契约。这种契约在我国有三种存在方式：一是存在于灌溉管理专门机构与村社群管机构相结合的农田水利建设管理中；二是存在于村社区域内中小型农田水利的村社集体建设管理之中；三是存在于用水户合作兴建管理水利设施的自主治理之中。关系型契约是由未来契约关系的价值所维持的非正式安排，是一种不完全的长期契约。由于契约本身的复杂性，关系型契约关系强调专业化合作及其长期关系的维持，并不考虑所有未来的具体情况。因此，在关系型契约条件下，契约当事人都愿意建立一种规制结构来对契约关系进行适应性调整，交易各方通过契约及背后的权威规定各自的行为规范、协商解决合同的各种纠纷，实现一定的利益规制和行为协同，不依靠第三方介入。

当然，尽管以上列举的农田水利不同的契约类型之间存在明显的不同，但这些类型并不是独立存在而往往是相互补充、共同存在的，只是其中一种类型在某个时期或某些地区相对较为普遍。

任何一项社会经济活动都可以还原为交易，而任何一种交易行为都包含一定的契约关系。契约是人类试图降低未来的不确定性与风险的一种重要机制。交易属性的差异性是多样性契约存在的基础（威廉姆森，2002）。由于交易中的不确定性、有限理性、机会主义和资产专有性等因素的存在，决定了一项交易可能会出现交易属性的差异性。这种差异性需要不同的、多样性的契约来协调。

根据Williamson和Macneil关于契约的分类，我们可以将农田水利治理活动中存在的契约关系分为古典契约、新古典契约、关系型契约三个类型。在图6-3中，不同层级的农田水利供需的契约（可以视为用益物权的产权交易契约）在一定的资源分割技术、交易服务功能、产权制度和交易技术结构环境下，对应于不同类型的交易契约。

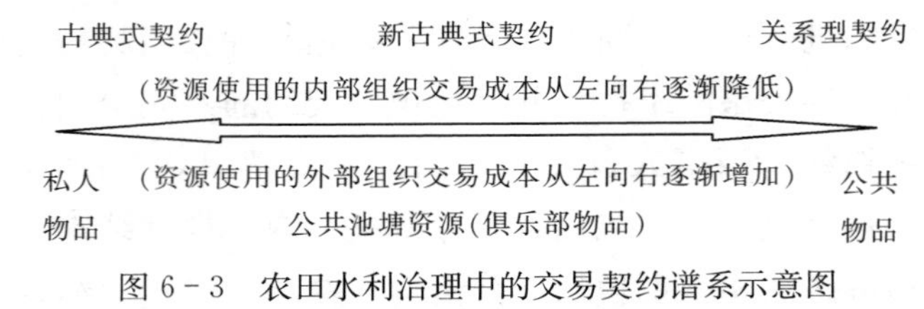

图6-3　农田水利治理中的交易契约谱系示意图

一般而言，契约结构的选择，主要取决于适应农田水利资源特性（包括价值偿付性、以资产专用性为核心交易特性）的契约治理形式。这样，随着资产专用性的程度不断加强，市场签约就让位于双边约定，而后者随之又被统一的契约治理结构所取代。基础设施规模越大、结构越复杂，资产专用性越强，委托代理链条越长，集体行动参与者与农户之间的距离越远；反之亦然。最优供给模式就是交易成本最小化（即当边际组织内成本等于边际外部组织成本时）的均衡结构。

因此，从农田水利系统有效性的角度看，在当前农村社会转型、水利产权相当残缺的现实条件下，农田水利治理的契约性质主要体现为多层嵌套的关系型契约，因而，其治理模式也许响应调整。

6.3　多赢治水实现模式——合作治理的有效性逻辑

农田水利治理的交易过程包括规划、投融资、建造、运营、管护等诸多环节，从制度供给来看，公共项目的交易过程包括集体选择投入决策系统和产权交易市场、生产系统和建设市场、消费系统和消费市场。并且在不同的环节设计不同的市场体系，如资本市场、工程咨询规划市场、承包发包市场、运营管理市场等。公共项目的契约形成中必然包括上述提供者、生产者、消费者三个基本参与方，三者可以是各自独立的利益子集，而他们的不同组合将会形成不同的交易制度和项目治理模式。

在农田水利社会生态价值越来越重要的城镇化工业化发展进程中，农田水利的相关利益主体加强合作、良性互动，是谋求农田水利可持续发展的必然要求。上述对农田水利的供求交易特性及其治理契约性质的相关分析，旨在充分认识农田水利治理的影响因素、关联主体间的契约关系性质和潜在冲突因素，以便采取相应的激励约束机制协调冲突、降低风险、促进相关主体的合作，为契约治理机制选择提供科学依据，达到降低交易费用、提高治理绩效的目的。

6.3.1　农田水利合作治理空间特征

合作治理的实质，就是国家与社会对公共事务的合作管理，或者说国家与社会在公共服务提供上的联合行动。既然合作治理是由国家与社会的合作性互动而建构起来的，那么，国家与社会的性质就可以决定合作治理的类型和特征。如果从公共利益的角度去思考合作治理的问题，那么，包括政府和其他一切社会治理力量在内的公共组织，都应该是服务于公共利益的，在维护和增进公共利益的共同目标下，应当开展广泛的合作，共同营建合作治理的模式。

本书借鉴库曼的划分方法，把合作治理看作是与社会自治、科层治理相区别的人类社会的第三种治理模式。如果说社会自治指的是社会主体的自主管理或公共服务的社会供给，科层治理指的是政治国家的集权管理或公共服务的国家供给，那么合作治理指的就是国家与社会的合作管理或公共服务的合作供给。至于具体的合作形式、合作结构或合作关系，则不应该成为辨别是否存在合作治理的标准，而至多只是意味着合作治理的不同发展形态。在治理视角中，实行安排者与生产者的分离，有利于安排者、生产者和消费者三者之间的对话与接触。安排者与生产者的直接对话，安排者与消费者的直接对话，生产者与消费者的直接对话，政府与社会和公民能更全面地接触，方便政府与社会和公民的合作，形成网络，依据合作网络的权威来实行管理，而不是政府权威的单向度管理。在合作网络中，权力向度是多元的、相互的，是一个上下互动的管理过程，有利于政府与社会和公民的互相回应。通过合作、协商、伙伴关系，建立在市场原则、公共利益和认同与共同的目标等方式实施对公共产品的供给管理，不再是单一的和自上而下的供给管理。

关于农田水利合作治理模式的确立，可以将合作治理以及它与政府驱动型治理、自主/自我规制治理相关的方面在一个二维坐标中表示出来。如图 6－4 所示。

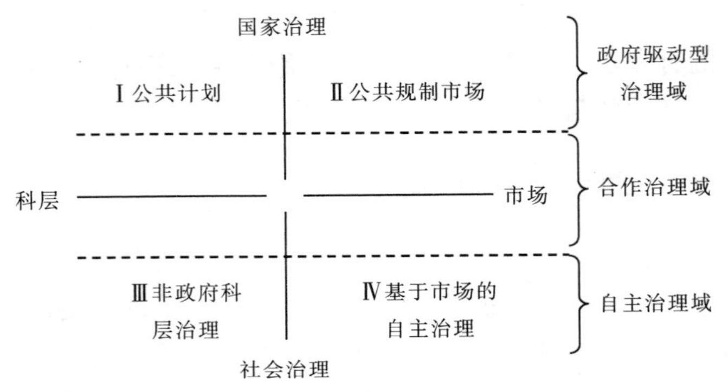

图 6－4　政府社会合作治理域示意图

注：该图是作者参考以下资料设计的：Atle Midttun. Partnered Governance: Aligning Corporate Responsibility and Public Policy in the Global Economy. Corporate Governance，2008（8）.

图 6－4 的横向表示由集权科层、协调、协商、协议至自由市场的权力依赖逐步减弱的治理模式谱系，纵向表示国家权力干预治理行为的力度有强变弱的谱系，图的上 1/3 部分代表政策驱动型（公共行政）的治理域，中间 1/3 部分代表政府—社会协同合作的合作治理的治理域；下 1/3 部分代表社会自我规制域。通过选择互补性的政策工具、权力配置策略和利益协调机制，形成足够的合作治理域，以提升公共事务治理的效率。合作治理与传统公共行政的重要区别在于：它打破了公共政策政治目标的单一性，使政策走出单纯对政治机构负责的单线的线性关系形态；在合作治理的条件下，行政权力的外向功能会大大地削弱，治理主体不会再依靠权

力去直接作用于治理对象。合作治理的基础不是控制，而是基于互惠、认同和共识的协调。

农田水利系统在不同的时空范围内，具有不同的资源属性。处于其属性谱系不同区间的农田水利涉及不同层次的利益相关主体，面临不同的激励因素，适宜有差异的制度安排可以激励这些利益相关主体采取有效集体行动以维持灌溉系统的可持续性。针对特定时空下灌溉系统的具体属性和相关利益主体所面临的激励因素，以及业已存在的正式的、非正式的制度实践，灵活地利用不同的规模经济，允许多种性质和规模的机构（单位）共同参与特定类型灌溉系统的提供和生产，为不同层面的灌溉系统受益者提供半市场性质的多样化选择机会，通过增强关联主体间的竞争性压力提高对灌溉服务需求的回应性和资源配置效率。这实质上是一种政府社会协同合作的治理格局。

特别是，农田水利价值弱偿付性需要混合制契约来协调。由于农田水利投入存在临界规模点，在规模点之前，取水边际成本是递增的，一般个体农户的投资能力都难以达到水利规模临界点，其结果是遍地开花的农民个体农田水利供给并不能保障农民增产增收和国家粮食安全，往往还会造成农村水资源的过度开采，农村水循环和水环境恶化。当政府通过投资、补贴、奖励等措施加大农田水利建设力度，引导农民增加农田水利投资，在农田水利系统的水交易规模（即供水与需水相吻合的供水规模）突破临界点之后，取水边际成本才是递减的，不仅有利于农业增产增收，而且有利于改善农村水环境安全、提高粮食安全、提升农业综合生产力。农业增产增收，有利于提高农民的投资收益，而政府通过投资、补贴、奖励等措施促进农田水利建设，有利于降低农民的投资风险，反过来又可以增强农民投资农田水利的动力和能力。

可见，政府与农民关于农田水利供给的关系具有明显的交互性和强关联性。当农田水利价值偿付性高时，利益相关者之间的交易关系可以通过市场契约来处理。当农田水利价值偿付性极低时，利益相关者之间的交易关系需要通过统一（科层）制契约来协调。介于高偿付性和低偿付性之间的农田水利价值享用者和提供者之间的关系需要通过混合制契约来协调。

同时，由于交换关系要经历建立、维持，乃至终止的过程（Dwyer

et al.,1987)，在关系交换发展的不同阶段，关系内的治理机制也会随着关系的发展而发生变化。如在交换关系建立的最初，由于交换双方有限的互动，关系规范几乎不存在，此时交换关系的治理机制可能以契约为主。而随着交易的持续，关系规范会在关系内发展并建立起来，此时关系治理机制的作用就会不断得到强化。

因此，农田水利合作治理的优势在于，其在农田水利交换关系的治理中使用了复合治理机制，比使用单一治理机制更有利于提升交易绩效。这种提升的机制在于不同治理机制在特定的交换关系中可以产生相互补充的作用。根据农田水利投资、建造、运营、养护等诸多环节治理需要，跨越农田水利交换关系不同生命周期阶段，来考虑农田水利的合作治理问题更加具有理论价值和现实可行性。

6.3.2 农田水利合作治理的体制结构

农田水利供给体制的选择，不仅要与其交易契约性质匹配，而且要能够反映农田水利供给活动相关利益主体的效用最大化需求，以使其产生有效配置资源、保障合作治理的内在激励。综合考虑农田水利的公共性程度及其供给契约性质，我们可以根据交易契约治理结构选择理论，选择与不同层次的农田水利相匹配的供给组织。

本书认为，农田水利供给组织有效性及其治理结构的决定问题，可以看作选择最小化交易成本的组织结构问题，通过交易成本最小化效率原则来考察，交易成本的测度将是比较不同组织结构效率差异的依据。有效的农田水利供给组织结构就是在特定环境约束下交易成本最小的组织结构。一个经济中最终会形成怎样的配置组织结构，将主要取决于特定时间和特定地点农田水利供给组织的交易成本。下面笔者构造一个组织结构选择模型，说明农田水利供给组织结构选择的内在逻辑。

假设生产成本既定，交易成本可以具体分为合约成本与管理成本。合约成本源于合约参与者的机会主义行为倾向和交易环境的不确定性，合约参与者之间的利益共享性和权利对称性越强，合约成本就越低，反之越高。管理成本来源于上下级配置决策实体之间的委托—代理关系，下级决策实体与委托人的目标函数不尽一致，不会无条件地执行上级指令。代理人履行指令的激励往往不足，并且为了自身利益倾向于扭曲信息，使得组织的效率下降。因此，科层组织的激励成本从而交易成本一般来说较高，尤其是当科层组织规模过大时，激励成本迅速增加。另外，法律制度的完善程度、参与者的数量、社会环境乃至文化传统都影响着合约的签订和执行成本。例如，一个讲究诚信、富有合作精神的社会网络体系中，合约的签订和执行成本就很低，甚至可以通过口头协议来达成交易；反之则合约成本较高。

根据交易成本理论，市场、自治组织、企业、政府机构都不过是契约的连接，其不同之处只是契约组织结构的不同。在实践中某一种形式并不一定是完全独立的，有时是相互补充、协调互动的。具体某一地区的农业水资源配置方式，往往还与当地的传统习俗、水资源丰缺度、民间自治能力等因素密切相关。为了能够明晰地表达农田水利治理组织边界的决定关系，参考马培衢（2008）关于水资源管理组织边界和作用范围的图解，我们构造出农田水利治理组织边界的决定示意图，参见图6－5。

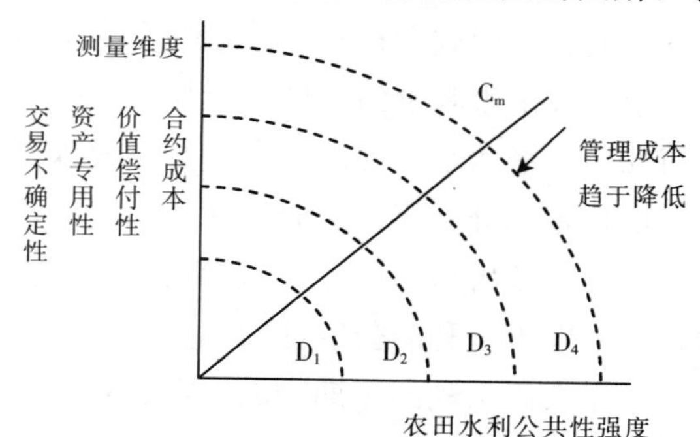

图6－5　农田水利治理组织边界决定示意图

其中，C_m表示不同配置组织的管理成本：沿箭头方向表示采取层级化程度低的配置组织将使组织管理成本减少，虚线代表组织的有效边界；D_1表示市场组织的供给农田水利的有效范围；D_2表示自治组织的供给农田水利的有效范围；D_3表示企业组织（农业供水企业）的供给农田水利的有效范围；D_4表示政府公共组织的供给农田水利的有效范围；D_4之外表示不需要适当的组织来配置，自由放任也许是较好的选择。

6.4　农田水利合作治理有效性分析框架

有效的公共事务管理模式总是根据特定的时代背景和历史任务，按照目标的重要性做出权衡和调试。对于转型时期的中国，复杂的管理对象、落后的管理理念、掣肘的管理方式，限制了农田水利治理机制与治理模式的变革。因此，更需要超越自治，实行合作治理，实现多赢治水。

6.4.1　治水规则嵌套性需要合作治理

任何一种治理模式能否有效运行，关键在于参与主体的合法性、权威性和有效性。农田水利供求治理本质上就是对相关利益主体权益关系进行的协调，促进合作共赢。契约多样性关系治理选择理论强调契约各方的适应性。这既能促进交易双方的相互适应性，又能促进交易双方选择治理结构多样性，既能降低交易成本，又能减少交易风险，以实现经济活动的双赢、多赢。人的经济利益不仅要从自然界中获得，而且要从人们的合作中实现。合作的具体方式是通过谈判形成契约，契约就是人们实现合作、利益分配所达成的协议。缔约必然要付出成本，由于契约形式的多样性，达成不同的契约形式会耗费不同量的交易费用，也会产生不同的合作效果。

根据农田水利价值特性、交易特性所决定的供求契约特性，要实现政府与社会兴水治水行为的契合，既不能依靠政府强制力强行结合，也要避免出现政企不分、权责不分的问题。因此，只有构建完善的制度基础，在一个制度性分析框架下，才能真正实现政府社会协同兴水治水的合作行动。鉴于农田水利的公益性与私益性并存、供求契约性质的易变性和复杂性，仅靠农田水利的短期物品属性、获益性来界定产权和供给主体的单维性规则制度，往往不能保证水利工程的互济性、贯通性、配套性建设和管理，不能实现农田水利的系统有效性。嵌套性制度体系（nested institution）因而成为一种可行的选择。

在农田水利治理的嵌套性制度中，参与者包括政府（中央政府和地方政府）、企业、社会组织及其他相关主体，其中宪法层次规则的供给者是政府（即社会性规制的法律化）；集体选择规则受宪法规则的制约，是在政府指导下由企业做出的履行社会责任的规则体系；操作规则受集体选择规则的制约，是企业履行社会责任、政府实施规制以及社会组织进行监督、信息传递所采用的具体规则。宪法层次的规则最为稳定，并处于整个规则体系的核心，其他主体在宪法规则的限制范围内行动，形成集体选择规则，同时激励下一层决策主体的集体行动，即某一层决策者在上一层规则制约下产生本层规则。依次递推，某一层的规则不仅制约下一层决策者的行动，也制约下一层的规则，同时通过评估下一层行动规则的实践效果，本层也会对其规则体系做出调整，进而新一轮的互动又会启动，周而复始。因此，农田水利治理实行嵌套性制度体系既保证了宪法选择规则的权威性，又考虑到了行为主体的能动性，从根本上实现了操作规则的灵活性和多样性。

6.4.2 治理模式需要优化整合

就目前而言，中国农田水利治理模式主要有四种。

（1）市场化治理。即通过承包、租赁、股份合作等方式进行农田水利工程的市场化提供、生产、管理和养护。该模式也称为古典式契约治理结构，是在非资产专用性条件下，对于偶然性或经常性的交易可采用的契约治理模式。

（2）协议和协商治理模式，又称为调解治理模式。我国农村目前广泛推行的农田水利建设管理的“一事一议”模式和农民自主合作模式，就属于此类。该模式主要适用于可信性交易。例如，很多村庄在对农田水利工程设施兴建、定期维修的集体行动时，村庄内部就农田水利基础设施治理的共同利益达成协议，根据协议开展集体行动。农户之间或村庄内部成员通过协商方式形成修建设施的非正式制度，能够很有效地解决成员的搭便车问题。

（3）协调治理模式，也称为联合治理。该模式在很大程度上是农田水利的利益相关者在水利投入决策和工程设施控制权配置上实行分权制衡。在民间协商一致性难以达成的情况下，引入带有一定强制性的协调机制就变得必要。这种模式往往设立较为正式的机构，拥有程度不等的强制性的权力，在跨行政村或中型规模的水利工程设施中被较多采用。

（4）科层式治理，或称统一集权治理。该模式主要采取政府主导社会服从式参与的治理模式，是一种强有力的集权模式，近乎于政府水利部门或灌区管理机构主导的行政性治理。由政府或企业权威机构直接对农村基础设施的供给进行调度，这种治理模式的优点在于强调适应性，即能及时灵敏地适应水利环境的变化，较为适用于跨行政区的大型水利工程设施，旨在实现大范围的调水、配水。

可见，四种治理模式均有各自的优势和缺陷，政府的刚性制度和强制性权威恰好能弥补市场和社群自治的不足，而市场与社群自治对公众需求的回应与组织弹性则正好又是政府所缺乏的，社群自治对特定群体的需求回应和组织内“社会资本嵌入性”所引致的集体行动规则自我实施特性，则在政府和市场之外提供了一种有效治理公共物品的联合自愿解。

最优治理模式就是交易成本最小化的治理结构。当边际组织内成本等于边际外部组织成本时，治理结构是交易成本最为节约的均衡结构。

农田水利治理模式在空间上往往是并存的，四种模式几乎都在发挥作用，只是各自的作用范围、具体的作用形式有所差别。采用任何一种治理模式以解决农田水利供给难题，都必须支付显著的成本，只是成本表现出不同的形式和权重。没有任何一种治理模式是万灵的唯一解。究竟选择何种治理模式受诸多因素的影响，灌溉系统自身的属性、利益相关主体的属性、现存的处理灌溉系统问题的实践规则等都是至关重要的因素。同一种制度安排因为这些因素的不同往往产生不同的绩效，因而我们在设计农田水利系统的治理模式时应该区别不同的影响因素进行适应性设计。

更为重要的是，实践经验表明：四种治理模式的组织边界理论上比较明晰，但功能边界或作用边界却是不清晰的。因而，我们并不能简单地将不同类型的水利工程系统，或同一农田水利系统内的渠首工程、输配水工程、田间工程等水利设施，与某一治理方式的契约安排相匹配，准确地对号入座。

随着经济领域和社会领域自组织力量的发展，私营部门与公共部门、政府与市场、政府与非政府组织间的传统界限逐渐被打破，公共物品供给的整个过程也演变成为由各种不同角色所组成的合作网络的协同治理过程。政府、市场和民间组织之间实际上存在着紧密的互动关系，三者之间相互补充、相互竞争、相互合作，形成农田水利合作治理的有机整体。

但是，农田水利系统的提供和生产中，不同环节面临着不同的约束环境，影响利益主体的激励因素也有所不同，而不同类型的水利系统或同一水利系统的不同构成部分则具有不同的属性特征，两者均要求不同的治理选择和不同的运行规模。譬如，考虑到规模经济、专业技术及专业设备投入等因素，大型水利系统的工程设计和建造由相对大的机构如专业公共机构或工程公司来完成可能是最经济的，但对于建成后田间渠道的运行和维护却并不一定适宜于同样的机构和规模，此时，由用水户组织对田间渠道进行维护可能会是更优的选择。

事实上，四种治理模式相互间的反馈影响作用使不同制度安排之间存在一种制度互补性，四者正是基于这种分工，潜在地建立起了农田水利系统治理的“合作关系”。因而，在农田水利治理的不同环节和不同生命周期需要实行多模式协同互补的混合治理模式，以发挥不同治理模式各自的比较优势，整合关联主体的权益关系，实现农田水利有效治理。

6.4.3　供给可分性为合作治理提供了可能

公共性或公益性物品之所以要由政府这样的公共组织来提供，原因之一也就在于其价值的公益性——价值难以通过交易来实现。不过，在公益性物品的提供和生产是可以分离的。对于公益性物品来说，所谓的“生产是指物理过程，据此公益物品或服务得以成为存在物，而提供则是消费者得到产品的过程。”①

农田水利供给的可分性，即农田水利供给的提供和生产环节是可以分离的，为我们研究政府社会农田水利治理问题提供了更为广阔的视野，开启了多元合作供给的可能性。在产品或服务提供方面，可以根据绩效标准可以维持公共控制，同时还允许在生产公共服务的组织之间发展越来越多的竞争。

按照提供者和生产者的差别，农田水利生产者并不一定由政府单独承担，而可以由各种不同形式的主体来担任。这样，农田水利的提供由政府来负责，而政府不必介入公共生产，政府可以通过与水利建管公司或者与其他民间组织的契约安排，从而为地方农民提供良好的农田水利，而不必亲自介入生产事务。允许公益物品多个生产者以及可替代的生产者的存在，也就有可能取得近似市场竞争的收益，也就是以半市场的机制来提供良好的农田水利。同时，政府为保证生产者所生产的服务质量，可以采取

① 迈克尔·麦金尼斯．多中心体制与地方公共经济［M］．毛寿龙译．上海：三联书店，2000.

必要的手段对生产加以控制。所以，对农田水利而言，提供者主要是政府，私人也参与公共服务的提供；而生产者可以多种多样的，包括政府、企业法人、民间团体，甚至个人等。实际上，“从原始材料到制成品的某个阶段上，每种公益物品都天然地具有私人渊源。”①

从公共物品的供需主体来讲，消费者和提供者之间的关系也是充满政治意义的。政府往往成为公益物品的提供者，而公益物品的消费者是选举政府官员的公民。公民选举自己所信任的人担任政府职务，就是借此表达自己的愿望与需求，尤其在满足自己对公益物品的需求方面，公民会密切关注政府的行动并监督公共官员的工作绩效，再据此采取行动。

就农田水利而言，其有难以排他的外部效应、不可分性、共同消费性、难以衡量、不可选择性等特点，这些性质并不完全相同。不同的农田水利，尽管属于公益物品，但又具有不同的特点和不同的公益水平。所以农田水利治理制度设计，首先要对公益物品的提供和生产进行区分，从而明确农田水利提供者和生产者的区别。我们有理由认为，政府可以提供农田水利，但不一定非要包揽所有的农田水利的生产。政府或农户单一主体的农田水利治理制度可以转向政府、市场和社会相结合的多元合作的制度安排，从而提高农田水利的治理绩效，增进社会福利。

因此，区分农田水利系统的提供和生产的意义在于：提供和生产是可以分离的。既可以由政府供给而依靠私人企业甚至另一个公共机构来建设和经营，也可以由直接受益民间组织提供并部分生产，同时由私人企业或公共机构提供部分生产。在提供和生产所涉及的诸多环节中，不同的利益主体均可能水平地具有实施的能力，此时，政府、市场和社群三者之间便存在竞争关系，究竟选择哪一种方式取决于供给主体对成本—收益的权衡，但可以肯定的是，竞争的引入将促使不同的主体在解决同一灌溉治理问题时更注重“效率”标准和回应公共需求。

6.4.4　关系型契约需要合作治理

以上分析表明，农田水利现行的几种治理模式均有各自的优势和缺

---

① 厉以宁．超越市场与超越政府——论道德力量在经济中的作用［M］．北京：经济科学出版，1999.

陷，不能为有效集聚关联主体的比较优势提供必要动力激励和制度约束，从而制约了农田水利多功能价值在关联主体间的流转与价值偿付的实现。因而，农田水利治理需要整合关联主体的权益关系，发挥各自的比较优势，实现农田水利有效治理。而且，四种治理机制相互间的反馈影响作用使不同制度安排之间存在一种制度互补性，也为建立农田水利合作治理提供的基础。

治理机制之间潜在地存在着互为补充、互为环境的“合作关系”，为我们设计政府社会合作治理的制度安排提供了富有意义的方向性启示和基础性条件：打破“非此即彼”的单一僵化的制度设计，实行政府、市场与社会自治的互动和有机结合的治理模式。事实表明，单一地选择政府治理、市场治理或自主治理均需要支付显著的成本，存在不同方面的失败。而实践中，多种治理机制往往在空间上并存，相互合作与补充，紧密互动的。

从关系交换理论的视角来看，由于农田水利系统治理契约属于关系型契约，而且不同层级和类型的农田水利交易关系存在着“关系”要素和“关系”依赖性大小的差异性。各种交换关系的区别在于交易关系中“关系”要素的多少，从个别交易向一体化逐渐过渡的过程中，关系交换中的社会互动越多，“关系”要素也就越多。如图 6－6 所示。这样，按照交易成本理论和关系交换理论的观点，越是靠近个别交易的一端，治理机制就越倾向于以古典契约为主要形式的非关系治理；越是靠近一体化的一端，治理机制就越倾向于关系型契约的科层式治理。

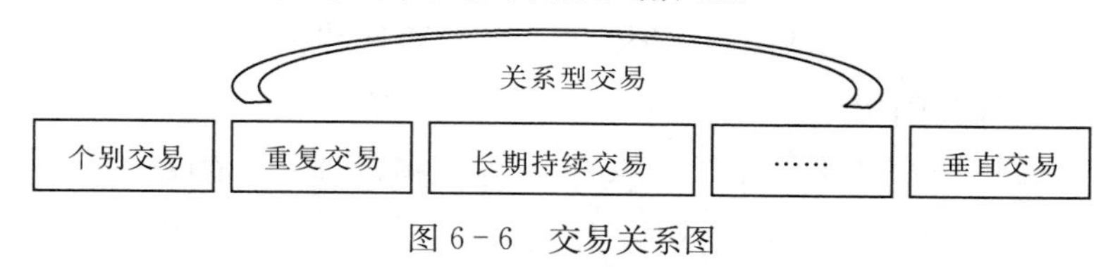

图 6－6　交易关系图

特别是，处于交换关系图中间地带的关系契约的治理机制在现实中可能处于一种复合状态，即存在不止一种机制对交换关系同时施加着影响，如协议治理、协商治理、协调治理与科层治理同时存在，并且这种复合的治理机制会有效提升交易的绩效（Cannon et al.，2000）。

这意味着农田水利供需交易关系中治理机制的选择并不是一个非此即彼的问题，正如交换关系图中所包含的关系要素是一个连续分布带一样，各种治理机制也可能会按照不同的方式混合在一起共同治理特定类型的交易关系。而且，比较制度经济学认为，策略互动的参与人可能同时具备共用资源域、交易（经济交换）域、组织域、组织场、政治域和社会交换域等多个域的特征。例如，一个用水农户，在与社群成员共同分享灌溉系统时是作为共用资源域的参与人，而对自家的灌溉机井与其他市场主体缔结契约时又作为交易域的参与人，他同时也可能参与水利企业组织域的博弈，在参加社群活动分享社会资本时又置身于某种社会交换域之中，甚至可能被嵌入类似政治域的制度治理结构之中。

6.4.5 农田水利合作治理有效性分析模型——CSCP 分析框架

农田水利的有效治理研究，不仅要考察水利工程供给与管理的交易技术结构对契约治理制度的影响，还要关注其价值特性、交易价值实现的经济社会基础、交易发生的自然与制度环境，只有从自然条件、经济组织条件和社会制度基础等方面，系统分析农田水利治理活动的影响因素即其内在作用机理，才可能有效分析农田水利有效治理结构及其演变趋势。

为此，本书借鉴交易成本组织理论和产业组织理论的分析思路，构建了农田水利有效治理的 CSCP 分析框架。该模型可以简明地用图 6－7 来形象地表达。其中，C（Characteristics）代表交易价值特性和交易技术特性共同决定的农田水利供求交易特性，反映农田水利供求中社会与经济两个维度的交易关系；S（Structure）代表农田水利的治理结构，其功能特性是由农田水利治理参与方参与的合约模式、利益协调机制、提供决策机制和动力激励机制等共同决定的；C（Conduct）代表治理行为，即农田水利治理过程中政府与社会的单向推动或基于各方“利益契合”的双向多维行为互动关系；P（Performance）代表农田水利治理的经济社会与生态绩效。

如图 6－7 所示，在这一框架中，农田水利治理中的交易特性、治理结构、治理行为和治理绩效之间是一种基于农田水利交易特性的互动因果链。农田水利交易特性、治理结构、治理行为和绩效之间的互动关系：在一定的自然、经济技术水平和制度环境下，农田水利交易特性内在地要求适宜的契约治理结构相匹配，从而影响着不同治理结构的有效性；不同的治理结构所包含的治理体制、动力机制、提供机制、管理机制及其决策、

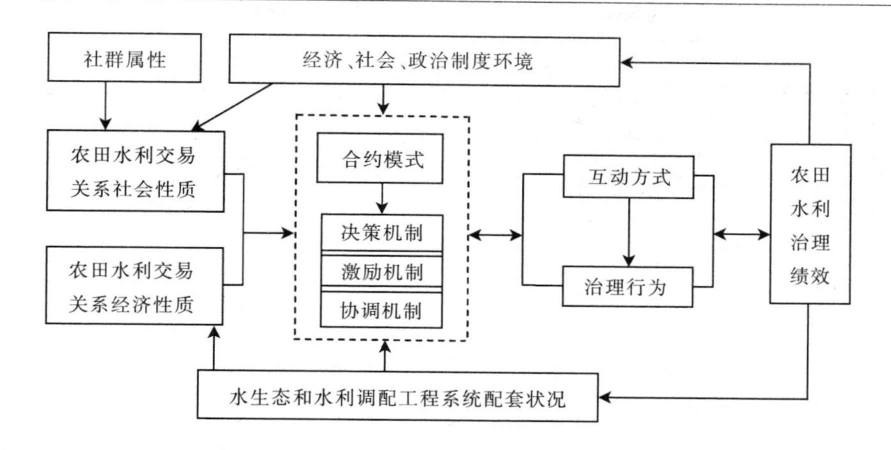

图 6－7　农田水利合作治理的分析框架

投入、利益分配等方面的机制，进而诱致相关主体采取不同的治水行为，产生不同的交易成本和交易效率，从而形成不同的治理绩效。

反过来，不同的治理效率会刺激相关利益主体强化或改变其治水参与行为，进而形成维护或变革现行治理制度结构的动机和行为倾向。换句话说就是，治水绩效的现状和变化趋势是治水参与者在现行制度结构约束下所采取的治理行为所决定的，而治水效率反过来又影响参与者的投资收益预期和行为激励，进而产生改变其治水行为的内在激励，并提出完善或变革现行治理体制、经济组织形式或产权制度安排的要求。若一定的制度结构下的经济绩效不尽如人意，行为主体就会产生变革制度的要求，随着约束条件的变化，现行治理体制需要对治水行为和制度环境的变动作出响应，政府和社会响应这种需求的能力决定了治水制度的变迁、被新制度取代或者消亡，影响着治水结构及其绩效变迁的方向。

从中原经济区建设现实看，政府社会合作，是实现多赢治水的动力之源，是破解中原经济区农田水利建设管理难题的根本出路。政府社会合作治理模式，不仅为政府响应民间变革治水体制需求的能力和行动提供了机制保障，而且为政府与社会资源整合及利益关系契合提供了制度保障。如图 6－8 所示。这可从两大方面阐释：

（1）共同治理目标得以分解。由于农田水利的公共性和社会生态价值

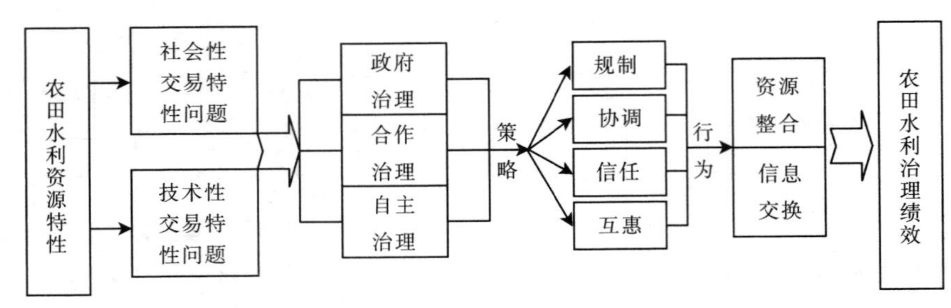

图 6－8　农田水利合作治理理论分析框架

决定了治理体制变革主导者是政府机构，但国家制订的农田水利公共政策需要落实到一定的地方场域，通过政策细化或再规划的过程，才能实现其政策目标，从而形成中央统一性和地方多样性的执行格局，说明公共政策往往具有层级性；同时，任何一项重大的公共水利政策还具有多属性特征，重大领域的改革政策尤为明显，它同时承载经济、政治、社会、文化和生态等多项任务，其政策目标的实现取决于多部门的合作与配套政策的供给。为防止公共水利政策目标在执行中陷入“碎片化”，可运用中国特色制度的政府推动，通过合作治理和自主治理，采用协调、信任、合作、整合、资源交换和信息交流等相关手段来解决水利治理共同目标在央地之间、区际之间、官民之间的贯彻与落实的问题。

政府通过与社会组织开展合作，能够有效应对公共服务需求不断增加而官僚组织能力不足的新局面，及时树立“不求为我所有但求为我所用”的治理新理念，通过某些服务项目的卸载、外包、杠杆资助以及开放公共政策参与渠道来主动整合社会组织的资源和能力，提供更全面、更精致的公共服务满足公众需求，从而在私营部门和第三部门的新挑战下化被动为主动，更好地推动政府社会良性互动的公共事务治理秩序的发展。

（2）政府社会的良性互动成为可能。随着社会主义市场经济的发育和健全，社会利益的多元化，以及社会阶层和利益的分化，在政府与市场之间的很大空间里，社会组织必然会应运而生，而且政府为实现和谐社会建设目标，迫切希望发挥作为社会自身力量的民间组织的作用。

一是面对社会利益分化和公民需求多元化的新形势，出现了市场机制与政府机制同时失灵的现象。市场机制下的私营部门以逐利为天职，人们逐渐发现企业和个人单纯的自利倾向并不能自动导致公共利益的实现，而由政府组织来提供公共产品、监管私营部门的社会成本也是很大的，政府组织也有自身利益和道德风险，加上官僚制不可避免的整齐划一、反应迟缓、效率低下，公民日益多元、殊异的服务需求无法从这两种机制中得到完全的满足，客观上呼唤一种更有效的机制出现，民间组织参与公共治理恰恰是弥补市场失灵和政府失灵的社会自主治理机制的回归。

二是社会组织有其自身优势。社会组织一般采取扁平化结构，运作机制灵活，常采用项目管理方式提供社会服务，避免了政府组织惯有的森严官僚层级导致的效率低下和对社会需求的不敏感，它的民间性、草根性使其具有联系基层的天然优势，能够贴身、即时满足公民的多样化需求。社会组织的公益性也能够吸引更多人关注和参与公共生活，具有良好的社会动员能力和资源整合能力来推动社会问题的解决。也就是说，相比私营部门的天然逐利倾向和政府组织的官僚病，社会组织更容易获得社会信任，更容易积累起雄厚的社会资本，这些社会资本是进行有效社会动员、实现良好治理的基础性条件，大大降低了通过合作获得善治的管理和服务成本。

再次是社会组织与政府双方的共赢需要。对于社会组织来说，通过跟政府合作，可以获得稳定的资源和政策支持来实现它的社会公益目标。社会组织一般有四个来源获得运营经费：私人捐助，包括来自个人、企业和一些基金会的捐款；政府补贴，又分为直接拨款（即政府直接给予社会组织资助以支持它的活动和项目）、合约（即社会组织向有资格享受某些政府项目的人提供服务，而由政府支付服务费用）和补偿（即向那些有资格享受政府项目并从社会组织那里购买服务的人支付补偿费）。调查显示，私人捐助并不是社会组织的主导性财务来源，政府资助才是社会组织经费的主要来源。因此，在坚持社会组织独立性的前提下，通过与政府的平等合作关系获得政府的资助是社会组织发展的需要，不必讳言，也不必用独立性来否认这种合作的合理性。社会组织还可以争取政府的减免税等优惠政策来支持其发展。此外，社会组织同样存在着“志愿失灵”的可能，也需要政府的依法监管来帮助它恪守公共利益立场，维护其社会公信力。

6.5　小结

农田水利所供之水为农业生产和生态安全不可或缺的基础资源，农田水利建设所产生的效益集中体现在粮食安全、农田生态改善和水环境安全。因而，农田水利基础设施就属于公共基础设施，农田水利的治理是在农户和社会公共需求的带动下形成的政府、农户和社会相关利益方关于农田水利设施建设管理的一系列契约的治理活动，其治理过程和治理绩效就体现着政府与社会利益相关方的契约选择和契约履行关系。其治理的有效性就依赖于政府和社会组织对公共需求的响应能力和供给过程的治理能力。

本文将交易成本组织理论、规则嵌套性理论和关系交换理论引入农田水利治理研究，以农田水利交易关系特性为逻辑起点，阐明农田水利治理的交易契约性质、治理结构需求及其对治理绩效的影响，构建了一个“交易特性—治理结构—治理行为—治理绩效”的农田水利合作治理的理论分析框架，论证中国农田水利需要合作治理的内在逻辑：在充分沟通水利供求相关知识和信息的情况下，农田水利治理相关方以“利益契合”的核心达成互联的关系型契约，采取长期稳定的利益协同的合作伙伴式组织形式——合作治理模式，以促进农田水利资源交易价值和利益相关方多赢目标的最大化实现。

实证研究篇

第七章　农田水利治理绩效及其变化趋势评价

改善农田水利设施供给是提高粮食作物综合生产能力的重要因素，也是保障农村地区经济农作物实现高产高效的重要条件。所以，农田水利设施建设对于稳步提高粮食有效供给水平，加快农村地区农业结构调整，推进传统农业向现代农业的转变具有重要意义。正如前文所述，就目前河南省农田水利设施供给现状而言，农田水利设施的供求矛盾仍然十分突出，无论是农田水利设施的供给数量、供给结构，还是它们的投融资机制、组织管理方式等都较发展现代农业对农田水利设施提出的要求有相当大的差距。而这种状况不是一蹴而就的，它是伴随我国基本经济制度、农村和农业生产经营制度深刻变革的过程中逐渐形成的；在制度变革的不同时期，制约河南农田水利设施建设的影响因素具有不同的特征，甚至是不同的根源，而且体现出影响农田水利设施建设的时代特点。

因此，在当前工业化、城市化和农业现代化同步推进的时代背景下，如何确保农田水利设施的有效供给，必须全面地探讨制约农田水利设施建设的影响因素及其根源。本章利用河南省农田水利建设的粮食增产效应相关数据构建计量模型，理清了农田水利设施治理绩效的影响因素及其作用关系。

7.1　相关理论分析

7.1.1　绩效表征

“绩效”一词具有多种含义。不同学科，如心理学、社会科学和管理科学都根据本学科的需要而使用不同的定义。绩效“不是含义模糊的单一性概念，而必须被视为对不同利益相关者具有不同意义的关于成就的信息集”[①]。

20 世纪 80 年底之前，绩效评估的侧重点是经济和效率，追求的是投入产出比的最大化，即政府公共部门行政的最低成本开支。这一时期英国政府主要通过采取一系列的改革、评估方案来对公共部门进行绩效评估，以提高各公共部门的行政绩效。

从 1986 年开始，公共投入绩效评估侧重点发生了转移，效益、“顾客满意度”和质量被提到了重要地位，“效率优先”被“效用优先”所取代，所以这一时期绩效评估的侧重点是公共服务的质量满意度和效益，其过程也更加规范化、系统化。尤其是 20 世纪 90 年代后成效更为突出，有力地推动了以绩效和结果为本的重塑政府运动的开展。例如，在《政府绩效与结果法案》指导下，美国政府责任委员会提出了一个指标体系，该体系包括投入指标、能量指标、产出指标、结果指标、效率和成本效益指标、生产力指标。这些只是基本的指标体系，在实际操作过程中，各州、各机构都根据自己的特点设置了具体的评估标准。

可见，绩效评估作为一种理念，其内涵就是运用科学的标准、方法和程序，对员工和组织的业绩、成就和实际作为做尽可能准确的评价。而绩效评估的标准，依据西方国家绩效管理的实践，主要包括经济、效率、效果和公平，也就是常说的“四 E”标准，以及后来所要求的回应性、顾客满意度和公共责任等。其实，这些标准也反映出了公共部门施政的价值取向，一方面是管理的层面，要求政府部门做到以尽可能少的成本提供更优质的服务，以效率为重点；另一方面是公共性，要求政府必须做到公平，关注公共服务是否得以公平的分配，尤其是弱势群体是否能够享受到更多的服务。价值取向是政府管理的出发点，它决定了政府的管理模式和开展绩效评估的绩效指标模式。一般情况下，绩效指标的模式包括四种类型：一是“综合指标—分类指标—单项指标”模式；二是“经济—效率—效益”“三 E”模式；三是“政治—经济—社会”三维模式；四是平衡记分

① 转引自 Geert Bouekaert. John Halzigan：Managing Performance：International Comparisons Routledge. 2008：18.

卡模式。

基于以上分析，作者认为农村公共产品供给的主要职能是为广大农村生产出足够多、足够好的公共产品，因此，对其绩效评估的重点是政府提供的公共产品好不好，能否满足农民需求，然后考虑提供这些公共产品的财政支出是否足够少，进而还应考虑农村的经济社会发展对农村公共产品供给的影响。

对于农田水利设施建设而言，从成本收益的角度对农田水利设施建设进行绩效评估，从理论上讲应该是最理想的手段。然而，考虑到实际实施的难度，这一方法很难实施，即使强制实行，它的绩效评估效果也将受到质疑。理由其实是很浅显的，一方面，农田水利设施建设的成本是很难精确衡量的，也许农田水利设施建设本身的花费开支是有据可查的，但是，其成本又何止这一项呢？考虑到制度的变迁以及其他相关农田水利设施的配套，这一成本所辖要素与项目更是难以周全，也就谈不上精确计量了；另一方面，农田水利设施建设的收益也是比较复杂的，即使不考虑农田水利设施建设的外部性问题，农田水利设施建设对于不同的社会主体也具有不同的正负面影响，即使我们可以不考虑农田水利设施建设的负面影响，但就不同政府机构、不同社会团体以及不同区域和收入水平的农民而言，这一收益的内涵也是相当丰富而难以计量的。所以，成本收益的方法理论上的完美不一定自然的具有实际可行的特点。

从历史的角度出发，纵观河南在新中国成立以来各个时期农田水利设施建设的初衷，基本上都是从保障我国粮食生产的角度出发的，因此，从粮食产量的角度考察不同时期农田水利设施建设对粮食产量的影响成为我们检验不同时期农田水利设施建设绩效的一个重要手段。虽然，单从粮食产量的角度计量农田水利设施建设的绩效，从理论上讲并不完美，但是，在实际操作上不失可行性。鉴于此我们在下面的研究分析中选择粮食产量作为我们计量模型的因变量。

7.1.2　分析方法选择

现在，主要的因变量和自变量我们都已经选择好了，从计量经济学的角度而言，我们已经可以从事对“农田水利设施建设对粮食产量的影响”

这一问题的检验了。因为，只要我们有足够长的这两个变量之间的时间序列数据，我们就可以采用时间序列分析的相关方法检验两者之间的相关性了。即，可以通过对数据进行必要的处理（处于数据平稳性的考虑），对平稳数据进行格兰杰因果关系检验，检验两者之间是否存在因果关系；在确立了两者之间的因果关系的存在性后，可以通过误差纠正模型具体考量它们之间的关系是正相关还是负相关以及相关程度等问题。我们可以收集到自 1978 年以来的相关时间序列数据，从而可以考察 1978 年以来农田水利设施建设对粮食产量的影响。

我们并不满足于对两者之间相关关系的检验。一方面，鉴于改革开放以来，伴随国家农村经济制度的变更与政策调整，河南省农村地区基本经济制度也相应地发生了一系列的重大变化，这些变化对农田水利设施建设的供需主体产生了巨大的影响，从而导致改革开放以来不同时期农田水利设施供需制度也发生了相应变化，从而，即使我们能够确保两变量之间存在平稳的长期关系，我们还是更希望探寻不同时期两变量之间的不同关系或影响；另一方面，农田水利设施建设在一定时期并不是决定粮食生产的最根本性因素，而且，影响粮食产量的因素是多种多样的，我们无法在不考虑其他因素的影响条件下，能够对农田水利设施建设对粮食产量的影响作出比较恰当的实证分析。因此，在进行时间序列分析的基础上，我们需要从选择其他的计量方法和控制其他主要影响粮食产量的因素出发，进一步进行分析。

在计量方法的选择方面，考虑到应对改革开放以来制度变革导致的各种外界冲击和政策变化的影响，计量模型必须适应由此导致的经济结构等领域发生的变化，所以，我们选择可变参数状态空间模型的方法。

一般而言，通常的回归模型可用下式表示，即

$$y_t = x_t\beta + \mu_t, t = 1, 2, \ldots, T$$

其中：y_t是因变量，x_t是 $1\times m$ 的解释变量向量，β是待估计的 $m\times 1$ 未知参数向量，μ_t是扰动项。这种回归方程式所估计的参数在样本期间内是固定的，可以采用普通最小二乘法、工具变量法等计量经济模型的常用

方法进行估计。

而我们考虑采用的是可变参数模型，即

$$y_t = x_t\beta_t + z_t\gamma + u_t, t = 1,2,\ldots,T$$

其中：β_t 是随时间改变的，体现了解释变量对因变量影响关系的改变，而这正是我们所需要的计量模型所具有的特点，假定变参数 β_t 由 AR（1）描述：

$$\beta_t = \psi\beta_{t-1} + \varepsilon_t$$

也可以扩展为 AR（p）模型，并且假定

$$(\mu_t, \varepsilon_t)' \quad N\left(\begin{pmatrix}0\\0\end{pmatrix}, \begin{pmatrix}\sigma^2 g\\ g\, Q\end{pmatrix}\right), t = 1,2,\ldots,T$$

可变参数 β_t 是不可观测变量，必须利用可观测变量 y_t 和 x_t 来估计。可变参数模型显然是状态空间模型的形式，即 β_t 为状态向量，量测矩阵 z_t 是具有可变参数的解释变量矩阵，γ 是固定参数向量。

当一个模型被表示成状态空间形式就可以应用一些重要的算法求解。这些算法的核心是 Kalman 滤波。Kalman 滤波是在时刻 t 基于所有可得到的信息计算状态向量的最理想的递推过程。Kalman 滤波的主要作用是：当扰动项和初始状态向量服从正态分布时，能够通过预测误差分解计算似然函数，从而可以对模型中的所有未知参数进行估计，并且当新的观测值一旦得到，就可以利用 滤波连续地修正状态向量的估计。

7.2　指标和数据选取

7.2.1　自变量控制

在自变量的控制方面，我们遇到的首要问题便是，我们衡量农田水利设施建设对粮食产量的影响，我们首先需要选择用什么变量指标来表征农田水利设施建设？正如前文所述，农田水利体系是一个系统，我们选择这一体系的哪一类或哪几类设施作为农田水利设施的替代呢？不同设施之间是否具有可加性？也许这些具体设施可以表征农田水利设施建设的规模，要不要考虑它们的质量呢？它们在实际的应用中有没有充分

发挥作用？有没有被闲置？它们之间的相互配套如何考虑？等等。为了避免这些问题对我们主要目的的影响，这一首要的自变量我们选择了“有效灌溉面积”这一指标。当然，这一指标也不能完全避免上述问题的存在及其对实际计量检验的影响，但是，我们有理由相信这一指标的选择是相对恰当的。

在确立了比较合理的模型估计方法之后，我们需要进一步对模型中除农田水利设施之外的自变量进行控制。在农业生产方面，实际影响粮食产量的因素很多，不过，这些因素基本可以分为四类：一是各种生产要素的投入，如土地、劳动、化肥、机械、资本等的投入量；二是各种农业技术进步；三是国家粮食政策、农业生产组织与经营制度；四是各种自然灾害。因此，我们所考察的农田水利建设对粮食产量的影响，必须是在控制住农田水利建设之外的这些要素以后，计量分析农田水利建设对粮食产量的影响。那么，这些影响因素是否需要全部进入我们的计量模型呢？显然没有必要，而且我们也无法做到在一个基本模型里容纳全部的这些要素。这里的模型是对农田水利设施影响粮食生产的一种抽象和模拟，是从我们的主要关心点出发抓住影响粮食生产的最核心要素，构建对实际问题的本质刻画，而不在于对活生生粮食生产现实的再现。计量模型无法做到这一点，即使能做到，由于模型所包含的要素的庞杂，不仅对计量分析带来不必要的困难，也失去了计量分析模型反应生产本质的客观要求。

在总结已有研究成果的基础上，结合我们研究的出发点，我们对以上要素作出如下取舍处理：土地、劳动、化肥、机械等方面的投入需要包括进来；我们考虑到技术进步往往通过土地的改良、劳动力素质的提升以及化肥质量的改善、其他生产资料的改进和种植技术的发展等方面体现出来，所以，放弃在模型中选择时间变量作为技术进步替代指标的做法，我们假定要素投入中体现了技术进步的成分；制度变量和政策因素本来是需要在模型中加入虚拟变量加以控制的，但是，我们考虑到我们的模型算法的实际情况，认为状态变量所演变出来的阶段性变化特征将是这些制度变量和政策因素的鲜活体现，因此，模型中对这些变量不再控制；对于自然灾害情况，我们选择受灾面积这一指标来表征。

7.2.2 数据选取

在确定了因变量与自变量后，需要结合计量分析的实际需要以及数据的可得性等问题，确定进入计量模型的各个变量使用那些指标来表征：因变量采用粮食总产量这一指标来表征；自变量当中的农田水利设施、土地、劳动、化肥、机械以及自然灾害状况等，分别采用灌溉指数、粮食播种面积、农业劳动力数量、化肥使用量、农用机械总动力以及粮食成灾面积等指标来表征。其中，灌溉指数及粮食成灾面积是根据变量之间的关系导出的。

相应指标的数据均来自历年《中国统计年鉴》和《河南省统计年鉴》，部分数据来自《新中国统计资料汇编 50 年》。这里简要分析 1978 年以来河南省粮食产量的波动和农田水利设施供给的变化状况，其他变量的变化情况可参见附录。

如图 7－1、图 7－2 所示，改革开放以来河南省粮食产量在波动中持续增长：20 世纪 70 年代末到 80 年代中期，农村经济体制改革释放了河

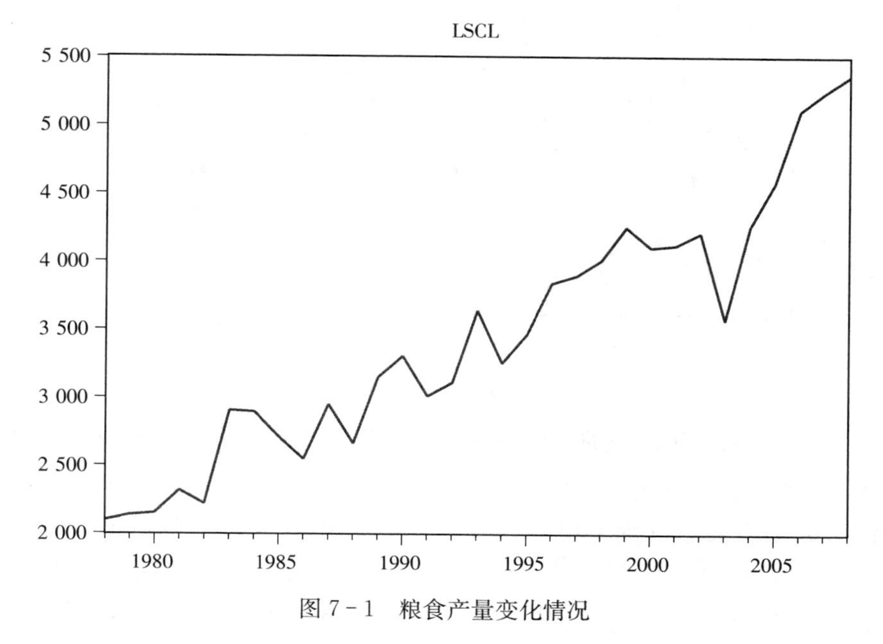

图 7－1 粮食产量变化情况

南农民压抑已久的生产热情，粮食产量增长率取得极大增长，带动河南粮食产量水平跃上一个新的台阶；从80年代中期至90年代中期，粮食产量增长率呈现出周期性波动，粮食总产出水平也在波动中持续增长；90年代中期到新世纪之初，粮食产量增长率在0上运行，但是在波动中波峰逐年下降，导致粮食总产出水平持续增长很少起伏；自2003年以来河南省的粮食产量增长率和粮食总产出水平呈现出一种新的特征，即一方面粮食增长率出现大幅度起伏，在2003年创下改革开放以来的最低水平水平，在2004年则达到新世纪以来的最高值，尽管没有超越80年代初的最高水平但是却高于其他波峰的高度，随后开始下滑到零增长附近的水平；另一方面粮食总产出水平也从2003年开始呈现出直线上升之势，不过在2006年以后总产出增长坡度明显放缓。

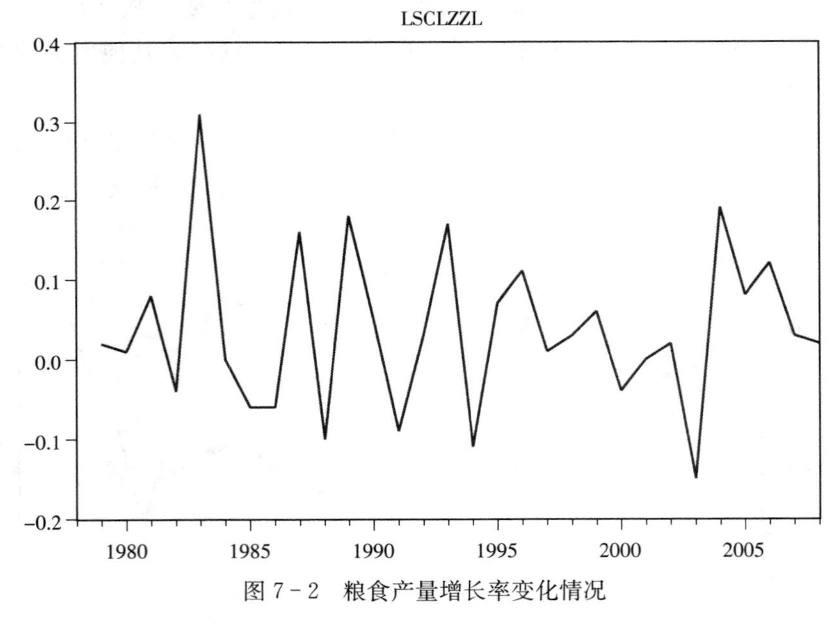

图7-2　粮食产量增长率变化情况

如图7-3、图7-4所示，改革开放以来，河南省农田水利供给也呈现出阶段性变化的状态：改革开放以来直到20世纪80年代中期，河南省灌溉指数的增长率持续下滑，1981年到达改革开放以来的最低点，经历了1982—1983年的短暂上升后于1985年再次进入波谷，使得河南省灌溉指数也经历了持续下滑的态势，并于1983年和1985年连续达到和接近改革开放以来的最低水平；自 1986 年开始直到 2001 年灌溉指数增长率都保持在 0 增长以上波动运行，从而拉动河南省灌溉指数水平持续增长，特别是在 80 年代中后期到 90 年代中期灌溉指数快速增长，2001 年以后增长坡度明显放缓；2002 年以后灌溉指数增长率直线下滑，于 2002 年跌入谷底，创出历史新低，灌溉指数也相应地快速下降；2003 年灌溉指数增长率再次回到 0 以上保持低位波动运行，拉动灌溉指数也随之实现平缓增长。

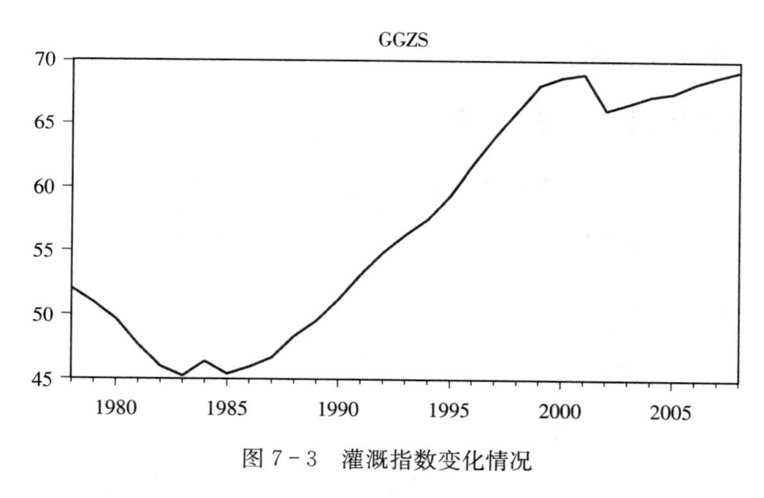

图 7－3　灌溉指数变化情况

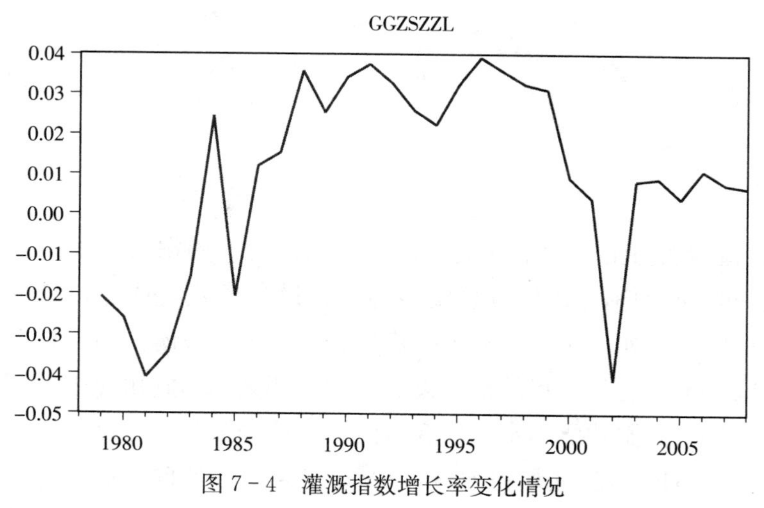

图 7－4　灌溉指数增长率变化情况

综上所述，我们发现粮食产量和灌溉指数的变化情况之间具有一定的相关性，接下来，我们将运用粮食产量及灌溉指数的时间序列数据进行计量分析，目的在于考察两者之间是否存在因果关系；在此基础上加入其他变量构建状态空间计量模型进一步考察灌溉指数对粮食产量的影响。

7.3 实证分析

7.3.1 时间序列分析

（1）数据统计性描述。见表 7－1。

表 7－1 相关变量的统计性描述

	灌溉指数 (ggzs)	灌溉指数增长率 (ggzszzl)	粮食产量 (lscl)	粮食产量增长率 (lsclzzl)
均值	57.334 02	0.009 893	3 453.97	0.036 667
最大值	69.273 28	0.039 292	5 364.48	0.31
最小值	44.206 81	－0.041 692	2 097.4	－0.15
标准差	9.138 811	0.024 641	926.770 9	0.101 075
斜度	0.046 492	－0.759 804	0.357 548	0.519 731
峰度	1.357 065	2.451 874	2.313 847	3.322 693
样本数	31	30	31	30

（2）数据平稳性检验。这里首先利用 Dickey & Fuller（1974）提出的 ADF 检验法对上述四个变量进行单位根检验。根据待检变量是否包含常数项和时间趋势，ADF 检验模型有三种设定模式，选择正确的设定模式十分重要。例如，对一个趋势平稳过程（TSP）来说，如果在单位根检验中选取了不含时间趋势的模型设定模式，那么，拒绝单位根的可能性就很小。接下来我们就要确定代检变量的滞后项的数目了，确定滞后项的数目可以根据 AIC 信息准则和 SC 准则来确定，选取不同滞后项的数目，当 AIC 值或 SC 值最小时，此时滞后项的数目就是此 ADF 检验的滞后项数

目了。此处以 AIC 准则为参考自动选择滞后阶数，ADF 检验结果如表 7-2 所示：

表 7-2　变量平稳性检验

变量	检验形式（C，T，L）	ADF 检验值	ADF 临界值			检验结果
			1%	5%	10%	
ggzs	C，T，1	−2.633 775	−4.309 824	−3.574 244	−3.221 728	非平稳
ggzszzl	0，0，0	−2.215 992	−2.647 120	−1.952 910	−1.610 011	平稳
lscl	C，T，6	−3.095 063	−4.394 309	−3.612 199	−3.243 079	非平稳
lsclzzl	C，0，4	−4.210 854	−3.724 070	−2.986 225	−2.632 604	平稳

说明：（C，T，L）表示检验模型含有截距项，趋势项，滞后阶数为 L。

由上表，我们发现 ggzs 和 lscl 的水平值皆是非平稳的时间序列，而 ggzszzl 和 lsclzzl 的水平值都是平稳的。我们还利用 Pillip & Perron（1988）的 PP 检验法对它们进行了单位根检验，PP 检验与 ADF 检验的结论一致，结果形式在此从略。

（3）协整检验与格兰杰因果关系检验。见表 7-3。

表 7-3　协整检验

协整向量个数	迹统计量	临界值	最大特征根	临界值
r=0 * *	20.380 20	12.320 90	17.484 09	11.224 80
r≤1	2.896 112	4.129 906	2.896 112	4.129 906

说明：“*”表示在 1%水平下拒绝原假设。

以上结果表明，在 1%水平下拒绝了不存在协整关系的原假设，我们无法拒绝变量之间存在协整关系的假设，即灌溉指数增长率和粮食产量增长率之间存在着一种长期稳定的均衡关系。

表 7-4　格兰杰因果关系检验

原假设	F 统计量	P	结　论
Lsclzzl 不是 ggzszzl 的 Granger 原因	0.719 58	0.497 6	在 10%的显著水平上不能拒绝原假设
ggzszzl 不是 Lsclzzl 的 Granger 原因	4.164 28	0.028 6	在 5%的显著水平上拒绝原假设

根据以上检验结果（表 7 - 4），在 Granger 因果关系上，可得到如下结论：在 5%显著水平上，灌溉指数增长率和粮食产量增长率之间存在着单向的 Granger 因果关系，即在 5%的显著水平上我们不能拒绝灌溉指数增长率是粮食产量增长率的 Granger 原因。

7.3.2 状态空间模型分析

（1）量测方程：

$$1sc1 = sv1 * ggzs + sv2 * lsbzmj + sv3 * zzjgldl + sv4 * zzjgjxzdl + sv5 * zzjghfsyl + sv6 * zzjgszmj + [var = exp(c(1))]$$

（2）状态方程：
$$\begin{cases} sv1 = sv1(-1) \\ sv2 = sv2(-1) \\ sv3 = sv3(-1) \\ sv4 = sv4(-1) \\ sv5 = sv5(-1) \\ sv6 = sv6(-1) \end{cases}$$

在上式中，$lscl$ 代表粮食产量，$ggzs$ 代表灌溉指数，$lsbzmj$ 代表粮食播种面积，$zzjgldl$ 代表投入到粮食生产中的劳动力，$zzjgjxzdl$ 代表投入到粮食生产中的机械总动力，$zzjghfsyl$ 代表投入到粮食生产中的化肥使用量，$zzjgszmj$ 代表粮食生产的受灾面积。用系数 svi，i=1，2，…6 表示相应的状态变量。$svi = svi$（—1）代表 svi 的递归形式为一阶自回归。

（3）回归结果及其分析：

$$lscl = 14.512\,63\ ggzs + 0.057\,084\ lsbzmj - 0.038\,365\ zzjgldl - 0.066\,686\ zzjgjxzdl + 6.848\,374\ zzjghfsyl - 0.072\,493\ zzjgszmj + [var = exp(-6.49E-14)]$$

1996 年以来状态空间模型中各状态变量的变化见图 7 - 5。

状态空间模型分析得到各变量 1990—2009 年的具体数值变化情况，见表 7 - 5。

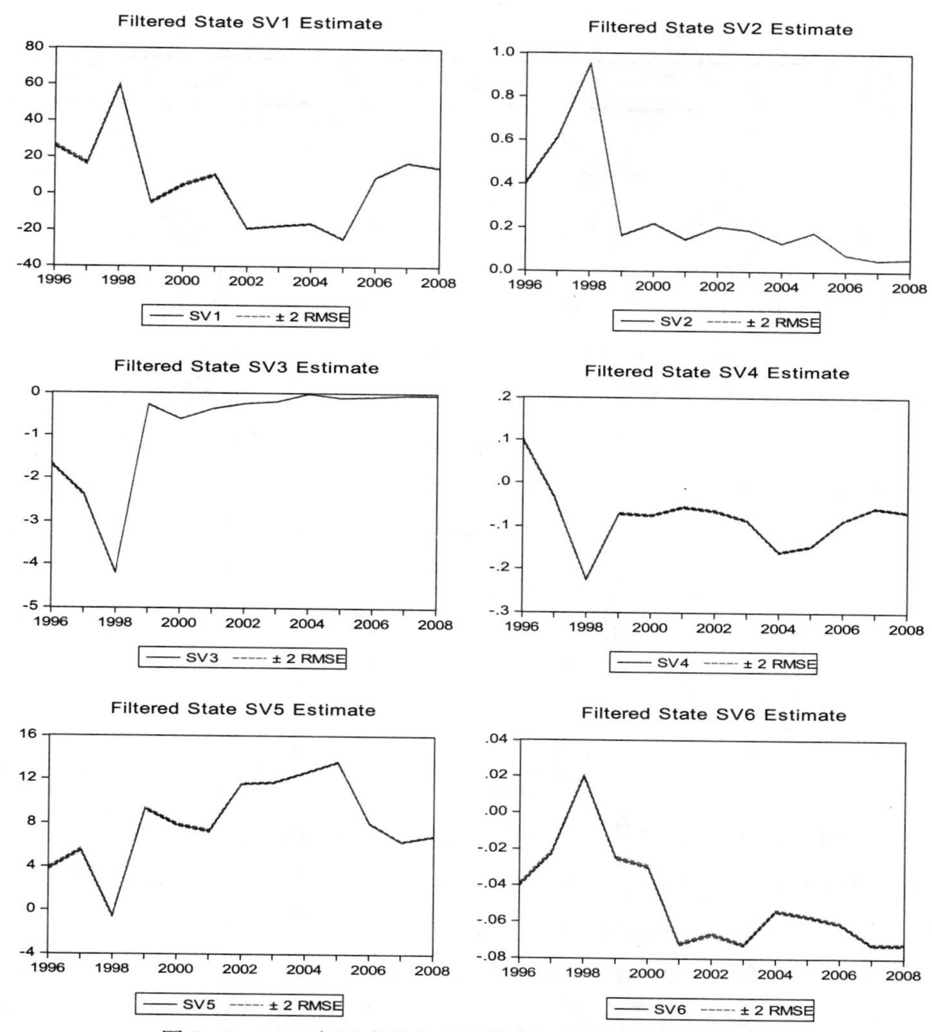

图 7－5　1996 年以来状态空间模型中各状态变量的变化图

表 7－5　1990—2009 年各状态变量的变化状况

年份	sv1f	sv2f	sv3f	sv4f	sv5f	sv6f
1990	0.001 158	0.210 642	0.039 144	0.031 426	0.002 959	0.022 876
1991	0.001 191	0.207 908	0.038 252	0.030 644	0.003 048	0.050 638
1992	0.743 353	0.378 14	−3.040 13	2.581 258	1.348 203	0.035 163
1993	1.908 071	1.311 475	−4.318 3	−0.874 72	1.925 986	−0.046 75
1994	4.133 573	0.443 654	−0.945 77	−1.543 45	12.082 5	−0.045 57

（续）

年份	sv1f	sv2f	sv3f	sv4f	sv5f	sv6f
1995	98.241 81	−4.233 96	18.948 76	10.689 3	−16.783 2	0.358 105
1996	−1.526 1	0.662 966	−2.811 2	0.239 243	4.810 653	−0.066 65
1997	−14.209 8	0.887 945	−3.638 3	0.178 163	4.368 709	−0.058 28
1998	−14.206 5	1.350 906	−4.623 59	0.111 794	−0.838 28	−0.032 28
1999	12.263 1	0.155 968	−0.592 92	−0.055 21	8.893 694	−0.040 81
2000	3.616 466	0.209 149	−0.743 59	−0.086 3	10.838 48	−0.039 86
2001	39.159 07	0.239 569	−1.221 67	0.088 293	−0.012 6	−0.111 87
2002	14.030 55	0.350 281	−1.408 29	0.244 154	2.88 154 2	−0.124 4
2003	10.486 56	0.261 18	−0.976 41	0.125 777	6.568 697	−0.131 04
2004	7.406 077	0.172 478	−0.595 12	0.026 544	9.563 431	−0.097 59
2005	−3.520 23	0.229 934	−0.721 35	0.067 195	11.154 33	−0.101 39
2006	37.982 19	0.172 929	−0.924 12	0.054 855	1.682 404	−0.119 43
2007	42.611 78	0.164 53	−0.919 36	0.062 607	0.441 68	−0.127 78
2008	36.221 62	0.165 26	−0.855 76	0.052 876	2.158 941	−0.125 93
2009	10.501 34	0.035 754	−0.007 12	0.013 289	10.087 54	−0.069 9

河南粮食生产影响因素的可变参数状态空间模型结果是：

$$lscl = 10.501\,34\, ggzs + 0.035\,754\, lsbzmj - 0.007\,199\, zzjgldl + 0.013\,289\, zzjgjxzdl + 10.087\,54\, zzjghfsyl - 0.069\,898\, zzjgszmj + [var = exp(-0.459\,422)]$$

在回归结果中 svi，$i=1$，2，…，6 的值为最终状态变量值，显然这些数值可以告诉我们当前的一些信息，即各因素对当前粮食产量的贡献率大小排序依次为：灌溉系数的贡献率为 10.501，排第一；化肥施用量的贡献率为 10.087，排第二；受灾面积对粮食生产存在负面影响，贡献率接近−0.07，排第三；粮食播种面积是粮食产量的正向影响因素，贡献率接近 0.036，排第四；农业机械的使用对粮食增产量的贡献率为 0.013，排第五；劳动力投入的贡献率最小，仅为−0.007，而且已经成为粮食生产的负面影响因素。

7.4　分析结果与基本结论

我们运用灌溉指数增长率和粮食产量增长率的时间序列数据进行了协整分析与格兰杰因果关系检验：检验结果在1%水平下拒绝了两者不存在协整关系的原假设，我们无法拒绝变量之间存在协整关系的假设，即灌溉指数增长率和粮食产量增长率之间存在着一种长期稳定的均衡关系；在5%显著水平上，灌溉指数增长率和粮食产量增长率之间存在着单向的Granger因果关系，即在5%的显著水平上我们不能拒绝灌溉指数增长率是粮食产量增长率的Granger原因；但是，即使在10%的显著水平上，我们也无法拒绝粮食产量增长率不是灌溉指数增长率的Granger原因。

在确认了变量之间的长期稳定关系和格兰杰因果关系之后，我们运用状态空间变量模型具体分析了各因素对粮食产量的具体影响。一方面我们通过回归结果中的最终状态变量值发现：本研究并不满足于考察各生产要素对粮食生产的最终影响，因为要弄清河南粮食持续增产的基本驱动力，必须从动态的视角观测粮食生产的持续性动力。依据状态空间模型中各变量1990—2009年的具体数值变化情况，并结合各变量供给水平的历史状况及其提高的现实可能性，我们可以纵向比较分析粮食增产的持续性动力。

（1）灌溉系数对粮食增产的贡献呈上升态势，目前已经成为影响粮食增产的首要因素。1990—1995年的六年时间里，农田水利灌溉条件对粮食生产的影响稳步提高；进入90年代中期以后，1996、1997、1998年连续三年农田水利灌溉条件对粮食生产的影响都是负值，并且下降幅度明显；从1999年开始，农田水利建设对粮食生产的影响变为正值，经历了1999年的大幅反弹、2000年的小幅下降后，于2001年达到顶点；随后直到2005年的一段时间里，农田水利建设对粮食产量的影响震荡下行，并于2005年达到一个低点；从2006年开始农田水利灌溉条件对粮食增产的贡献大幅上扬，不过其上扬幅度自2008年开始回落。

这意味着灌溉指数对粮食产量的积极影响缺乏坚实的农田水利基础的支撑。究其原因应该是，2004年以来实施的“强农惠农”政策和农村税费制度改革，激发了粮食生产者改善农田水利供给的积极性，又因政府加大粮食生产的应急性打井抗旱保苗灌溉措施，从而才使得灌溉指数维持在较高的水平。应该注意的是上述措施并没有从根本上提高农田水利工程的配套性、贯通性和及时保障性，所以才导致灌溉指数对粮食生产的贡献率步入下滑区间。2009年国家改变以往专项水利工程建设模式而做出以县为单位整体推进农田水利建设的财政支持“小农水”重点县建设的重大决策，既表明中央政府认识这一态势的高度重视，也印证了本书对该问题的判断。这一变化趋势若得不到应有的重视，或缺乏有效措施遏制这一下行趋势，河南粮食生产的增长将难以持续。

（2）化肥投入仍是粮食增产的第二大驱动力，但其贡献率在衰减，且其过量施用使其可能成为粮食增产的约束。化肥投入对粮食增产的影响在20世纪90年代逐步上升，并于2000年位居第一；然而，2000年以后，其贡献率虽然仍然较大，但其贡献率位次除个别年份以外已经下降为第二，而且其贡献率自2006年后呈开始下降。

这说明尽管化肥投入仍是粮食增产的当前主要动力之一，但其粮食增产贡献率因其使用量过大而衰减。其原因在于化肥尤其是氮肥等化学农资的过量使用引起的土壤酸化板结，带来生物多样性减少、资源浪费、农产品品质下降、作物种子与产量退化速度加快等后果，已经抑制了其粮食增产效应，同时其对农业生态带来的环境污染日益凸显，致使农业持续发展能力下降，从而使化肥投入对粮食产量的影响开始呈现下降态势，决定了化肥投入的粮食增产效力退居次要地位。因此，开展测土配方施肥和水肥混合灌溉措施，推广科学施肥技术，改善肥料投入结构，将是实现粮食稳定增产的必要措施。

（3）受灾面积对粮食增产的影响呈波动上升态势。除20世纪90年代初之外，受灾面积对粮食增产的负面作用尽管有所波动，但总体呈加大趋势，2001年以来，受灾面积对粮食增产的影响基本都在0.1以上。亦即，粮食生产受自然灾害的影响越来越明显，如果没有农田水利保障的大幅提高，旱涝灾害将构成粮食安全的风险因素，这表明，随着自然灾害和极端天气增多，受灾面积对粮食生产的影响也在加大，粮食生产抗御水旱灾害的能力始终没有明显增强，靠“老天帮忙”的局面并未改变。因而，采取必要措施提高以农田水利为核心的农业抗灾能力是保障粮食增产的重要途径。

（4）粮食播种面积对粮食产量的贡献在减弱。状态变量的时序贡献变化表明，20 世纪 90 年代初，粮食播种面积曾是粮食增产的重要驱动因素；不过，1994 年以后，其作用退居后三位，贡献不断减弱。其原因在于 90 年代初，在农民种粮积极性和灌溉条件较好的情况下，粮食播种面积增加能够有效促进粮食增产；但 90 年代中期以后，随着农村工业化、城镇化及农民兼业化，地理位置优越的优质良田被占用，靠土地整理、开荒、复垦置换来的耕地的土壤有机质大大下降，其粮食产出率下降在所难免。同时，这预示着在目前工业化和城镇化发展用地攀升条件下，依靠播种面积增加实现粮食增产的空间已经很有限，必须尽快实现由外延式粮食增产路径向内涵式增产路径转变，通过提高单产保证粮食总产量持续增长。

（5）农业机械的使用对粮食增产量的贡献不稳定且有下降态势。在 20 世纪 90 年代初期，其对粮食生产的促进作用较大，其贡献率曾位居前三位；之后，尽管 2002、2003 年等个别年份的贡献有小幅增大，农业机械对粮食增产的贡献总体下降。

这似乎偏离人们对农业机械化益处的一般性认识。其实，根据笔者的调查发现，农业机械作为劳动力的部分替代，尽管可以部分降低粮食生产成本，但在大量青壮年劳动力外出打工，粮食耕作与管理因缺少的熟练劳动力而走向粗糙化，因而，机械化尽管有利于快收快种、不误农时，却难以达到精耕细作式的亩产水平。可见，农业机械化只有在精细化耕作和适时性管理的条件下，才能更好促进粮食增产。

（6）劳动力投入的贡献率最小，仅为－0.007，而且已经成为粮食生产的负面影响因素。除 20 世纪 90 年代初期，其他年份粮食生产领域的劳动力投入对粮食产量存在负面影响。其原因可能有多个方面，而其中一个重要原因应该是统计的劳动力数据难以区分表达不同劳动力能力和质量水平对粮食生产贡献的差异。20 世纪 90 年代中期以后，随着农村工业化和市场化，高素质农民弃农、务工、经商，剩下的老弱、妇女劳动力成为粮食生产的主力军，尽管其数量庞大，但能够与新型农业机械、农业技术有效结合成粮食生产力的数量并不多，这势必造成面对“细碎化”的耕地，羸弱的劳动力难以为粮食生产提供高质量工作和管理，数量型劳动力的投入并无益于粮食生产，也无益于农业机械化的高效使用。

综上所述，我们认为农田水利建设与粮食生产之间的确存在着一定的因果关系，即农田水利建设是影响粮食生产的重要原因，而且我们的状态空间变量模型的状态变量终值显示农田水利是影响粮食生产的最重要的因素。尽管如此，农田水利建设对于粮食生产的影响从 1990 年以来经历了为期几年的基本稳定状态后却出现了剧烈的波动；尽管伴随 2005 年以来的农村税费制度改革，它对粮食生产的积极影响再一次显著上升，但是 2007 年以来这种上升趋势已经发生了变化，2008 年更是出现了掉头向下的迹象。这表明河南现有的农田水利供给能力对粮食生产的贡献率已呈现出下滑趋势，这一变化趋势若得不到应有的重视，或缺乏有效的措施改善农田水利供给水平来遏制这一下行趋势，现有的农田水利供给现状将可能无力支撑河南粮食生产的稳定增长，国家粮食安全将受到威胁。因此，加强河南农田水利设施建设，巩固并提高农田水利对粮食生产的积极作用，对于河南乃至国家都将具有重大意义。

7.5　对策建议

基于对粮食增产动力因素贡献率及其演变趋势的考察，笔者认为，在今后一个时期，河南乃至中国要根本提高农田水利对粮食增产的贡献率，必须完善政府社会协同发展农田水利的关联资源配套改革政策，健全农田水利社会化治理的组织体系，创新农田水利投入整合方式和利益协调机制，加强农业基础设施系统化建设。重点可以从以下四个方面采取有效措施：

（1）健全农田水利关联资源配套改革政策，为农田水利系统化规模化治理提供必要条件。特别是耕地流转保障性政策措施。针对目前耕地流转政策法规不成熟、运作机制不完善、管理体系不健全的现实，国家和地方政府应加快完善耕地承包确权、发证、备案等承包管理体系，出台耕地流转收益归属、流转管理权归属、流转年限等相关指导性政策法规，建立

"政府指导、部门管理服务、群众自主决策、耕地流转市场化"的耕地流转服务保障机制，扩大土地耕作规模和水利建设系统化，提高粮食生产水利化和机械化对粮食增产的贡献，为粮食生产方式现代化和规模化提供必要条件。

（2）完善农业投入稳定增长与整合机制。无论是水利灌溉、劳动力素质、耕地品质，还是耕作方式、生产管理和灾害防御能力，都需要有足够的资金和技术投入来改善。在鼓励农户增加投入的同时，政府应健全农业发展投入稳定增长与整合机制，整合农田水利、农业电网、田间道路、沃土工程、植保工程、水土治理等农田基本建设投入，加大地力监测保护、有机肥生产和施用、测土配方灌水施肥、水肥混施、保墒耕作等现代农业技术的应用力度，为粮食持续增产提供基本保障。

（3）完善农业社会化服务体系，促进农田水利可持续治理。农田水利可持续治理不仅需要支付的财政和政策支持，而且需要农田水利的直接治理主体——有文化、懂技术、会经营的农民用水服务组织。因此，应加大以乡镇水利站和农民用水户协会为重点的基层水利服务体系改革，在加大农民水利科技素质和生产技能培训力度、培育建立健全基层水利服务机构的同时，在工商登记、财政税收、信息服务等方面创造良好环境，大力支持农民工创办农业综合服务组织，建立职能明确、布局合理、队伍精干、服务到位的农田水利社会化服务体系，促进粮食产业的水利化、机械化、产业化和信息化发展，以此提高粮食生产的资源利用率和投入产出效益，实现农田水利治理的现代化和持续性。

（4）加强农业基础设施系统化建设，根本改善其粮食生产支撑功能。随着城镇化、工业化和气候变化对我国粮食生产要素系统影响的加剧，要根本改善粮食生产条件，必须在保证农田灌溉、化肥施用、田间道路、田间电网、农业机械等农业基础设施投入品质的同时，采取综合开发、整体推进的方式，加强这些要素的系统配套化建设，优化农业基础设施供给结构，提高其协同耦合度及其与劳动力的有效结合度，大规模改造中低产田，从提高节水灌溉和抗灾能力等方面，系统性地加强农田基础设施支撑粮食生产的功能建设，全面提高农田水利的增产支撑能力。

第八章 农田水利治理困局成因的经验考察

——以河南省为例

鉴于中国各省区自然条件、农业资源禀赋、经济发展阶段和制度环节存在的较大差异性，其相互之间的交互影响会模糊我们对农田水利治理绩效影响因素的独立性认识。因而，本章以中国的缩影——河南为例，在回顾农田水利治理模式与绩效演变历程的基础上，比较说明农田水利供给绩效与治理机制之间的关系，揭示现阶段农田水利治理危机的结构性成因及其实质。

之所以选择河南省为样本，一是其粮食总产连续 11 年蝉联全国第一，不仅用占全国 1/16 的耕地，生产了占全国 1/4 以上的小麦、1/10 的粮食，养活了全国 1/13 的人口，而且近年来每年还调出粮食及粮食制成品 1 000 多万吨，是名副其实的“中国粮仓”；二是河南水利工程有平原井灌、沿河提灌、岗区拦蓄灌溉、库区自流灌溉、蓄引提联合灌排，工程类型丰富，能够反映中国农田水利多样性特征；三是因为“河南是中国的缩影，也象征着祖国的发展”。河南是中国第一人口大省、粮食和农业生产大省、新兴工业大省，河南粮食生产的资源条件、现状与趋势是中国粮食生产变化的集中缩影，具有典型性和代表性。因而，以河南农田水利建设管理中面临的问题与原因，来透视中原经济区治水困境是有合理性的。

8.1 河南省农田水利治理环境

8.1.1 要素投入环境

农田水利建设管理的要素投入与实际需求存在巨大的差距。这主要表现在：

（1）农田水利建设投入匮乏。长期以来各级政府对农田水利的战略基础地位认识不到位，财政投资农田水利比重偏低，不到总投资的10%，建设需要与实际投入存在巨大的差距。同时，农田水利没有被作为农村基础设施予以公共财政保障，农田水利投资普遍采取中央投资与地方配套相结合的投资方式，在实际投入中，由于农田水利投资周期长、投资比较效益低，以及农田水利建设需求县往往是农业大县、财政穷县，结果中央投资到位，而地方配套资金成了“空头支票”，导致已建农田水利工程因缺乏配套而难以发挥应有的作用。

根据河南水利厅2011年2月1日发布的《关于全省小型农田水利重点县（专项县）项目工程进度情况的通报》，“全省2010年度在建的小型农田水利重点县（专项县）建设项目共66个，下达投资计划9.3亿元，截至2011年1月30日，共完成投资4.0亿元，占计划的43%。”一年过去了，被列入规划的25个县（市、区）“工程没有任何进展”。一位地方官员说：“原因就是地方没有资金进行配套。”据调查，汝南县三里店乡熊湾村孔庄村多年全村600亩地只有一口井；汝南县常兴乡任桥村1 320人共有耕地3 046亩，而村里仅有的几口机井也被废弃。据村民说这口井是前些年打的，没怎么用就废了，多年来全村耕地都是‘望天收’。[①] 这表明农田水利财政建设投入确实存在一些表面文章。

（2）农田水利投入机会成本攀升，管护投入严重不足。一方面，农田水利工程管理和养护人工和经费投入严重不足。随着水利工程动力电力化、渠系大面积硬化、施工措施机械化，农田水利工程投入呈现出资本化趋势，由于农田水利工程投资效益低，资金回收时间长，因而农田水利建设缺乏吸收社会资金的能力。又因农村取消义务工后，农村青壮劳力常年外出打工是一种普遍现象，让老百姓出钱都很难，更何况家里常年找不到人，动员群众“投劳投资”参与农田水利建设显得有点艰难。

另一方面，2002年农村税费改革开始以后，各地的义务工和积累工相继取消，由此形成对农田水利建设管理投入的巨大“亏空”。农田水利设施有人用无人管，只用不修的现象相当普遍，导致水利工程损毁严重，

① 闫伊默．农田小水利现状扫描．http：//news.dahe.cn/2011/03-08/100638167.html.2011-03-08.

缺乏维护的动力。据河南省水利厅周月红说，全省用于水利建设投工投劳数量从“两工”时期的5亿个左右不断下降，每年“两工”投入折合资金30亿～40亿元，全面取消“两工”以后，近5年投工投劳量平均维持在2.5亿个左右，且大都作为国家重点项目配套，用于农田水利工程的数量微乎其微，这项亏空急待弥补。

2004年后，农田水利建设推行“一事一议”建设投入制度，但是，通过“一事一议”筹措资金既有操作上的困难，也有资金上的限制。由于大量水利工程输配水渠系建设成本高、配套设施毁损严重、维修成本高，又缺乏必要的公共启动资金来保障，结果大量“一事一议”会议往往“不了了之”，进一步打击了农民合作投资农田水利的积极性。

8.1.2　气候灾害环境

河南地处我国中东部的中纬度内陆地区，气候存在着自南向北由北亚热带向暖温带气候过渡、自东向西由平原向丘陵山地气候过渡的两个过渡性特征。全省总面积16.7万平方千米，约占全国的1.74%。河南位于东经110°21′～116°29′、北纬31°23′～36°21′，南北纵跨530千米，东西横越580千米。属于亚热带向暖温带过渡地区，气候温和，日照充足，降水丰沛，光热水气资源丰富，适宜于农、林、牧、渔各业发展。

近30年来，河南省年平均气温为12.1～14.7℃，年均降水量为532.5～1 294.1毫米，年均日照时数为1 848.0～2 488.7小时，全年有效积温为4 452.3～5 654.7度，全年无霜期为189～240天，属大陆性季风气候，四季分明、雨热同期，适宜多种农作物生长。河南具有得天独厚的光热水资源优势，是粮食作物一年两熟制最适宜的区域。但是，河南旱农区年降水量不足600毫米，且年际变化大，年相对变率20%左右，年内季节之间分布不均，70%的降水集中在7、8、9三个月，冬春降水比例小，季节性干旱特别严重。特别是，近年来，极端天气频发、降水时空分布极为不均、蒸发剧烈、水土流失严重，旱涝并发已成为河南农业发展的主要瓶颈。

据河南省水文水资源局监测，2010年9月27日至2011年2月9日，全省除山区外，136天无有效降水，全省平均降水量为1951年有统计资料以来最少，降水量偏少频率超过百年一遇。在历经 2009 年“50 年一遇”的大旱之后，作为产粮大省的河南再次与干旱不期而遇。可以说，气象灾害环境恶化已经对河南农田水利发展构成严峻挑战，并成为制约农田水利治理成效的重大威胁。

8.1.3　水土资源环境

（1）水资源环境。河南省水资源总量偏少，且时空分布不均，在区域分布上，呈现南部多于北部，山区多于平原的特点，水资源分布与地区的社会经济、人口、耕地不相适应。而且地表径流的年际、年内变化大，汛期 6～9 月 4 个月的降水量占全年降水量的 50%～75%，4 个月的径流量占全年径流量的 60%～70%，集中程度由南向北递增。在年际变化上，大多数地区的最大年降水量是最小年降水量的 3～3.5 倍，地表径流量的丰枯非常悬殊。据《国家粮食战略工程河南核心区建设规划纲要》显示，粮食主产区范围中，黄淮海平原北部地区水资源量为 72.8 亿立方米，亩均水资源量 213 立方米，仅为全省平均的 62%；黄淮海平原南部地区和南阳盆地水资源量为 213.4 亿立方米，亩均水资源量 376 立方米，为全省平均的 110%。

（2）耕地资源环境　河南省现有耕地 787 万公顷，其中基本农田面积 687 万公顷，占耕地面积的 87%。在现有耕地中，有效灌溉面积 495.60 万公顷，占耕地总面积的 62.53%，其中水田面积 69.58 万公顷，占耕地总面积的 8.78%；旱地面积 297 万公顷，占耕地总面积的 37.47%。粮食主产区范围内耕地面积 661.76 万公顷，其中黄淮海平原耕地 506.98 万公顷，豫北、豫西山前平原 55.35 万公顷，南阳盆地 99.42 万公顷。

8.2　农田水利治理体制变迁

中共十一届三中全会以后，以家庭承包经营为主的双层经营体制，顺应了农民个性发展的要求，是农村社会经济制度的巨大变革，它发挥农民个体的生产潜力和动力，最大限度地尊重农民个体分享利益的权利。但是，由于政府经济重心和水利政策不断调整，农村社会的解构、国家介入的减弱、局部性的市场化改革，农田水利建设治理体制也发生多次变迁。

8.2.1　行政本位治理阶段

1978—1986年，农田水利治理体制可称为农田水利行政本位治理体制，也可称为政府—村社模式。中共十一届三中全会以后，落实党的农业政策、发展农业生产，成为农村工作的中心。政治和思想解放，极大地激发了广大农民的生产积极性，十分踊跃参与农田水利的兴建。但是在这种好形势下，出现了对农业的重视程度有所下降的趋势，突出表现在国家对农业基本建设投资明显减少。1980年起财政体制改革将农田水利费包干到地方后大量减少，农田水利建设的规模相应缩小。加之1982年农村普遍实行土地家庭承包联产责任制后，农田经营管理相应分散，一些已有水利设施被破坏，机械排灌设备被拆毁，塘堰无人管理，年久失修[①]。

针对这种现象，1985年11月，国务院办公厅转发水电部《关于加强农田水利设施管理工作的报告》。河南省各地根据水电部的报告，结合本地实际，认真落实，切实把农田水利设施管好用好。主要通过以工代赈的方式和在小型农田水利补助经费中安排执行资金等措施支持农村解决困难。

这一时期的农田水利在性质上是一种社会化财产（socialised property），它由政府拥有的企业来生产，服从行政控制，而其配给要依靠由政治过程产生的外在规则。

从需求方来看，这时的基本需求单位是村社集体的自治组织。尽管集体土地的经营权已经通过承包下放给农户，但农田用水的费用却可以从村委会每年按田亩数向农户征收的共同生产费中提取。对于超出村庄范围的大型水利设施的使用而言，由于农田用水的需求方是收取了全村共同生产费的村委会，因而互相之间的协调同样可以达成。

但是，政府—村社模式的运转遇到了自身难以克服的问题。首先是水

① 国务院办公厅转发水电部报告《要加速解决农村人畜饮水问题》[N]．人民日报，1984-08-31.

管单位的运作困境。政府—村社由于水价、电价偏低，所收水费不能收回成本；而本来应由政府投入的经费不到位，水利站没有全额的财政拨款，只有差额补助，且实行经费包干，超支不补；在乡镇机构的膨胀过程中，水利部门人员超编，医疗、养老负担沉重。其次是一些村干部在收取税费过程中账务不明，收费过程中的徇私行为助长了经费的数额，于是不断有农民拒绝缴纳税费，甚至将土地抛荒外出打工。农民拒交税费，其中用于共同生产的水费就难以收齐，水利部门与相关村组的合作就难以达成，农田就会遭到旱灾威胁。但是，乡镇乃至县市政府不会对此坐视不管，他们会通过行政压力强制水利部门负债供水。水利工程单位负债越多，下年所收水费就会越高，于是就有越多的农民拒绝交钱。如此一来陷入恶性循环，行政本位治理体制难以为继。

8.2.2　村社治理阶段

该模式主要体现为农田水利治理依靠农村“两工”政策，村集体通过征收“共同生产费”的方式，筹集治水投入，保障水利建设。这种模式存在于1988—1997年。

1988年，全国人大常委会通过《中华人民共和水法》。同年11月，国务院批转水利部《关于依靠群众合作兴建农田水利的意见》，提出“今后兴修农田水利仍应贯彻自力更生为主，国家支援为辅的方针，实行劳动积累，多层次多渠道集资，兴修农田水利，并逐步做到常年化，制度化”。1989年10月，国务院发出《关于大力开展农田水利基本建设的决定》，要求将农田水利基本建设纳入农村的中心工作，抓紧抓好。由于水利方针、政策和法规的制定和贯彻执行，当年（1989年）新增有效灌溉面积42万公顷，首次扭转了全国有效灌溉面积连年下滑局面，全国农田水利基本建设出现改革后近十年没曾出现的好势头。

面对新形势，由于国家投入不足，在一段时间内，小型农田水利建设主要依靠农民，其中“两工”是最大的投入。例如，河南省从20世纪90年代开始，在坚持大江大河和大型灌区统筹治理的同时，一直坚持发动群众大搞农田水利基本建设，积极发展灌溉农业。河南省委省政府在坚持开展“红旗渠精神杯”竞赛活动的同时，持续增加水利投入，不断加快水利改革的力度与步伐。自1996年开始实施节水灌溉示范项目以来，河南省各级政府积极从地方财政中拿出专款，集中资金大力实施节水灌溉工程。制定优惠政策，鼓励农民自办水利，节约用水。

8.2.3　准市场治理阶段

农田水利准市场化治理体制，该模式起始于1984年水利工程承包制改革，并在部分地区延续至今。这大致包含了两个层面的内容：

一是将水利工程单位变为“自收自支”经营主体——水利企业；村社作为水利企业的水费收缴代理人，负责向辖区农户统一供水、分水、代收代缴，来解决当地农业生产用水问题。以村组为单位与水利工程单位进行交易，但村组的欠债将水利工程单位拖入困境。取消税费之后，集体不再组织农民买水，一家一户不能完成水利市场交易，导致市场—村社模式运行效果并不理想。

二是推行小型水利设施产权制度改革，村社将集体所有水利设施承包、租赁或拍卖给个体户，灌区对供水单元较小的渠系、水库、泵站等独立水利设施，通过公开承包、租赁或拍卖，将灌区的管理权、使用权移交给水管单位职工或群众。水利设施经营权拍卖、租赁或承包后，灌区私人经营者负责灌区的配套、维护和用水管理，按照市场机制运作，水利、物价等部门对其供水收费情况予以监督。

改革的基本原则是：“按照农业用水商品化、农业灌溉市场化的思路，理顺管理体制，完善运行机制，规范灌溉用水市场，逐步建立符合市场经济要求的新型灌溉管理体系”。

河南于20世纪90年代开始水利市场化改革，尝试通过市场机制来填补国家与集体管理的缺位。1984年，明确提出“水利经营”的概念，具体为依靠水费与综合经营“两个支柱”和经济责任制“一把钥匙”。

2002年9月，国务院体制改革办公室发布《水利工程管理体制改革实施意见》，水利管理体制改革全面启动。从2003年起将水利工程农业水费转为经营性收费项目，不再作为行政事业性收费管理。

水利工程单位由企业化管理的事业单位转变为自收自支的“准企业”单位；水资源由公益品变为商品，水费征收由行政性收费转变为经营性收费。这是一条由政府主导的市场化道路。这样，国家主导下的水利工程单位与社队的合作模式，被“企业—村社”和“个体经营户—用水户”两类准市场化治理体制所代替。

8.2.4　参与式治理阶段

该模式始于1996年世界银行以长江流域水资源项目的形式提供贷款，在湖北湖南等地灌区引入“经济自立灌区”与“农民用水户协会”的治理模式。各大灌区在世行项目和各地水利部门的联合推动下，部分村庄开始探索以农民用水户协会为核心的参与式治理模式。

参与式治理模式是以水文边界或村民小组为一个用水单位组建农民用水者协会，由农户选举产生用水者协会会长，由会长负责汇总本协会村民的总需用量、向水管单位申报，由协会成员共同协商协会辖区内田间灌溉工程的投资修建和维护，水费和相关灌溉费用由会长统计按耕地面积分摊，公开收取，张榜公布。理论上，成立农户用水协会就是为了解决分散的小农在水利市场上所遇到的困境，走社会化道路，通过农民自发合作，以解决村组集体缺位问题，或者是替代村组集体，让分散的农民联合成为一个用水主体，成为水利市场中买方，完成市场交易过程。

但是，农民用水者协会本身是自愿性的合作组织，在没有政府扶持的情况下，其所能够控制的经济资源和社会政治资源十分有限，又缺乏具有威望、权威和执行力的制度供给者，而农民具有强烈的“多一事不如少一事”风险规避意识，势必导致自主治理的制度创新的短缺。由于自主治理制度短缺，导致“搭便车”行为难以得到有效监督和控制。

另外，还兴起了一种自我供给模式。即单个农户自家围堰、修塘、打机井或购置水泵等抽水设施从公共池塘或河流抽水，用多少抽多少，费用自担。自我供给制下，农户自己决策，自己投资，自己受益，有较强的取水时间和取水量自由度，而且免受“搭便车”问题的困扰。但是，自给自足的供水方式代价也很高。一是取水成本高。单户供水不仅要投入大量的精力和劳动力组织水源，而且还要购置水泵、输水管乃至发电机、拖拉机等辅助设施，同时还要支付抽水电费等。根据笔者的调查，单户自办水利的费用投入年均达 2 600 元以上（输水管按 3 年折旧期计算，水泵、发电机等按 10 年折算）。二是抗风险能力脆弱。由于一般农户自有土地规模较小，筹资能力弱，因此单户自给水利只能是小型水利（如 1 亩见方的堰塘、60 米左右的水井或 3 米宽的小水坝等）。而且，农户自办水利的投入越多，越不愿参与集体供水和灌溉渠系维护活动，使得集体养护公共水渠的行动难以达成。一旦出现持续性干旱，自办小水利无法保证基本灌溉需求时，由于公共水渠荒废，导致水利工程的水难以输送到农田，出现“供水单位大量蓄水废弃，农民望水兴叹，农田受旱减产”的局面。

8.2.5 “民办公助”治理阶段

该模式主要有“以奖代补”政策支持下的“一事一议”制和“小农水”重点县水利项目制两种类型，是 2004 年以来政府倡导的主要农田水利治理模式。

8.2.5.1 政府引导的“一事一议”制。

随着农村税费制度改革的推行，在广大农村地区逐步推行农村农田水利设施供给的“一事一议”组织管理体制，各地结合实际情况积极探索，陆续制定了村内一事一议筹资筹劳的实施办法，逐步建立健全了民主议事制度。有的地方创造了通过以奖代补等方式支持一事一议筹资筹劳的经验。政府引导型“一事一议”治理模式是 2000 年农村税费改革后，农田水利实行村内“一事一议”筹资筹劳的实施办法面临筹资困难背景下，地方政府创造出来的政府引导农民投资的一种方式。

20 世纪末，河南在一些中小型农田水利工程治理中采取了民办公助模式。民办公助是以群众为主体兴办各种社会事业，政府给予一定资金支持的一种建设模式。一般以中小型农田水利工程为主，国家鼓励农村集体兴建，并给予一定的补助，建成后集体所有，集体使用。以小型农田水利建设民办公助为例，就是以统一规划、尊重民意为前提，以财政补助为引导，以农民、农民用水合作组织、村组和基层水管单位为载体，变政府主导为政府引导，变农民被动建为农民自主建，建设与管理并重，投资与投劳并举，既用活用好财政资金，调动农民群众的积极性，又妥善解决小型农田水利工程管护难的问题。

2004年《国务院办公厅关于推进水价改革促进节约用水保护水资源的通知》指出："完善农业水费计收办法"，"推行到农户的终端水价制度"，"切实加大农业灌溉设施改造力度，对末级渠系改造进行试点"，"改革农业供水管理体制和水费计收方式，降低管理成本，创造条件逐步实行计量收费，推行超定额用水加价等制度，促进节约用水，减轻农民水费负担"。

为进一步解决农村税费改革后小型农田水利工程建设面临的问题，自2005年始，国家开展了小型农田水利工程建设补助试点。2005年1月1日，中共中央、国务院下发的《关于进一步加强农村工作　提高农业综合生产能力若干政策的意见》（中发［2005］1号）指出："狠抓小型农田水利建设，重点建设田间灌排工程、小型灌区、非灌区抗旱水源工程，地方政府要切实承担起搞好小型农田水利建设的责任，中央和省级财政要在整合有关专项资金的基础上，从预算内新增财政收入中安排一部分资金，设立小型农田水利设施建设补助专项资金，对农户投工投劳开展小型农田水利设施建设予以支持。"把末级渠系建设试点作为提高农业生产能力一项重要内容："加快实施以节水改造为中心的大型灌区续建配套"，"开展续建配套灌区的末级渠系建设试点"，"各地要加强灌溉用水计量，积极实行用水总量控制和定额管理"。

2005年国务院办公厅转发《关于建立农田水利建设新机制的意见》，规定了在农田水利工程规划、设计、投资、建设和运行管理中有关方面的责任，并强调了农户的参与。水利部、发改委、民政部联合印发"关于加强农民用水户协会建设的意见"，对发展农民用水户协会的重要性、指导思想和基本原则，以及用水户协会的性质、权利义务、组建程序、运行和能力建设等有了明确的指导。同年，国务院农村税费改革工作小组印发了《关于规范和引导农民对直接受益的小型农田水利设施建设投工投劳有关政策的意见》，文件提到"严格区分加重农民负担与农民自愿投工投劳改善自己生产生活条件的政策界限"，并对投工投劳的范围、原则等作了规定。根据国务院颁发的《国务院关于做好建设节约型社会近期重点工作的通知》的要求，河南在加大末级渠系改造试点项目建设的同时，提出加快末级渠系的节水改造，努力把末级渠系改造试点区建设成为节水型农业的示范区，并每年增加资金。

2007年，国务院办公厅印发《关于转发农业部村民一事一议筹资筹劳管理办法的通知》，对一事一议筹资筹劳的原则、范围、对象、程序及劳资管理作了规定。

以“民办公助”方式支持各地开展小型农田水利建设，取得了一定成效。“一事一议”财政奖补政策的基本原则是，项目必须尊重民意，以村民民主决策、自愿出资出劳为前提，政府给予奖励补助，使政府投入和农民出资出劳相结合，共同推进村级公益事业建设。虽然政府有奖补，但项目的性质属于“民办公助”，由村民说了算，而不是从上到下分配项目。政府在奖补程序上，实行先建后补或边建边补，严格执行“村申请、乡初审、县审核拨付”的程序，从操作上确保“尊重民意、民办公助”，把好事办好。

在项目实施过程中，各村建什么项目、筹多少钱、出多少工，都由村民“议决”。在立项方面，政府重点支持农民需求最迫切、反映最强烈、利益最直接的项目，优先奖补农民筹资筹劳积极性高的项目。根据村民意愿，筹资的形式灵活多样，有的按村内人口分摊，有的按受益人口分摊，有的按劳动力分摊，还有的按耕地面积分摊。在建设规模上，与农民经济水平相适应，与财政承受能力相适应，做到量力而行，防止出现“烂尾”工程。

但是，这种模式成功的关键在于尊重民意、村民参与。问题是，随着工业化、城镇化和市场化的快速推进，农村劳动力的大量外流、农田水利建设投入的资本化，民意集成难、村民参与难等弊端也逐渐呈现出来；加之我国现存农田水利设施建设标准低、工程不配套、老化破损严重，在农田水利设施建设和管护中，越来越多的农民个体不愿意进行大修式的投入，农田水利设施建设筹资难、设施维修管理难、综合利用难等问题越来越凸显。

8.2.5.2　“小农水”重点县水利项目制模式。

为了加快小型农田水利建设步伐，2009年，国家将“一事一议”改为以县为单位整体推进的财政支持“小型农田水利重点县建设”的模式。

该模式是由农民或用水协会“一事一议”协商制定农田水利治理方案和自筹资金预算，上报政府部门批准，采取自主或统一招标方式，进行农田水利设施建设改造，经政府有关部门验收合格，政府给予一定奖励作为工程建设资金补贴。

该模式的特点：其一，农田水利建设和养护的资金安排实行地方政府统筹，农民及其社团组织负责，中央财政补助（中央财政小型农田水利建设补助专项资金），同时也鼓励社会捐赠。其二，中央和地方财政“以奖代补”，就意味着政府可能会多支持实施效果好的地方，这将起到一种杠杆和引导的作用，使地方在认识上、组织上和资金调控上，可以更好地实施这项工程。“干得好可能就多给你，干得不好可能就不给你”，通过这种杠杆，鼓励农民和社会资本参与农田水利建设与工程管护，激发了农户参与末级渠系建设的积极性。但是，该模式尚未对农田水利建设管理的基层组织存续和发展提供必要的财政和制度支持，这将使已建成的农田水利设施功能发挥面临很大的不确定性。

8.3　河南省农田水利治理效果与问题

8.3.1　农田水利工程建设与灌溉面积

经过近 60 年的建设，河南省农田水利设施持续完善，为全省抗御水旱灾害、改善农业生产条件、促进农业持续发展奠定了坚实基础。特别是 2004 年以后，河南省紧紧抓住国家黄淮海平原开发、大型灌区续建配套、节水改造和节水灌溉示范项目建设等机遇，不断加大农业节水的资金投入、科技投入和扶持力度，积极推广渠道渗砌、低压管道输水、喷灌、滴灌、渗灌等技术，大力发展高效节水农业，取得了良好成效。各项支农强农政策的全面铺开，使农田水利基础设施有了突破性发展。农田水利基础设施已经初步形成除涝与灌溉相结合的工程体系，水利工程设施的持续完善，为全省抗御水旱灾害、改善农业生产条件、促进农业持续发展奠定了坚实基础。

目前，全省共有各类水库 2 360 座，总库容 366.2 亿立方米；拥有机电井近 124 万眼，约占全国的 1/4，井灌面积 399.1 万公顷，占全国的1/5。其中：①灌区建设方面，万亩以上的灌区251处，有效灌溉面积173.80万公顷；建成并发挥效益的引黄灌区27处，年平均引水量约21亿立方米，年灌溉补源能力为73.33万公顷[①]；2万公顷以上大型灌区38个，全省大型灌区设计灌溉面积236.2万公顷，有效灌溉面积130.93万公顷，灌区内总人口2 904万人，占全省总人口的30%，粮食总产158亿千克，占全省粮食总产的37.5%，粮食单产是非灌区粮食单产的1.56倍。②蓄水设施建设方面，集雨水窖16万个，蓄水量达到5 614万立方米；坑塘28万个，蓄水量达到119万立方米；堰坝4.4万个，蓄水量达到6.2万立方米；提灌站装机容量为46万千瓦，实灌面积56.53万公顷；排灌站装机容量44万千瓦，控制面积达到11.93万公顷。③灌溉面积方面，截至2009年，河南全省有效灌溉面积与新中国成立初期相比增长了12倍；河南全省有效灌溉面积已达498.9万公顷，其中旱涝保收田389.1万公顷；与新中国成立初期的有效灌溉面积43.13万公顷、旱涝保收田0.83万公顷相比有了突破性发展，如表8-1所示。

表8-1　河南省农田灌溉面积变化情况

年份	耕地面积（千公顷）	农田有效灌溉面积（千公顷）		有效灌溉面积占耕地面积%	机电灌溉面积占有效灌溉面积%	旱涝保收农田面积（千公顷）
			机电灌			
2000	6 874.3	4 725	3815	68.7	80.7	3 693
2002	7 262.8	4 802	3 883	66.1	80.8	3 798
2005	7 201.2	4 864	3 917	67.5	80.5	3 882
2006	7 202.4	4 918	3 795	68.3	77.2	3 909
2007	7 201.9	4 956	3 946	68.8	79.6	3 962
2008	7 202.2	4 989.2	3 991	69.3	80.0	3 993

资料来源：2009年河南统计年鉴。

河南省防洪排涝工程基本形成了防洪、排涝、灌溉、降渍、供水五套

① 全国人大常委会专题调研组．关于河南、河北两省农田水利建设情况的报告．http：//www.npc.gov.cn/huiyi/ztbg/zfzdggtzxm/2009-07/09/content_1510001.htm.

工程体系，增强了农业综合生产能力和抗灾能力，提高了广大农民的收入，推动了农村经济的发展和社会面貌的改变。全省共有 100 平方千米以上的河道 493 条，其中已初步治理的有 300 条，堤防总长为 14 980 千米，治理总长度 12 626 千米。淮河流域河道 271 条，已初步治理 196 条，堤防总长 9 881 千米；长江流域河道 75 条，初步治理 32 条，堤防总长 1 196 千米；黄河流域河道 93 条，初步治理 36 条，堤防总长 2 660 千米；海河流域河道 54 条，初步治理 36 条，堤防总长 1 243 千米。田间排水系统直接与排水地块相连接，主要工程有小沟、毛沟、地头沟、犁沟等，其中小沟为固定末级排水沟，它们共同肩负排涝和排渍双重任务。骨干排水系统主要指大中级排水沟，主要任务是担负涝渍水的输送，它是连接田间工程和容泄区的骨干排水沟。

全省初步治理水土流失面积 4.24 万平方千米；91%以上低洼易涝地和 87%以上盐碱地得到了不同程度治理，平原地区低洼易涝治理面积 181.40 万公顷，盐碱地治理面积 67.81 万公顷，治理率均超过 85%。兴建村镇供水工程 2 617 处，解决了农村 1 108 万人的饮水不安全问题，为河南省抗御水旱灾害、改善农业生产条件、促进农业持续发展奠定了坚实基础。

但是，随着气候变暖和自然条件的变化，近些年来特别是 2009 年以来，我国农业遭受干旱、洪涝等自然灾害加重。河南省淮河干流、沙颍河、沁河等主要防洪河道上游缺乏大型控制工程，全省还有 400 座中小型水库需要除险加固。大多数河道的防洪标准只有 10～20 年一遇，部分不足 5 年一遇。全省仍有 26.67 万公顷低洼易涝耕地未得到治理，防洪除涝标准低，病险水库问题突出，已对农业持续稳定发展构成了威胁（全国人大常委会农田水利建设专题调研组，2009）。

8.3.2　农田水利投资效益

自 1996 年开始实施节水灌溉示范项目以来，河南省各级政府积极从地方财政中拿出专款，集中资金大力实施节水灌溉工程。制定优惠政策，鼓励农民自办水利，节约用水。2004 年来，河南省紧紧抓住国家黄淮海平原开发、大型灌区续建配套、节水改造和节水灌溉示范项目建设等机遇，不断加大农业节水的资金投入、科技投入和扶持力度，积极推广渠道渗砌、低压管道输水、喷灌、滴灌、渗灌等技术，大力发展高效节水农业，取得了良好成效。

在河南，一年三熟、四熟的高效农业和主体种植得到了较好推广，粮经比例得到合理配置，不少地方复种指数由原来180%提高到220%，粮经比例达到5：3。节水灌溉与农业结构调整相结合也使土地产出效益大幅度增长。

据统计，截至2008年，河南共建设国家级节水灌溉增效示范项目100个，省级节水灌溉示范项目406个，许昌、南阳、安阳、焦作4市也先后被水利部确定为国家级节水示范市，已累计发展136.65万公顷。河南全省已发展节水灌溉工程面积117.63万公顷，占有效灌溉面积的34%，年节水量约14.09亿立方米，其中低压管道输水58.53万公顷，渠道防渗47.07万公顷，喷灌11.13万公顷，微灌0.8万公顷，其他23.27万公顷①。农业用水量占全省总用水量的比例由2001年72.2%下降到2008年52%，吨粮用水量由1980年的420立方米、2004年的203立方米下降到2008年的141立方米。部分地区（豫东）农业水利用系数提高到0.55。河南粮食每年以10%左右的速度增长，但农业的用水总量却在以10%的幅度下降，这一升一降的关键就在于实施灌区节水改造，实现了农业节水。通过节水技术改造，河南每年节水10多亿立方米，年增加粮食生产能力20多亿千克，增加经济作物产值30多亿元，节省运行费1.21亿元。

通过对示范项目的观测和跟踪问效，根据各地区不同的气候、水资源条件以及经济发展状况，河南逐步探索出了适合自身情况的节水灌溉工程模式。在大中型灌区，主要是采取渠道防渗的工程形式，减少输水损失，提高渠系水利用系数；在地表水缺乏而地下水又相对丰富，且地下水埋藏较浅的豫东平原井灌区，采取开采与补给相结合的办法，普及管道输水灌溉技术；在豫西、豫北纯井灌区和沙壤土质区，重点推广低

---

① 各地因地制宜推广渠道防渗、低压管道输水灌溉、喷微灌等节水灌溉工程技术，全省每年新增节水灌溉面积10万公顷，到2006年6月底节水灌溉总面积已达到137.67万公顷，占有效灌溉面积的28%，个别地市已达到60%以上。各地初步建立了政策、工程、管理三位一体的综合节水体系。

压管道输水灌溉技术；在高效优质经济作物区，适度发展喷、微灌节水灌溉技术。

例如，许昌节水灌溉项目区内亩均效益 2 800 元，人均纯收入 2 930 元，分别比项目区外的亩均效益 1 813 元、人均纯收入 2 404 元提高 64％和 22％。经济效益激发了当地农民发展节水灌溉农业的积极性。洛阳市孟津县属丘陵地貌，严重干旱缺水，传统农业只能靠天收。但如今，通过节水灌溉技术改造和农业种植结构调整，孟津县已形成红提葡萄生态农业基地 1 333 公顷。每到收获季节，孟津葡萄销往全国。该县常袋乡农民王保忠承包了 25 亩农耕地，发展优质葡萄种植，已连续 3 年喜获丰收。2007 年销售收入可达 20 万元。腰包鼓起来的王老汉逢人就夸："充分利用节灌技术，丘陵区发展农业也大有可为！"。目前许昌市节水灌溉面积达 12.67 万公顷，占到了有效灌溉面积的 55％。再如禹州市自 20 世纪中期以来，通过大规模的农田水利基础设施建设，现有节水灌溉面积 2.83 万公顷，占有效灌溉面积的 66.9％。

以上例子中农民依靠节水灌溉技术走上富裕路是近年来河南大力发展节水灌溉工程促农业增效、农民增收的一个缩影①。实践证明，发展节水灌溉是缓解水资源紧缺状况的有效途径。它促进了农业种植结构调整，改变了农民传统的耕作方式，实现了农业增效和农民增收。

由于历年的统计资料难以获得，本书仅以 2007 年、2008 年两年的投资与收益情况的比较来探讨河南省农田水利设施建设投资的收益情况。与 2007 年相比，2008 年河南省各地农田水利基本建设投资与上年同期相比增加幅度比较大。全省 18 个地级市中有 15 个市投资增加，占 83.31％，3 个与上年基本持平，占 16.70％，主要是水库除险加固、饮水、土地整治等项目投资增加幅度比较大。投资的增长使得该省的各类主要小型农田水利设施状况得到改善，各种主要的小型农田水利设施的数量有了较为明显的增长（见表 8－2），其对农业灌溉和农田改造的作用已经明显显现（见表 8－3）。

① 记者王伟、通讯员李天良．河南节水技术促农业增效农民增收［N］．经济日报，2007-04-26.

表 8-2　河南省小型农田水利投资效益情况

项目	新增防渗渠道（千米）		建设村镇供水工程（处）	水库（处）	新增小型水源工程			新增蓄水能力（万立方米）
	干支渠道	田间渠道			塘坝（处）	水池水窖（口眼）	灌溉机井（眼）	
2008 年	804.87	4 440.3	1 617	1	4 623	25 744	33 607	5 170.81
2007 年	538.5	2 059	1 047	1	5 245	12 301	28 377	3 268.1
增长量	267.4	2 381.3	570	0	−622	13 443	5 230	1 902.7
增长比（%）	49.7	114.7	54.4	0	11.9	109.3	18.4	58.2

从表 8-2 可以发现，对粮食生产具有重要作用的干支渠道、田间渠道、水池水窖、灌溉机井和蓄水能力的绝对数量增长。

表 8-3　2007—2008 年河南省小型农田水利投资效益情况

项目	新增灌溉面积（万公顷）	改善灌溉面积（万公顷）	新增除涝面积（万公顷）	改造中低产田（万公顷）	新增节水灌溉面积（万公顷）	新增节水能力（万立方米）	新增供水受益人口（万人）
2008 年	12.07	13.21	11.66	9.61	9.37	6 746.02	279.3
2007 年	10.08	12.93	8.06	8.46	8.94	8 248.09	133.74
增长量	1.99	0.28	3.60	1.15	0.43	−1 502.07	144.56
增长比（%）	19.76	2.16	44.53	13.59	4.85	−18.21	108.84

从表 8-3 可以发现，随着小型农田水利设施建设投入力度的加大，与粮食生产和增收具有直接作用的灌溉面积、除涝面积、中低产田改造面积和年新增节水能力也同样有了明显的增长。与小型农田水利设施建设投入加大相对应的是粮食产量的增长。统计资料显示，2008 年河南省粮食产量较 2007 年增长了 62.5 亿千克。这其中的原因固然与粮食直接补贴政策的推行有关，但在自然条件不断恶化的情况下，小型农田水利设施建设投入加大的作用不可忽视。除此之外，村镇供水工程和新增受益人口明显增加，对建设社会主义新农村、改善农民生活条件也同样具有重要意义。

当然，全省地面灌溉约占总灌溉面积的98%，土渠占95%以上，三分之二的灌溉面积上灌水方法十分粗放，农业灌溉利用系数只有0.5左右。河南节水灌溉覆盖率还较低。据河南省防汛抗旱指挥部的数据，河南省的农田中，地灌、喷灌、渗灌等节水灌溉面积只占该省耕地面积的20%，约有80%的地方在农业灌溉上仍采用大水漫灌的方式。水利专家称，河南逾四成的灌溉用水并没有得到科学、有效利用。

8.3.3　农田水利供给的区域差异

经过近60年的农田水利建设，河南省农田水利设施供给得到极大的改善。但是，在区域分布上，河南农田水利设施建设的地区分布差异很大，如周口市和商丘市的机电井约有20万个，而济源市和三门峡市却不足4 000个；南阳市的堰坝达到1.1万个，蓄水量达到1.9亿立方米，而濮阳市、开封市、周口市等地区基本上没有堰坝蓄水。这种分布不均特别是解决灌溉问题的排灌站建设严重分布不均问题使得有限的水利资源没能充分发挥灌溉作用（表8-4）。

表8-4　河南省小型农田水利设施现状

市	机电井（眼）	塘坝		堰坝		排灌站	
		数量	蓄水量（万立方米）	数量	蓄水量（万立方米）	装机容量（千瓦）	控制面积（万公顷）
合计	1 157 025	281 227	119 406.5	54 115	62 250.17	435 689	11.94
郑州市	33 407	324	2 840.01	330	5 970.31	0	0
开封市	82 316	0	0	0	0	0	0
洛阳市	15 454	621	682.025	875	1 570.38	0	0
平顶山	35 653	943	1 349.28	818	1 114.95	0.6	0.01
安阳市	73 358	3 992	3 894.27	234	973.23	1 445	0.20
鹤壁市	23 143	194	366	270	2 896	600	0.17
新乡市	70 348	463	356.891 4	97	109.592	5 852.3	1.62
焦作市	40 162	323	114.46	36	639.07	2 010	2.08
濮阳市	54 829	2 089	5 124.8	0	0	2 318	0.77
许昌市	67 783	1 044	660.04	78	60.86	377 050	0
漯河市	47 428	0	0	0	0	0	0

（续）

市	机电井（眼）	塘坝		堰坝		排灌站	
		数量	蓄水量（万立方米）	数量	蓄水量（万立方米）	装机容量（千瓦）	控制面积（万公顷）
三门峡市	3 833	278	48.525	660	1 724.73	0	0
南阳市	66 424	15 529	8 184.84	11 158	19 191.35	2 467	0.13
商丘市	193 002	27 501	4 790.6	2	18	76	0.09
周口市	211 364	3 880	1 550	0	0	0	0
驻马店市	123 075	9 021	10 084.4	2 625	4 123	25 370	1.26
信阳市	12 671	214 757	79 285	36 678	22 942	18 500	5.54
济源市	2 775	268	73.4	254	916.7	0	0

资料来源：河南省水利厅 2008 年内部资料统计。

河南省现有供水工程总供水能力为 263.65 亿立方米。其中，蓄水工程 61.89 亿立方米；引水工程 28.42 亿立方米；提水工程 11.68 亿立方米；跨流域调水工程 17.84 亿立方米，地下水水源工程 143.82 亿立方米。2009 年，现状总供水量为 226.54 亿立方米。其中粮食主产区主体范围内总供水量为 194.86 亿立方米，占全省总供水量 86.5%。其中蓄水工程 27.29 亿立方米，引提水工程 32.1 亿立方米，跨流域调水工程 14.71 亿立方米，地下水 120.69 亿立方米，其他 0.07 亿立方米，详见表 8－5。

表 8－5 粮食主产区范围现有供水能力情况表

供水能力：亿立方米

分区	类别	蓄水工程		引水工程		提水工程		调水工程		浅层地下水	中深层地下水
		数量（处）	供水能力	数量（处）	供水能力	数量（处）	供水能力	数量（处）	供水能力	供水能力	供水能力
山前平原区	大	1		1	1.60				0.35		
	中	13	4.64	9	6.10						
	小	170	0.48	15	1.49	2 372	1.72				
	塘坝	4 645	0.10								
	合计	4 829	6.22	25	9.19	2 372	1.72		0.35	28.18	4.72

（续）

分区		类别	蓄水工程		引水工程		提水工程		调水工程		浅层地下水	中深层地下水
			数量（处）	供水能力	数量（处）	供水能力	数量（处）	供水能力	数量（处）	供水能力	供水能力	供水能力
黄淮海平原区	北部地区	大	1	0.76	8	8.78			5	14.01		
		中	13	4.37	9	4.03			1	1.14		
		小	43	0.28	4	0.01	1 693	3.72				
		塘坝	1 944	0.03								
		合计	2 001	6.45	21	12.82	1 693	3.72	6	14.15	33.60	3.81
	南部地区	大	9	16.15	2	1.26						
		中	22	1.48	3	1.20						
		小	1 018	2.75	8	0.59	1 599	3.70				
		塘坝	255 227	4.50								
		合计	256 276	24.88	13	3.05	1 599	3.70			30.46	3.52
南阳盆地		大	2	8.29								
		中	18	1.30			1	0.04				
		小	475	1.06	8	0.35	808	0.60				
		塘坝	23 931	0.97								
		合计	24 426	11.62	8	0.35	809	0.64			8.33	2.32
核心区合计		大	13	24.20	11	11.64			5	14.35		
		中	66	13.80	21	11.33	1	0.04	1	1.14		
		小	1 706	4.58	35	2.45	6 472	9.74				
		塘坝	285 747	4.59								
		合计	287 532	49.17	67	24.42	6 473	9.78	6	14.49	100.58	14.37

资料来源：根据河南省水利厅和农业厅内部资料整理而得。

总之，新中国成立以后，政府十分重视农田水利建设，水利建设一直是我国农业基本建设的重点。60多年来，各级政府通过组织村社集体投工投劳、政府补贴的方式，先后建成各类小型农田水利工程约2 000万处，为农业生产发展、国民经济恢复做出了积极贡献。这些工程数量多、分布广，规模小，是保障我国广大农村地区经济发展、人民生活水平提高不可或缺的基础设施。然而，20世纪80年代农村基本经济制度改革以后，随着“专业管理与群众管理”相结合的农田水利工程管理体制中“群管组织”（村集体）的水利事务管理权威丧失，这些水利工程在建设与管理中出现了产权不清晰，所有者“虚位”，“权、责、利”不明、投入不足、灌溉系统设施损坏严重、运行效益衰减、服务功能严重退化等问题，从用水户收取的水费不足以弥补维持灌溉系统运行和管理的费用，已经成为制约我国农村经济发展的重要因素。

可见，随着社会主义市场经济的发展，个性自由的发挥使追求经济效益成为经济人的目标。家庭承包经营使农户成为独立的生产经营实体，在一定时期很难组织大量劳动力，缺乏合力进行投入资本化的大中型水利设施建设，单纯依靠个体的力量是很难完成的。

8.4　农田水利治理困局成因分析

改革开放以来，农田水利治理制度进行了多方面的改革，但农田水利治理效果仍存在较大的改进空间，当前农田水利治理困局的成因主要表现在五方面：

8.4.1　经营管理体制问题

由于农田水利设施既有一定的公益性，又会使农民直接受益，政府、农民和社会在农田水利建设中各自扮演什么角色，承担什么样的义务和多大的义务一直存在着争议。农村家庭联产承包责任制后，农村集体经济组织逐渐退出农田水利工程建设和管理的主体行列，对已建成的小型农田水利工程如何管理和使用，对国家、集体和受益农户三者之间的责任和权利等方面，都没有新的明确的规定，农田水利工程特别是小型农田水利设施的归属不明确，加上中央和地方事权、财权的划分和财力的变化，农田水利建设投入责任不明。由于产权不清、财权与事权不匹配，从而造成农田水利工程建设管理主体、运行管理和维护责任难以落实。

1994 年“分税制”改革财权上移后，农田水利投入责任并未同时进行相应调整，农田水利建管经费仍由各级地方政府负担，形成中央与地方事权与财权的错位。实质上是将国家投资责任部分转嫁给地方政府，而地方财政多为吃饭财政，对农业这样产出效益低的产业来讲，不愿投入过多的配套资金搞农田水利建设，往往以农民投工投劳弥补资金的不足，实质上是将投资责任转嫁给乡村组织和农户。

取消“两工”后，农田水利建设相继出台了“分级负责，分级管理”政策和“一事一议”等政策。例如，按照国家水利投资“分级负责，分级管理”政策，10 万立方米以上、100 万立方米以下的小二型水库由乡镇一级负责投资和管护，100 万立方米以上、1 000 万立方米以下的小一型水库由县级负责投资和管护。而兴建一座小二型水库动辄耗资几百万元，尽管中央给予补助，需要地方配套 50%左右，但这对于“饥饿型”的县级财政来说，无疑是一个天文数字。加之伴随乡镇机构改革的推行，大部分乡镇水利站被撤销，编制减少，有的甚至被取消，造成农田水利规划、建设、管理不到位；同时，农村青壮年劳力外出打工逐年增多，农民投工投劳急剧减少，导致农田水利建设陷入“一无资金二缺人力”的尴尬境地。结果造成农田水利供给出现“国家靠地方、地方靠农民、农民靠国家”的怪圈，供给主体和管理责任难以落实。

尽管各地出台了农田水利“一事一议”集体决策和筹资机制，但农村大量青壮年劳动力外出打工，使投入和管理农村基础设施的机会成本增加，阻碍了农民投入和管理农村基础设施的积极性。农田水利投资总量大、机会成本高、风险高、比较利益低等问题，以及议事成本高、达成协议难、筹款难、执行难（村委会提交审议的筹资筹劳方案往往难以通过，即使通过了一些村民也不主动交款，没有约束机制往往导致筹款的交易费用上升），导致使农田水利修建等社会动员机制难以启用。

8.4.2　建设投入性问题

农田水利基础设施薄弱状况难以改变最直接的原因就是投入不足。土地承包到户，特别是农业税费改革和取消“两工”（农村义务工和劳动积累工）后，用于农村水利设施建设的村提留不复存在。同时，农村青壮年劳力外出打工逐年增多，农民投工投劳急剧减少，导致农村水利建设陷入“一无资金二缺人力”的尴尬境地。

“两工”取消后，政府部门联合出台《关于建立农田水利建设新机制的意见》，明确要求“政府支持、民办公助”，但“民办公助”并未真正确立各级政府的投入主体地位，未真正落实投入责任，农民仍是农田水利的重要投入主体，搞“民办”，各级政府只起辅助作用，实施“公助”，新的投入主体没有落实到位，巨大的投入缺口尚未有效弥补。这与农田水利公益性特征和当前社会形势不相适应。

近年来，财政投入大幅度增加，但规模太小。假如根据河南省 2003 年编制的《重点中型灌区规划》和《中小型灌区普查》，河南 211 处 1 万至 30 万亩[①]的中型灌区改造需总投资 24 亿元，按照 2001 年以来年均 0.199 亿元的投资水平，需 120 年才能完成。

对于河南这样一个中部相对落后的地区而言，自身财政存在很大的压力，在“乡财县管”和“县（市）财省管”的财政监管体制背景下，农田水利设施建设投资不足具有必然性。近些年来，河南省水利工程投入和建设力度不断加大，大中型灌区骨干工程面貌逐步改善，但农田水利建设投资占水利投资中的比重偏低，仅占 6%（水利部统计数据）。河南省防汛抗旱指挥部办公室发言人杨汴通 2009 年 3 月 5 日接收《第一财经日报》记者采访时说，河南省农田水利工程资金每年缺口 35 亿多元。例如，根据水利部批复的《韩董庄灌区续建配套与节水改造规划》，计划到 2015 年基本完成改造任务，估算工程总投资 2.4 亿元，其中骨干工程投资 1.8 亿元。截至目前，仅实际完成投资 5 689 万元，占灌区总体规划投资的 23.7%。按现在的投入力度，灌区骨干渠道全部改造完至少还需要 20 年时间，按照灌区骨干工程的使用寿命，到那时，一些已改造完的工程可能又需改造了。

从图 8-1 可以看出，在 2006 年 4 月至 2007 年 4 月与 2007 年 9 月至 2008 年 4 月两个阶段中，河南省农田水利设施建设的资金来源是中央财政、市县乡财政和农民自筹。政府对干、支渠以下的末级渠系和田间工程等小型农田水利建设投入明显不足，贯通配套性差，互联互通性不高。而农民由于收入低、农业比较效益低等原因缺乏投入能力和积极性，末级渠

① 1 亩=1/15 公顷，下同。

系等田间配套工程长期得不到整修，造成小型灌区及田间渠系不配套，小型水库、山塘的淤积、病险情况最为突出，难以形成灌溉能力和抗旱能力，难以产生规模经济效应。因此，目前农田水利建设“最后一千米”梗阻问题成为影响水利工程效益的主要原因。由于管理不力，一些水渠机井房等水利设施被毁（图 8－2）。

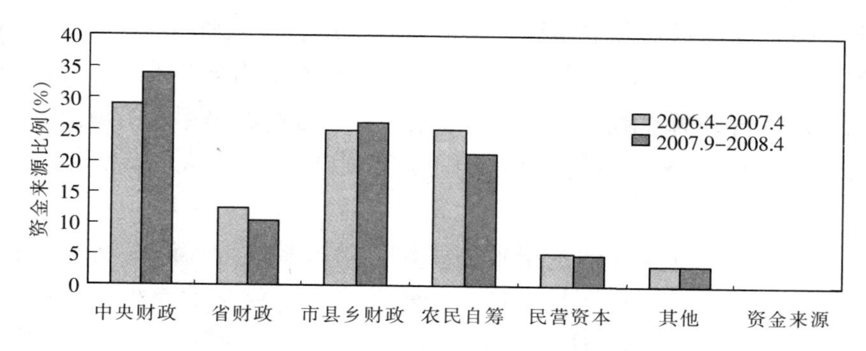

图 8－1　河南省小型农田水利设施建设资金来源状况

图 8－2　破损的井房边没有井盖的机井

同时，在农村水利建设上“等、靠、要”现象突出。地方往往热衷于投资开发水电，因为经济效益显著。而在直接服务农业生产的水利建设上，等国家拿钱、靠外援支持、要财政补助的现象相当突出，缺乏适应水利发展需求的投入机制。

8.4.3　管护机制问题

农田水利管护机制不健全。在农田水利管理上，不少地方都存在“重建轻管，重用轻护”（地方水利部门重争取投资和项目建设、轻已成工程管理的问题），建工程国家有补助，管工程难筹钱，工程产权不明晰，维修养护责任和经费投入主体界定不清，有人用、没人管现象还比较普遍。近年来，中央推行的农田水利工程设施专管与群管相结合模式远未得到大力推广，专管方面“两费”落实不到位，群管方面农民用水组织建设严重滞后。“在建工程有项目有资金热火朝天，已成工程无人问、无人管、管不了”的现象依然存在。

这一问题造成众多输水渠道跑、冒、滴、漏严重，许多塘堰淤积严重，蓄水池无人管而干涸损坏，工程年久失修，供水效率极差，形成了“风调雨顺忘了水利，一遇灾害才想到水利，特大灾害突击投入水利”的怪圈。存在产权不明晰、维护管理责任不落实、运行困难等问题。

河南省防汛抗旱指挥部办公室发言人杨汴通 2009 年 3 月 5 日接受《第一财经日报》记者采访时说，河南有农业灌溉机井 121 万眼，有效灌溉面积 340.3 万公顷。但这些机井大多建于 20 世纪，已陆续进入更新改造期，全省有一多半机井带病运行，每年报废机井 3 万至 4 万眼，灌溉效益日益衰减，致使农业生产抗灾能力较低，大灾大减、小灾小减的状况没有从根本上得到扭转。汝州市寺上村、东马庄村，耕地面积 538 公顷，原有机井 22 眼，小水库 2 座，旱涝保收，但近年机井损毁报废的已达 14 眼，占 64%。水库因缺乏维护，淤塞、设施损坏等导致报废，现在田地都成了望天收。尉氏县原有沟、河、桥、涵、闸 4 000 多座，目前失修、损毁的达 1 200 座，占 30%；带病运行 2 400 个，占 60%。

据调查，灌区末级渠道衬砌率仅为 11%左右，建筑物配套率约为 30%，小型农田水利工程完好率不足 50%。骨干建筑物完好率不足 40%，干支渠基本完好长度占实有长度的 35%，斗农渠完好长度占实有长度的 60%，斗渠以上建筑物基本完好的占实有的 45%，20%的已失效或报废。众多泵站带病运行，高耗低效，无法发挥正常功能。农田水利设施方面普遍存在年久失修、功能老化、更新改造缓慢的问题，工程长期带病运行，致使工程效益衰减严重。

8.4.4 治理组织问题

农村税费改革取消“两工”以前，我国农田水利工程采取专群结合的组织管理方式。大中型灌区的骨干工程一般设有专门管理机构，大中型灌区的斗口以下及小型灌区一般由村组集体管理。各级政府依靠行政命令与宣传发动，组织农民群众参与农田水利建设与管理是行之有效的措施。

“两工”取消后，基层政府的组织动员能力逐步削弱，传统组织方式与农村形势不相适应，带有行政强制色彩的投工投劳不再适用，农田水利主要靠基层乡镇水利服务站进行管理，但在农村乡镇管理体制改革时，水利服务站被撤销了。

灌区水利供给管理机构改组为追求资本化的经营性公司，水费急速增长，出现了“用水贵用水难”的问题，与农户用水间的矛盾日益增多，水费收缴拖欠严重，大量水利公司经营日趋困难，管理日趋衰败，人员流失、功能弱化，线断网破；农田水利组织方式滞后，新组织尚未建立，新的投入与管理主体没有落实到位，造成供给主体分散、建设资金使用分散，难以形成合力，导致农田水利工程建、管、用相脱节，管理维护主体缺位。

2002 年 9 月，国务院办公厅转发了《水利工程管理体制改革实施意见》。截至 2007 年 7 月底，全国参加水管体制改革的 15 154 个水管单位中，已有 12 012 个完成了“两定”测算工作，占总数的 79%；8 822 个水管单位完成了分类定性工作，占总数的 58%。但是，水管单位“两项经费”（公益性人员基本支出和公益性工程维修养护经费）的落实依然是水管体制改革的关键环节和当前面临的突出难点，全国已落实公益性人员经费 40.4 亿元，占应落实数的 48%；落实维修养护经费 30 亿元，占应落实数的 35%。农村税费改革以来，水价改革难以推进，水费实收率不断下降，大中型灌区农业水价平均仅为实际供水成本的 38%，平均水费实收率仅为 57.37%，实收水费只占成本的 22%。水费收入锐减使许多水管单位职工工资欠发，职工队伍不稳，基层水管单位生存发展困难，直接影响了灌区水利设施的正常维护运行。

2005年国务院办公厅转发了由国家发改委、财政部、水利部、农业部、国土资源部等五部委联合制定的《关于建立农田水利建设新机制的意见》，明确要求“政府支持、民办公助”“民主决策、群众自愿”的原则，采取“一事一议”方式开展农田水利工作。

然而，国家法制环境发生变化，“增加农民负担”成为不敢碰的“高压线”，基层政府组织动员能力弱化，“一事一议”政策没有约束力，落实效果较差，组织农民群众参与农田水利建设和维护事务的难度加大。在全国广泛推行的农田水利“一事一议”模式中，存在“事难议、议难决、决难行”的窘境。

目前，农田水利建设直接投入项目涉及国家七、八个部门和更多的运行环节。大型灌区续建配套与节水改造项目、大型灌溉排水泵站改造项目、节水灌溉示范项目由发改委、水利部负责；小型农田水利建设补助专项资金由财政部、水利部负责；全国农业综合开发中低产田改造项目由国家农业综合开发办负责；土地开发整理项目由财政部、国土资源部负责；中型灌区续建配套与节水改造项目由国家农业综合开发办、水利部负责；大型商品粮基地和优质粮产业工程项目由发改委、农业部负责。

由于投入渠道分散，运行环节繁多，造成农田水利建设资金难以形成合力，不利于按照统一规划实施，项目监督和评估难度加大，行政成本增加，重复建设和管理主体缺位的情形并存。又由于投资预算时低估相关配套支出，只注重骨干工程建设成本，而对水利工程正常运行的配套设施与相关运行管理成本缺乏充分测算，导致大量水利工程设施因缺乏配套设施、缺乏运行启动投入而难以正常发挥功能。

由于农田水利建设，短期内不能给建设者或生产者带来经济效益的项目，一般不会成为经济人追求的目标。但基于血缘和亲缘关系的农户联合是可行和容易的，虽然合力有限，但仍然是搞好小型农田水利设施不可缺少的重要力量。在实行家庭承包经营体制的条件下，必须寻找一种新的机制，以便把作为独立个体的农户的力量，导入农田水利建设事业之中。这种机制应使农户和农民认识到加强农田水利建设不仅能获得短期效益，而且能获得长期效益，让农民成为自觉或自愿进行农田水利设施建设的主体。当前农民的经济实力有限，大中型水利设施建设不适宜由农民单独搞，必须探索政府、农户和社会合作投资的农田水利设施建设新机制。

因此，加大对农民用水合作组织的参与激励和利益诱导，应成为当前农田水利组织建设的重点。

8.4.5　关联资源制度不匹配问题

农田水利基础设施的公有性质产权具体表现为水库、塘坝、排灌站、机井、渠道仍为政府或村组公共所有，这一产权制度安排表现出与其他制度的不匹配性。主要体现在三个方面：

一是与土地制度的不相匹配（尚长风，2004）。随着土地分配到户，由农户自由经营，农民集体意识淡化。但是“投入大锅饭、使用大锅水”的情况并没有发生根本的变化，主要表现为农田水利工程归政府或集体所有。因此，从某种意义上看，“地”已经“私”有化了，精耕细作的动力系统基本形成，但“水利设施”却仍是“公”有的，水利设施的粗放经营反而加剧。所以，土地的私有性质产权与水利设施的公有性质产权不能对接，导致农民对水利建设没有积极性。

二是与政府财政和集体经济投入能力等不相匹配。作为公有资产，政府或集体应该承担起小型农田水利基础设施建设和管理的责任，但在政府和集体财政资金不足的情况下，农田水利基础设施建设和维修就难以进行。

三是一家一户的小规模分散经营与农田水利工程公共集约化经营、社会化服务体制之间的不适应。农村税费改革之前的以农民投工投劳为主、政府补助为辅的农田水利基本建设保障机制，随着新时期形势的发展而严重弱化，而新的保障机制却因诸多因素影响还未建立起来。尤其是农村税费改革取消农村义务工和劳动积累工，实现“一事一议”后，农民的分散经营和农田水利设施集体受益之间的矛盾日渐加剧，农民办水投工投劳大幅度减少，不少地方都由过去的“冬春大干”变成了“冬闲春眠”。据有关资料显示，2004—2005年农田水利基本建设农民投工比2001—2002年下降近70%，农民办水主体地位严重削弱，在不少地方，末级渠系和田间工程多年没有投入，村集体、农民用水组织管理和维护不到位，向农民筹集维修资金困难，往往造成设施失管失修，甚至长期不能修复。

总之，上述问题的原因是多方面的，但从根本上讲，主要与我国政治、经济、社会、财税、土地等领域发生的重大变化有关。改革开放以来，家庭分散经营替代了原有的集体统一经营，农村的管理体制和经营机制发生了深刻的变化。在“两工”制度政策取消、乡镇政府职能改革、税费改革与村民自治实践介入之后，农田水利的供需特征、供需结构、供需协调条件都发生了重要的转换。面对新的经济社会制度环境，对过去已建成的小型农田水利工程如何管理和使用，对国家、集体和受益农户三者之间责任和权利的划分等方面，都没有新的明确的具体规定，相应的农田水利基础设施建设与管理的体制更是没有理顺，没有形成良性运行的机制。

因此，河南乃至中国农田水利供求矛盾的实质在于：现行农田水利供给体制与当前农田水利经济属性和分化的主体权益需求不相适应。具体而言，农田水利工程建设与维护投入不足、水利设施衰退以及灌溉水利资源短缺前提下的因不配套出现闲置甚至荒废，即农田水利供求失衡，其表象原因是政府、企业、村社和农户投入短缺，而根源则在于农田水利治理机制长期落后于农田水利系统良性发展的需求，不能适应变化的社会经济条件和日益复杂的治理环境①，而出现制度短缺或制度失当。结果造成政府与水利机构主导的农田水利供给体制与层级化的水利产权、分化的利益主体需求、非协同的供需目标等经济社会环境不相协调。

这表明，农田水利建设要实现跨越式发展：一是需要国家政策支持、加大投入，探索建立以国家投入为基础的多元化水利投入机制，让尚未完全发挥作用的水利存量资产“活”起来。二是在加大大中型水利设施建设投入的同时，国家还应加大对小型、微型水利设施的投入力

---

① 胡雯．转型期中国农业灌溉系统可持续治理研究：一个嵌套分层的多中心治理视角［D］．成都：西南财经大学，2008．

度。三是在目前国家及地方财力有限的情况下，应推广农村用水合作组织，走“自建、自有、自管、自用”的路子，以调动社会资金投入水利建设的积极性。四是应全面推进水资源管理体制改革，实现城乡水务一体化管理。

8.5　小结

根据课题组的深入调查研究，改革开放30年来，由于农田水利建设与管理的体制机制改革明显滞后，农田水利投入制度、建设、运行、管护和维修制度不健全，责任主体不明确，设施产权不明晰，用水制度不完善和管护维修机制不健全，导致农田水利供给体制、建设机制和运作管理模式不能给投资者提供可预期的收益，制约了多元化供给体制和供给结构的形成和发展。进而，由于农田水利管理维护主体缺位等问题，造成工程建、管、用相脱节，结果陷入“风调雨顺忘了水利，一遇灾害才想到水利，特大灾害突击投入水利”的怪圈。

可以作出以下判断：农田水利供求矛盾的实质在于：农田水利资源价值实现机制缺失。具体而言，现行农田水利治理结构、供给体制所决定的农田水利组织形式、投入方式、价值实现方式与当前农村经济社会格局极不适应，或者说与当前农田水利经济属性和分化的主体权益需求不相适应，尤其是未能为社会治水组织参与提供必要的利益激励和诱导机制。

人们改善农田水利治理绩效的努力取决于特定的自然、社会和经济环境及其决定的资源价值实现程度。农田水利供给不足的表象原因是政府、企业、村社和农户投入短缺，而根本原因则在于，政府与水利机构主导的农田水利供给体制、治理制度环境与水利产权分化的利益主体需求、非协同的供需目标不相适应，不仅存在制度供给短缺问题，而且存在制度不适应现实需求的制度滞后问题。

可以说，农田水利治理困局之根源在于：农田水利治理结构所决定的投入机制、组织体系、价值实现方式不能适应当前农田水利经济社会属性和分化的主体权益的要求，未能为社会治水组织参与提供必要的利益激励和诱导机制。也就是说，农田水利治理结构变革滞后于利益相关者权利分化，造成现有的交易机制难以为农田水利有效治理所产生的经济、社会、生态价值等潜在利润提供充分实现的机制，从而制约了治水参与方改善治理行为的内在激励。

国家对此高度重视，采取了一系列对策措施予以挽救弥补，取得了积极成效，但形势依然严峻。要根本解决农田水利组织难、投入不足、建管缺失、供求失衡等问题，必需深化农田水利供给制度改革，变革农田水利治理模式，从体制、机制和政策上采取综合性的措施，健全农田水利资源价值交易实现机制，重塑农田水利建设管理的内在机制，特别是加大对农民用水合作组织的参与激励和利益诱导，应成为当前农田水利组织建设的重点。

第九章　农田水利治理模式有效性条件

经过多年的探索和实践，各地开展了多样化的农田水利供给模式探索与实践，为新形势下促进农田水利大发展创造了很好的经验。那么，这些供给模式能否促进农田水利系统的整体性和持续性改善？农田水利有效治理的前提条件是什么？本章将基于对河南省农田水利供给模式的比较分析做出判断。

9.1　农田水利治理模式有效评价标准

农田水利治理模式各有优缺点和适用条件，在选择何种模式时，必须对它们进行进一步评估。农田水利治理模式的有效性可以从多个角度考察：从某一模式建设的农田水利设施服务农业生产给多大规模的利益相关者带来多大的经济收益或社会效用，以及利益相关者获得此收益的方便程度和关联成本大小等多个方面考量。本研究主要从农田水利供给的公平和效率两方面来评价。

9.1.1　公平标准

公平（Fairness）标准。现代意义上的公平指的是一种合理的社会状态，是社会对每个人权利和义务的合理分配。公平包括三个层次内涵：第一级内涵是制度规则的公平、平等；第二级内涵是收入分配制度的公平，即个人向市场提供的生产要素（劳动、资本、土地、技术等）的多少，要与获得的报酬相适应；第三级内涵是收入补偿制度的公正，即政府要对个人收入进行合理的调节。这三级内涵是相互联系的。

通常，公平包含两种不同的含义。一层含义是经济上的公平。市场经济的原则要求：谁从小型农田水利设施提供的服务中受益，谁就应该承担该项服务的财政负担，且受益越多，付出就越多。若用水户不被如此公平对待，就会影响其为所受服务付费的积极性，进而采取机会主义行为。

公平的另一层含义就是社会公平。社会公平就是社会的政治利益、经济利益和其他利益在全体社会成员之间合理的分配，它意味着权利的平等、分配的合理、机会的均等和司法的公正。公平是指社会制度规则的公正、平等。社会公平是反映和评价人们之间合理的社会利益关系的范畴。

本书强调的公平主要指社会公平，既要关注权利义务的配置是否公平，更要关注实现水利资源分配公平和权利义务配置公平的制度程序和方法。而且更多侧重于农田水利资源交易中相关制度安排的具体游戏规则的公平，契约各方是平等、自由和理性的，即水资源获取机会的均等、权利的平等、分配的合理。起点的公平主要是指机会的均等，包括参与治理方式、投入机制决定的机会均等和制度规范适用的平等。这一标准要求农田水利设施制度安排要充分考虑利益相关者获得的平等的资源受益权、平等的发展权，要考虑贫困地区、贫困农户的利益及其为保护水资源而放弃的耗水经济活动的利益补偿，使他们也享受到农田水利设施建设提供的服务、带来的效益。

公平概念包含的内容通常有：谁从设施提供的服务中受益，谁就应该承担该项服务一定的成本，即付费或纳税；获益较多的，付出也应该是较多的。因此，小型农田水利设施的经营管理者作为一方利益主体，其经营管理水利设施的目的，除了自己方便使用外，更重要的是想实现供水设施和供水服务向货币收益的转变。如果用水方不能及时付费，则可能被中断用水，进而影响农业生产状况。这本是正常的市场交易行为，无可厚非。关键问题在于财富分配严重失衡的农村地区，这种交易将直接影响贫困阶层或群体的用水量。在他们无支付费用能力的情况下，他们的生产和生活境况也许会变得更糟。因此，公平原则在改制后的水利设施的制度安排中往往会受到一定程度的损害，必须给予足够的重视。

9.1.2　效率标准

效率（efficiency）是指最有效地使用社会资源以满足人类的愿望和需要。亦即给定投入和技术的条件下，经济资源没有浪费，或对经济资源做了能带来最大可能性的满足程度的利用。经济效率标准要求任何小型农田水利设施制度安排的净收益都必须首先大于零，即在某一治理模式下，设施的建设运行维护所能带来的预期收益必须超过其全部的直接和间接成本，只有这样，这个项目才具有可持续的价值。否则，设施就无存在的必要。这一定义要求在所有经济上可行的替代模式中，只有净收益最大者可称为具有经济效率的。

本研究主要根据农业发展的现阶段需要，从经济效益和社会效益两个方面，来衡量治理模式的功效。经济效益评价一般可以通过特定的投入模式下某一治理模式运行的成本收益分析法进行分析比较，来确定该投入模式在经济上是否可行。只要某模式下的农田水利设施的建设、运行、维护所能带来的预期收益（供水的稳定性、保证率、覆盖面，农田水利设施使用便利性等）超过其全部的直接和间接的成本，那么该模式就视为是有效率的。如果某模式下的农田水利设施的建设、运行、维护所能带来的预期收益超过其所能带来的收益，那么该模式就是非效率的。原因在于，不同农田水利治理模式的要素投入、潜在节水效益、社会效益和环境效益难预测而缺乏可比性。因此，本研究以不同农田水利治理模式的交易成本、直接效果和农户接受度等标准权且作为绩效评价的依据。

9.2　现有农田水利治理模式

长期以来，河南农田水利基础设施的投资主要依靠政府来完成，从资金来源来看，渠道单一，主要依靠政府的公共预算和发行债券，资金严重短缺。从投资方式来看，主要采取直接投资方式，且投资主体缺乏风险约束机制，存在着重复建设、管理落后等问题，从而使有限的资金难以实现最佳的配置，难以发挥最佳效益，严重制约了农田水利基础设施的发展，形成了“瓶颈”约束。近年来，国家实行积极的财政政策，增大了对大江大河治理等水利基础设施的投资，河南农田水利基础设施有了较大的发展。然而，多年的实践证明，仅靠政府独立投资、直接投资的方式来带动投资，促进增长，缓解水利基础设施落后的局面是远远不够的。随着经济发展，人们对水利基础设施的需求水平不断提高，在政府投资的吸引和引导下，社会民间资本的积极性被调动起来，河南省出现了农田水利基础设施投融资方式多元化现象，政府主导型、政府引导型、利益驱动型、资产盘活型、农民自主型等治理模式涌现出来。本节对河南现有的几种常见模式进行介绍，并从治理模式的投资主体、运作效果、适用条件等方面对其有效性进行比较分析。

9.2.1　政府主导型

该模式主要有三种类型：财政支持小型农田水利重点县建设项目、大中型引黄灌区续建配套与节水改造项目和农业综合开发项目。这里重点分析2009年开始推行的小型农田水利重点县建设项目的有效性，希望能够为该治理模式的推广提供有益的建议。

该模式的特点："三主体分工合作"、"资源整合联动"、"集中连片见效"。

（1）"三主体"是指中央财政牵头与地方政府联合作为投资主体，设立中央与省级小型农田水利工程建设专项资金，在资金安排上对重点县实行倾斜政策，负责项目县通过竞争立项；县级政府作为项目运管主体，负责项目规划、实施和督办主体，市县财政部门也要按照中央和省有关政策和要求，切实增加投入；项目承包商作为项目建设的具体生产主体。

（2）以各级财政支持小型农田水利工程建设补助资金为引导，以工程配套改造和管护机制改革为手段，通过资金整合、集中资金投入，连片配套改造，以县为单位整体推进，开展小型农田水利重点县建设，实现小型农田水利建设由分散投入向集中投入转变、由面上建设向重点建设转变、由单项突破向整体推进转变、由重建轻管向建管并重转变，全方位推动小型农田水利基础设施建设实现跨越式发展。

（3）按照"中央和地方共同负责"的原则，中央财政要继续加大投入力度，同时，地方各级财政也应积极筹集资金，尽可能多地增加投入，特别是市县财政要想方设法安排资金，支持农田水利建设。地方财政必须加大小型农田水利资金财政预算的比例，扩大小型农田水利专项资金规模，确保逐年递增。

9.2.2　政府引导型

该模式主要有"以奖代补"和"民办公助"两种类型。"以奖代补"

治理模式是2000年农村税费改革后，农田水利实行村内一事一议筹资筹劳的实施办法面临筹资困难背景下，地方政府创造出来的引导农民投资的一种方式。该模式是由农民或用水协会筹集资金进行农田水利设施建设，经有关部门验收合格，政府给予一定奖励代替工程建设资金补贴的供给方式。

“民办公助”治理模式是政府与农民共同出资建设农田水利的投入模式，既可以是政府投资为主、农民投工投劳为辅，也可以农民自筹资金为主、政府投资或补贴为辅，也可以是政府整合现有的多渠道水利建设资金，结合农民自筹资金进行建设。2005年，中央财政设立了小型农田水利工程建设补助专项资金，以“民办公助”方式支持各地开展小型农田水利建设，取得了一定成效。但是，由于诸多原因，我国小型农田水利设施建设标准低、工程不配套、老化破损严重，以及管理体制与运行机制改革滞后等问题仍然十分突出。为了加快小型农田水利建设步伐，2009年，国家将该政策改为以县为单位整体推进，开展财政支持“小型农田水利重点县建设”的模式。因此，这里主要分析“以奖代补”治理模式的有效性。

该模式的特点：其一，农田水利建设和养护的资金安排实行地方政府统筹，农民及其社团组织负责，中央财政补助（中央财政小型农田水利建设补助专项资金），同时也鼓励社会捐赠。其二，中央和地方财政“以奖代补”，就意味着政府可能会多支持实施效果好的地方，这将起到一种杠杆和引导的作用，使地方在认识上、组织上和资金调控上，可以更好地实施这项工程。“干得好可能就多给你，干得不好可能就不给你”，通过这种杠杆，鼓励农民和社会资本参与农田水利建设与工程管护，尤其是末级渠系的建设。

9.2.3　市场主导型

随着农村小型水利产权制度改革的深入，该模式主要采取租赁、拍卖、承包、股份合作等形式，盘活既有农田水利资产。明晰所有权，放开管理权，搞活经营权，走民营化办水、企业化管水和商品化用水之路。同时，通过改革水价和水费计收体制，为工程良性运行和节约用水创造条件。

9.2.4 集体协商型

就目前而言，集体协商供给采取的是“一事一议”模式。“一事一议”筹资筹劳兴修水利，是2000年农村税费改革初期适应改革村提留征收使用办法、取消统一规定的“两工”（劳动积累工、义务工）而作出的农村公共品供给制度安排，是推进农村基层民主政治建设、提高民主管理水平和充分调动广大农民积极性的一项措施。根据中央的精神，农业部于2000年7月印发了《村级范围内筹资筹劳管理暂行规定》。随着农村税费制度改革的推行，在广大农村地区逐步推行农村农田水利设施供给的“一事一议”组织管理体制，各地结合实际情况积极探索，陆续制定了村内一事一议筹资筹劳的实施办法，逐步建立健全了民主议事制度。有的地方创造了通过以奖代补等方式支持一事一议筹资筹劳的经验。

9.2.5 合作供给型

该模式主要是成立农民用水协会，由协会组织群众投资、投劳搞水利建设。用水户协会是农民的一项创造。这种以农民为主的基层用水组织，现在逐渐成为管水、护渠和节水的中坚力量。

目前，较为常见的是以水文边界或村民小组为一个用水单位组建农民用水者协会，由农户选举产生用水者协会会长，由会长负责汇总本协会村民的总需用量、向水管单位申报，由协会成员共同协商协会辖区内田间灌溉工程的投资修建和维护，水费和相关灌溉费用由会长统计按耕地面积分摊，公开收取。

9.2.6 农民自主供给型

该模式主要是由单个农户自家围堰、修塘、打机井或购置水泵等抽水设施从公共池塘或河流抽水，用多少抽多少，费用自担，是一种自给自足的水利供给方式。

9.3　现有农田水利治理模式运作效果的案例比较

9.3.1　政府主导模式运行效果

本研究以河南省第一批财政支持小型农田水利重点县西华县的项目执行情况为例，说明该类治理模式的运行绩效。

案例1：西华县小型农田水利建设项目及运行绩效

西华县处于豫东平原黄泛区腹地，境内沟壑纵横，田地低洼易涝，加上农田水利基本建设历史欠账较多，2003年、2004年连续两年严重内涝，受灾面积累计达10万公顷，农业直接经济损失4.84亿元。2005年以后，西华县加大财政投入，并切实创新机制、强化监督，大打农田水利基本建设翻身仗，连续3年夺得省政府颁发的“红旗渠精神杯”，成为全省农田水利建设先进县。2009年，西华县被遴选为中央财政小型农田水利重点建设县。

在资金筹集方面，该县按照政府投资与群众投资、投工相结合，“谁受益、谁负担”的原则，多元化、多渠道筹集水利工程建设资金，并采取开挖沟渠卖土、拍卖沟渠植树权等办法筹资。几年来，全县累计投入农田水利建设资金1.25亿元。仅2009年，就实现投资1922万元，其中中央补助750万元，省、市、县三级财政投入824万元，其他为群众投资。

在农田水利工程建设方面，该县坚持以“井灌为主、河灌为辅”的方针，打新井，修旧井，修复机电灌站，开沟挖渠，政府投资修建大的水利工程，群众筹资兴建小的水利工程项目。规划实施了裴龙沟清淤，南石、邓扶公路路沟清淤及桥涵配套，全县生产危桥重建，新建维修机电灌站等10大重点项目，抗旱灌溉和防洪除涝工程一起抓。

在工程管理方面，该县实现县领导包乡镇，乡镇领导包村包组，村组干部包地块，水务局组织工程技术人员下乡入村，深入田间地头，现场勘查规划，指导农田水利工程建设。为了搞好重点县示范区建设，按照国家、省里的要求，制订规划，采取措施，全县铺开，一个项目、一个工程地去抓落实。同时统筹安排农业综合开发、电力“机井通电”、土地整理等项目，合力兴建农田水利工程。

建设成效方面，2009 年，全县共投资 4 296 万多元兴修水利，投工 99 万个，新打机井 2 207 眼，维修旧井 837 眼，新挖、清淤沟渠 660 条，长 790 千米，新建排涝站 1 座，维修排灌站 5 座，新建维修桥梁 726 座，新增旱涝保收田 1 万多亩，新增灌溉面积 11 万多亩，新增除涝面积 1 万亩，改造中低产田 3.5 万亩。如今，西华县初步实现了“三无”（村庄无围水、田间无积水、沟内无死水）、“两通”（小沟通大沟、大沟通河流）和旱能浇、涝能排的目标。2009 年，西华县粮食总产量达 7.47 亿千克，增长 19.9%[①]。

案例 2：原阳实行灌区节水改造，63 万亩耕地灌溉有保障

《人民日报》记者赵永平和杨丽娟 2007 年 6 月 5 日走在河南原阳县韩董庄引黄灌区上游——葛埠口乡葛庄村，麦地中间是“渠相通、沟相连”。“今年的小麦准能丰收，多亏了咱们这些水泥渠沟，用着又得劲儿又省水。”66 岁村民娄清波激动地说。

原阳县地处黄河故道，该县从 20 世纪中期开始先后建成了韩董庄、祥符朱、堤南三个引黄灌区。大型灌区通过实行节水改造和续建配套。目前全县发展有效灌溉面积 63 万亩，改土治碱 62 万亩，除涝面积 59 万亩，使昔日“种一葫芦打两瓢”的沙荒薄地，变成了生产优质小麦、水稻的高产高效农业区，成为国家优质商品粮生产基地。

据了解，截至目前，韩董庄引黄灌区完成 6 条干渠防渗衬砌工程近 60 千米，每年可节水 4 000 万立方米；每年可向新乡市供水 2 100 万立方米。近几年，在三个灌区节水改造工程推动下，全县每年引黄用水指标 4.3 亿立方米，实际年均引黄用水量 3.5 亿立方米，年节约用水 8 000 万立方米。

“过去浇地使的是大锅水，大渠一放水，排水沟里都是水，上头（游）淹下头（游）旱，现在渠道通了，盐碱地排完涝，就能种了。”原阳县水

---

① 李东辉，文霞．小型农田水利建设筑牢河南省粮食丰产基石——累计投入 100 亿元重点扶持 22 个县［N］．大河网——河南日报农村版，2010-03-15.

利局长王修训说。

资料来源：赵永平，杨丽娟．河南原阳63万亩耕地灌溉有保障［N］．人民日报，2007-06-05，第06版（节水中国行）．

可见，项目区集中连片的农田水利治理模式取得了较好的效果。究其原因在于该模式通过以县域为单位开展农田水利体系建设，满足了农田水利网络“系统有效性”的条件，有效地实现了网络外部性内部化。采取推进省级资金整合，深化县级资金整合，建立和完善上下联动、政府主导、部门配合的协调机制，打造小型农田水利重点县建设项目整合平台，有利于“边建设、边受益”的投资管理机制的实现，有效地克服了农田水利投资回收期长、收益不确定性和投资锁定约束问题。

9.3.2　政府引导型治理模式运行成效

本研究以驻马店市平舆县农田水利建设①为例说明该模式的有效性。

供给投入方面：该县通过“以奖代补”形式，广开渠道，用好政策，努力增加对农田水利项目的投入。充分调动农民参与农田水利设施建设与管理的积极性，使农民真正成为农田水利工程建设、管理、受益的主体。该县充分利用中央、省、市已设立的“农村小型水利公益性设施补助”专项资金和县配套资金，按照水利总体规划，综合治理，形成合力，加大对农田水利公益事业的投入；对跨村、跨乡的农田水利工程，采取“分级投资，分级管理”的原则，按照“四议两公开”工作法，完善村级“一事一议”筹资投劳政策，调动各级参与农田水利建设的积极性。以村为基础进行“一事一议”，按照乡镇协调、分村议事、联合申报、统一施工、分村管理资金和劳务、分村落实建设任务的程序和办法实施，在重点末级渠系的修复工程中，实行每修好一千米给予5千至1万元的鼓励，保证投资效果。

组织管理方面：该县实行行政首长负责制，落实责任，加强领导，转变作风，精心组织、科学规划，统筹兼顾。水利部门稳定和加强基层水利技术服务队伍，建设和完善抗旱服务组织和农民用水合作组织，搞好技术

① 张文泽．平舆县农田水利建设掀热潮［N］．周口日报，2010-1-15.

培训和信息服务。深入开展“红旗渠精神杯”竞赛活动，加大农田水利建设工作力度。深入调研，搞好服务，认真做好农田水利建设规划。转变观念，积极引导，不断创新农田水利建设新机制。该县按照“先生活后生产、先地表后地下、先节水后开源”的原则，搞好水资源的统一开发、利用、节约、配置与保护，以水资源的可持续利用支持经济社会的可持续发展。

2009年12月至2010年春，该县农田水利基本建设的目标是新增有效灌溉面积8万亩，新增旱涝保收田面积6.4万亩，新增除涝面积45万亩，新增节水灌溉面积6.3万亩，解决农村饮水安全人口4.3万人，建设高标准水田林路示范园区18万亩。

9.3.3 市场型治理模式运行成效

该模式自20世纪90年代农田水利市场化改革以来各地广泛尝试的一种市场化治理模式，虽然河南省对农田水利产权制度进行了改革，但进展缓慢。其有效性一直处于争议状态，在有些地方运行效果较好，而很多地方运行效果不佳，承包者短期行为严重，并与农户用水之间产生巨大矛盾，尤其是在水价公平性、供水保障性和工程联通性等方面，引起社会强烈的质疑，也让人们开始反思“世界银行共识”的可行性。如禹州市自1995年就开展对小型农田水利工程推行“承包、租赁、拍卖和股份合作制”等形式的产权制度改革，但其中大部分只是采取简单承包的办法，没有放开建设权和搞活经营权、缺乏市场运作条件，制约了水利建设吸纳社会资金，改革滞后使农田水利工程建设与维护出现更多的困难。同时，产权制度改革不彻底带来的负面影响开始显现，一些小型农田水利工程实行租赁、承包、拍卖后，由于议定事项不周全，操作程序不规范，缺乏对经营者必要的限制性措施等原因，导致许多水利工程管理不到位，发挥不出应有的效益。

针对上述情况，各地采取不同方式动员农田水利设施投入和管理的积极性，从制度与组织上进行创新。比如，河南商城县的股份合作制①，对

---

① 农村税费改革取消“劳动积累工”、“义务工”两工后，投工难是制约村级农田水利建设大问题。信阳市商城县通过养殖专业户投资与受益群众签订投工协议的方式化解了这一难题。该县双椿铺等乡镇的9个养鱼水产养殖大户与当地村民组签订协议，养殖户投入资金，群众投工以工抵资，双方共同完成大塘整修任务并共同受益。

农田水利设施的投入和管理进行了创新，有效动员了农民参与农田水利设施投入的积极性，值得借鉴。

9.3.4 集体协商模式运行有效性

从需求意愿表达方面来看，“一事一议”作为一种“自下而上”的农民需求意愿显示机制和供给决策机制，有利于改变过去那种“自上而下”的决策机制，有利于农民需求导向的农村农田水利设施供给制度的形成，反映农民需求意愿、汇集农民需求偏好。

据调查了解，推行“一事一议”制度以来，农田水利建设与管理工作都要依靠“一事一议”来制定实施，但成功率不高。总体来看，“一事一议”能够议成的事只占需要干的事极小的一部分，大约在30%左右。“一事一议”成功的大多是工程规模小，投劳数额小的一些严重影响村民生产、生活条件的农建工程。像干渠、支斗渠、大机井及配套设施的岁修工程涉及面广、规模较大、投劳数量大的都很难议成功。

从实施范围来看，“一事一议”政策仅限于以村为单位实施的水利兴修、道路等公益性质的基础设施建设，而跨乡镇、跨区域的大量水利工程仍未实施，这些关联性、配套性的水利设施不畅通必然导致村域内水利工程功能的弱化。

从决策效率方面来看，农村农田水利设施建设需要投资投劳并举，对没有项目带动和财政补助的农田水利设施建设，往往难以通过议事表决，难议难决，尤其是经济欠发达县市和贫困山区；对那些跨村、跨乡的流域性农村农田水利设施项目，这种议事程序又显得复杂，统一组织和利益协调的难度大、成本高，难以操作。

从决策的实施方面来看，一事一议的农田水利供给投资往往需要社区内筹资，而农民从社区公共品中获得的收益并不均衡，而且存在不交钱得过路水的“搭便车”行为，就需要社区范围的“一事一议”具有强制力克服社区成员的“搭便车”行为。再者，由于这种体制尚处于起步阶段，管理办法欠规范，也缺乏表决和强制执行的约束机制。最后，随着农村青壮年劳动力向外流转趋势的日益加剧，不仅影响到家庭决策行为和项目建设方面的投工投劳，甚至一事一议程序本身也难以成功组织起来。

“一事一议”目前存在的主要问题：第一，程序复杂，基层干部态度消极。按照有关规定，“一事一议”要经过征求农户意见，民主讨论，有关部门审核备案，政府审批等若干程序，并通常都有筹资投劳数额上的限制，实际操作起来难度大，过程冗长，导致镇、村等基层干部态度消极，“一事一议”变成了有事不议。第二，农民的利益要求不一致，往往议而不决。各农户之间情况千差万别。“一事一议”很容易造成议而不决，存在着效率低下的问题，也使水利建设难以保障。第三，现在“一事一议”筹集的额度，对一个水利设施建设来讲，实在是杯水车薪，仅靠“一事一议”很难适应当前农田水利建设的需要。现代农田水利建设的要求比过去更高了，单纯靠“两工”来完成，已经远远不够了[①]。这也是“一事一议”制度往往存在事难议、议难决、决难成之根源。通过调查来看，“一事一议”作为税费改革推行的重要制度之一，绝大多数基层干部和农民认为是可行的，是农民管理内部事务的必然趋势，但在操作性上有待进一步增强。

9.3.5　合作治理模式运行有效性

该模式在渠系工程配套性较好的大中型灌区取得了良好效果。水利部农水司灌区节水处副处长党平说，基层用水管理组织使灌区节水改造走上了“自有、自管、自用”的道路，使农业用水和节水有了机制上的保证。

例如，新乡市韩董庄灌区通过发展农民用水户协会，鼓励农民合作治水，从2007年开始，灌区内部就推行管养分离，由用水户协会承包养护，逐步向市场化养护过渡，实行管水、养护、收费一体化，用水户协会平稳运转，有力地保证了农业用水需求，保障了农业生产。2010年原阳县粮食产量突破64.32万吨，在上年粮食丰收的基础上再上新台阶。“原阳能保持粮食高产稳产，与健全农田水利建管机制分不开。”（原阳县水利局局长王修训），其中农民用水户协会发展，是保障农水工程长效机制上的关键一环。

在新乡市韩董庄灌区农业供水末级渠系改造试点区葛庄村，农民联合

① 尹成杰．加强农田水利建设　推进现代农业发展［N］．经济日报，2010－01－11.

组建了斗渠级用水户协会，截至2010年12月已经有10年了。由全村用水户推选出来的“水官”，原阳县葛埠口乡葛庄村用水户协会会长娄清波，告诉我们“头一次当水干部，要替用水户把水管好”。协会是农民自己的，小农水工程的产权是农民自己的，农水设施的长期使用有了农民积极性的保证。经过灌区改造和用水改制，建立了适应当前农村经济社会特点的田间工程管理体制和运行机制。

协会运行两年后，全村灌溉面积就由原来的1 700亩恢复到2 200亩，2007年，协会共引水136万立方米，每次放水时间为8天，比2003年用水量188万立方米节水52万立方米，缩短灌水时间5天，增产粮食22万千克。项目区斗渠改造、衬砌后，输水速度和效率大幅提高，斗渠水利用系数由以前的0.72提高到0.89，新增引黄灌溉面积2 470亩，改善4 447亩，新增粮食生产能力141.3万千克（亩均178千克），节水97万立方米（亩均122立方米），农民实际负担水费支出降低15%。

2010年该用水户协会按照“以方计量，以亩计征”的原则，每立方水收0.04元，折合旱地每亩收取30元水费，水田每亩55元水费。由于种粮总体收入在增长，村民表示：“这个水费，俺们愿意交!”。

再如，在河南原阳县韩董庄灌区师寨镇五柳集村，2003年还没有成立用水协会，那年天不下雨，全村1 500亩水稻都用不上水，损失惨重；2004年10月村里成立了用水户协会，协会人员与灌区专管人员密切配合，直接参与灌溉管理，全村村民又种上了优质水稻，年增加农业收入30多万元。以此为契机，韩董庄灌区把协会建设作为供水管理体制改革的核心，推行灌区管理局、渠系用水协会和村用水户协会三级管理制度，分别负责干渠以上工程管理、辖区内的支渠管理、辖区内斗渠以下工程管理，各用水单位实行自主经营、独立核算、民主管理，明确管理责任分工和供（用）水合同关系。

原阳县水利局韩董庄灌区管理局局长曹富春说，过去由于小农水工程产权不清晰，有人建，有人用，但没有人管，免不了损毁的命运。“各人只顾自家田，不管他人灌不灌”，使已有的小农水工程不能充分发挥效用。过去没有水浇地，只能生产“三红”（红辣椒、红番茄、红薯）；现在有了水浇地，就能生产“三白”（白米、白面、白棉花）。附加值低的农产品被附加值高的农产品所代替，农民交水费哪有不情愿的？

当然，不少村镇，由于农水设施产权不清晰，利益机制设计有缺陷，微薄的水费收不上来①，使得农水设施由政府投入建好之后，长期管理跟不上，好不容易建起来的设施难免过几年就失修失效。也有部分协会由于工程设施不完善，收取水费困难；也有协会负责人外出打工，协会不能正常运转②。对灌区管理单位来说，尚未建立健全节水补偿机制，一定程度上遏制了灌区农民节水的积极性③。小型农水设施的维护还需要在相关机制上得到保障。

9.3.6　农民自主治理模式模式运行有效性

该方式早在20世纪90年代末就已经出现，由于农户具有高度的自己决策、自己投资、自己受益的权力，而且基本不需要与别的农户协商谈判事项，节约了交易费用，免受“搭便车”问题的困扰，所以在农田水利市场化和农村税费改革后，被越来越多的农民采用。

9.4　现有农田水利治理模式有效运行条件比较

9.4.1　政府主导治理模式有效运作条件

政府（特别是县级）具有较强的资金整合能力，并制定了规范可行的农田水利建设资金整合方案，专项资金使用管理规范。县（市、区）政府重视农田水利建设工作，组织机构完善，配合投入资金比例较高，且已建成农田水利项目建设管理规范、工程效益较好。小型农田水利建设基础工

---

① 谈起农业水价改革，固始县祖师庙乡七冲村支书胡应启面露难色：“现在要群众出点工可以，修修干渠、斗渠，但要把水费收上来，存在困难。”七冲村水费收取的标准是每立方米0.056元，亩平均水价30多元。综合各种生产资料成本，不算农户的劳动力投入，每亩纯收益仅600元。同豫东平原相比，这里是山区，人均耕地面积较少，平均只有三四分地，种粮收入不多，再让农民交水费，确实为难。收不上水费，用水户协会维持和小农水工程的维护又面临威胁。

② 相关资料源自：高云才、赵永平、顾仲阳、陈仁泽．旱涝保收 水利如何不望天——来自粮食主产区农田 水利调查［N］．人民日报，http：//society.people.com.cn/GB/13522976.html，2010-12-20.

③ 用水户协会是农民的一项创造［N］．人民日报，2007-07-08，第06版．

作扎实，前期工作充分，经县（市、区）级人大或政府批准实施农田水利建设规划。水源有保证。现有大中型灌区水源工程、骨干沟渠及水利枢纽运行正常。县乡两级水利技术力量较强，具有一定的农田水利设计、施工、管理和服务能力。当地农民农田水利建设积极性高，愿意投工投劳参与工程建设；村委会或农民用水合作组织健全，具有组织农民参与建设和承担建后管护责任的能力。

9.4.2　政府引导型治理模式有效运行条件

其一，建立有简洁易行的申报、立项、实施、验收等工作程序；建立科学的考核指标体系、考评办法，明确考核、奖补程序；加快资金下拨进度。其二，应进一步完善和改进资金补助方式。探索和完善“先建后补”、“边建边补”等方式，优先安排农民群众急需且有积极性的项目，鼓励筹资有道、创新力度大的地方先干。其三，要发挥农民用水户协会载体作用，水泥、砖、钢材等大宗建材和机电设备等材料，原则上集中采购，实行县级报账制，确保工程效益长久发挥。

9.4.3　市场化模式有效运行条件

其一，应该建立长效机制，延长承包期限，遏制承包者的短期行为。其二，应有相应规章和监督体系，约束承包者的经营行为，减少承包经营与农户用水需求间的矛盾。其三，也是更重要的，政府部门要承担应有的责任，在外部性较大、监督管理较为困难的渠系建设等方面投入资金，也应对承包者给予一定的补贴，鼓励他们更多地考虑农户利益，更好地保障水利设施高效运营①。水利设施的私有化同样需要政府的补贴和监管，政府不能缺位，政府部门“甩包袱”式的私有化和市场化行为，将严重损害农村用水者的利益，并带来更多的矛盾和冲突。其四，应借鉴集体化时期动员农户合作建设农田水利的经验，研究如何重构农户合作机制。

---

① 郑风田．反思农业水利设施市场化改革．http：//www.wyzxsx.com/Article/Class19/200902/70785.html.

9.4.4 集体协商治理模式有效运行条件

其一，“筹资筹劳应遵循村民自愿、直接受益、量力而行、民主决策、合理限额的原则”充分尊重农民的意愿，按照村民“一事一议”筹资筹劳的有关要求，组织农民参与工程规划、筹资、投劳、建设、运行、管护的全过程，使农民真正成为小型农田水利工程建设、管理和受益的主体。其二，“一事一议”项目必须有一定的村级公共建设资金补助，缓和“一事一议”筹到的资金与水利投资缺口过大问题。目前国家应加大财政支持，单列农资综合补贴资金扶持小型农田水利基础设施建设，像粮食直补一样，将农田水利基本建设列入直接补贴范围，加大机井建设和小型桥涵配套力度。其三，对符合当地农田水利建设规划，政府给予补贴资金支持的相邻村共同直接受益的小型农田水利设施项目，先以村级为基础议事，涉及的村所有议事通过后，报经县级人民政府农民负担监督管理部门审核同意，可纳入筹资筹劳的范围。

9.4.5 合作治理模式有效运行条件

其一，合作群体内需要有一些有威望、有组织力、敢于负责的精英式人物，来公平合理地组织管理协会内外部的经济资源和社会政治资源，规范参与者的行为，促成集体一致行动的实现；其二，相关联的农田水利工程设施基础相对较好，本级水利工程运行成本不高；在运行成本较高时，能够得到适当的政府资金用于田间工程配套，与骨干工程改造配合进行，来合理分担集体行动成本。

9.4.6 农户自主治理模式有效运行条件

农民自主治理模式一般适用于规模小、投资少、见效快的机井类工程建设，农户享有工程设施的建设、管理使用权和受益权；农户要投入必要的资金购置水泵、输水管乃至发电机、拖拉机等辅助设施，同时还要有一定的劳动力和时间组织水源；水源相对丰富、取水成本不高。

9.5 结论与启示

经过多年的探索和实践，河南省开展了多样化的农田水利治理模式探索与实践，为新形势下促进农田水利大发展创造了很好的经验。但是，我们必须认识到，这些治理模式中除农户自主治理模式外均处于试点、示范层面，尚没有一种模式得到长期检验，其绩效在不同地区的差异性也很大。而且，既有治理模式对水利供给能力的改善具有局部性或短期性，最终难以应对大面积的水旱灾害的困扰。

究其原因，本研究认为现有治理模式解决的往往是局部或部分环节的问题，并没有为利益相关者从整体上改善水利系统的时空调配水能力提供合作激励，尚未形成从整体上改善水利系统的配套性及其跨时空配水能力的长效机制。一方面，政府与农民联合投资的农田水利的产权归属和公益责任履行尚未制定明确的制度规章；另一方面，农田水利资产市场尚未形成，农田水利资产价值评估、产权转让、相关合约转移等政策尚未出台，农田水利投资者的产权利益尚未得到有效的保护，在一定程度上影响了农民和社会投资者的积极性。而农田水利供给是一项系统工程，必须采取系统治理的模式。农田水利工程关联设施的配套性、运行管理制度的匹配性、利益相关者权益的可保障性等，都会影响治理模式运行的有效性，这也是既有治理模式难以推广并产生良好效益的潜在原因。

这也给我们了一些启示：要提高农田水利供给的有效性，必需健全多元主体分工协作治水的激励约束机制，协调治水相关者的职责权利关系，促进利益相关方联合开展农田水利配套化和网络化建设。这需要从以下几方面取得突破：

（1）建立行政首长负责制，加大农田水利投入责任制度建设。农田水利设施公益性强、投入规模大、风险高、利润低，地方行政首长负责制是当前整合农田水利建设资源的有效抓手。政府必须在其建设和管理中发挥应有的支持和监管作用，不能缺位，更不能把私有化作为“甩包袱”的手段。缺乏财政的引导和支持，社会资源的效率是不可能发挥出来的。目前，农田水利供给不足，关键在于没有明晰政府承担农田水利投入职责，没有形成规范的分工协作的长效制度，造成了农田水利供给责任和资源投入指标的软化。

（2）探索“合议制”决策机制，增强民间自主协商决策执行力。农田水利点多量大面广，由政府包办是不现实的，政府加大投资的落脚点，应在于提高农民和社会资本投资的回报率，而不是替代农民和社会资本投资，应采取更加民主的组织决策方式，健全农民全程参与机制。目前“一事一议”政策实施范围仅限于村水利兴修建设，而跨乡镇、跨区域的大量关联性、配套性水利工程仍未实施，导致村域内水利工程功能的弱化。因此，对支渠以下田间工程，加大政府以奖代补激励力度，坚持“谁受益、谁投资、谁管理”的指导原则，在尊重农民意愿的前提下，鼓励农民联合投资维护水利、建设水利，探索县级政府、村民、村组、村庄之间民主协商决策的“合议制”投入决策制度，以村组、村庄、小流域农民用水者协会和群众为投入主体，赋予“一事一议”政策更多新的内涵，制定更为合理的一事一议激励机制政策，积极倡导农民自发自愿投资投劳，自力更生改善乡镇村组的田间工程条件。

（3）民办水利需要政府的投入支持和监管指导。由于制度和法治建设的不完善，不能过分强调农田水利设施的私有化，私有化往往不仅不能够发挥市场的资源配置功效，很可能还会损害低收入阶层和农村居民的利益。政府不能缺位，政府部门“甩包袱”式的私有化和市场化行为，将严重损害农村用水者的利益，并带来更多的矛盾和冲突。特别是，必须增强基层水利组织的建设管理和服务指导能力，加大对群众治水管水组织的指导服务力度，制定切实可行的投资方案，并且认真按照计划落实和运行管理监督，确保实际投入资金量基本满足水利工程的日常养护，确保建一处、成一处、见效一处。

（4）加快农田水利工程关联资源产权配套改革，进一步深化农田水利设施产权制度改革。支渠以下田间工程面广量大，可以采取承包、租赁、股份合作、拍卖等多种改革途径，将小型水利和田间工程的管理、维修、养护责任与工程的所有权、经营权、使用权、管理权落实到用水者协会或农民用水户个人，从而明晰工程所有权、转让使用权、落实管理权、搞活经营权，从根本上解决支渠以下田间工程的投入和长期养护问题。

（5）加快水利工程运行管理制度，推动两部制水价改革。在不断完善农田水利工程输配水设施及其运营管理制度的前提下，认真贯彻《水利工程水价管理办法》和省市有关水价改革的文件精神，大力推行“两部制”水价，既充分考虑减轻农民负担，又切实解决水管单位水价背离其价值问题，增加水管单位收入。同时，加大水管单位体制改革步伐，按照水利部、财政部制订的“两定标准”，积极争取财政支持，落实编制和经费，减轻水管单位负担。通过政策的贯彻落实到位，水管单位可有足够的资金用于农田水利建设。

第十章　农田水利合作治理动力基础考察

——以河南省S县为例

10.1　问题的提出

中国农村工业化、城镇化和市场化改革进程中，农田水利薄弱，尤其是农田水利设施建设滞后问题，已经成为制约中国农业现代化的瓶颈。加强农田水利建设，摆脱农业面临的土地细碎化、资源环境和市场约束，实现农业由传统向现代的深刻转型，已经成为事关国民经济发展全局的战略问题。农村地区通过怎样的路径选择和制度建构，才能形成加强农田水利建设的长效机制？尤其是在中国新农村建设的现阶段，农民变革基础设施建设制度的需求怎样才能转化为农田水利建设制度变革的内生性力量？地方政府又应该在基础建设制度演进中发挥怎样的作用，才能将善良的动机转换为满意的民生？面对点多面广、供给短缺、整体孱弱的农田水利体系，这些都已成为亟待研究的重大理论和现实课题。

上述问题并非一个简单的理论逻辑构造可以解决的，它需要基于微观层面行动机理的考察来提炼。笔者在对S县农村发展历程的深层追踪调研中惊奇地发现：S县农田水利建设制度变革实践为我们探究上述问题提供了一个极好的范本。尤其重要而独特的是，与一些地区村庄公司化或集团化的农村基本制度变迁相比，豫西S县农业制度变迁的行动主体，既不是纯粹的政府组织，也不是集权体制下的公司化村庄组织，而是那些在工业化中仍要继续从事农业生产的具有独立生产决策权的农户。这对于广大非城郊的农业区探索农业现代化道路无疑具有重要借鉴意义。因此，本文试图通过对S县农田水利建设制度变迁全过程的透视，揭示其变迁的诱因和内在机理，探究农村基本经营制度长久稳定前提下农田水利建设制度创新的可行路径。

10.2 相关理论分析

10.2.1 合作供给的组织条件——多元有效组织的存在

多元供给主体的出现是公共产品供给主体由单一走向多元的前提，但供给主体是否是有效组织才是公共产品由单一主体供给转变为多元合作供给的关键。只有有效组织才能在发现“外在”利益时成功地策划、实施公共产品治理模式的变迁。原因有二：

首先，有效组织的最大化活动决定了公共产品治理模式变迁的方向。公共产品治理模式变迁沿着什么样的路径前进，在很大程度上是政府、市场及公共产品自愿供给主体之间的选择、竞争、合作“均衡”的结果。

其次，在稀缺经济和竞争环境下，公共产品供给主体与公共产品供给制度的交互作用是实现公共产品供给制度变迁的有效机制。稀缺的经济促使“利益最大化”的公共产品供给主体为潜在的利润进行竞争，竞争迫使组织持续不断地在发展技术和知识方面进行各种资源的投入以求取得公共产品供给中的潜在利润。而这些技能、知识以及组织获得这些技能、知识的方法将逐渐改变公共产品的供给主体。

公共管理理论认为，公共物品的消费具有非竞争性和非排他性，公共物品的提供容易产生“搭便车”现象，市场在提供公共产品，解决其外部性方面有其难以克服的缺陷，即存在着市场失灵（market failure），从而决定了公共物品只能由政府来提供。市场失灵为政府干预经济活动提供了空间和依据，需要政府来弥补市场的缺陷。当人们转而求助于政府的干预时，又容易发生由政府提供公共物品的做法同样存在局限性，政府干预也非万能，同样存在着政府失灵（government failure）① 的可能性。正是市场失灵与政府失灵的同时存在，使非政府公共组织得到了广阔的发展空间。

同时，非营利组织的有效运转也需要政府的支持。萨拉蒙提出了志愿

① Weisbrod B A. Toward a theory of the voluntary nonprofit sector in three - sector economy [A]. In E S Phelps (eds) Altruism mo - rality and economic theory [C]. New York: Russell Sage Foundation, 1974: 171 - 195

失灵理论来说明非营利组织的缺陷，进而论证了政府支持民间非营利组织的必要性。在他看来，非营利组织的这些弱点正好是政府组织的优势。政府能够通过立法获得足够的资源开展福利事业；能够用民主的政治程序来决定资金的使用和提供服务的种类；能够通过赋予民众权利来防止服务提供中的特权和家长式作风，等等。但是政府往往由于过度科层化而缺乏对社会需求的即时回应。相比之下，志愿组织比较有弹性，能够根据个人需求的不同提供相应的服务；能够在较小范围内开展服务；能够在服务的提供者之间展开竞争等。正是由于政府和非营利组织在各自组织特征上的互补性，政府出于对服务提供的成本考虑，与非营利组织建立起了合作关系，从而既可以保持较小的政府规模，又能够较好地完成福利提供的责任。

政府、市场与公共产品自愿供给主体是否是一个有效组织，一个标准就是这一公共产品供给主体是否是一个熊彼特意义上的企业家——每个企业家只有当其实际上实现了某种“新组合”时才是一个名副其实的企业家。然而，当均衡不过是一个不断被追求却从来未曾达到的参考点时，公共产品供给主体变迁的轨迹其实更是一个创新的过程。而这一创新在于政府、市场主体和自愿供给主体在发起、实施公共产品过程中体现出的“企业家”精神。正是这种所谓的“企业家精神”在导致创新，导致公共产品治理模式的变迁。因此，只有熊彼特意义上的“企业家”才能成功地启动、安排公共产品的主体和治理模式变迁。

10.2.2 谁是治理模式变迁的第一行动主体?

当今公共治理主体呈现多元化趋势。公共治理的主体，既可以是政府、公共机构，也可以是私人机构，还可以是公共机构与私人机构的合作，甚至非政府组织、非营利组织、辖区单位、居民个人都是公共治理的主体。在公共治理看来，政府不是国家唯一的管理主体和权力中心，各种公共的和私人的机构，只要其行使的权力得到公众的认可、认同，都可以而且应当成为在各自不同层面上社会公共权力的主体和中心。那么，在公共物品治理中，政府和民间组织应是一种怎样的关系？或者说哪个是治理模式变迁的第一行动主体？

美国非营利组织研究专家萨拉蒙（Salamon，1981）[①] 引入了“交易成本”（transaction cost）的概念来比较分别由政府和非营利组织来提供公共物品的成本。他认为，利用政府提供公共服务的交易成本会比利用非营利组织高得多。因此，在市场失灵的时候，非营利组织应该作为最初的提供公共服务的制度，只有在非营利组织提供的服务不足的情况下，政府才能进一步发挥作用。因此，政府的介入不是对非营利组织的替代，而是补充。因而，公共治理模式变革的第一行动主体应该是民间非营利组织。

美国法律经济学家亨利汉斯曼（Henry B. Hansmann，1980）从营利性组织的局限性入手对非营利组织的功能需求进行分析，发现第三部门（非营利组织）受到了“非分配约束”[②]（non－distribution constraint），可以有效地解决“契约失灵”[③] 问题。在汉斯曼看来，“非分配约束”是非营利组织区别于营利组织的最重要的特征。这个特征使得非营利组织在提供存在信息不对称的商品和服务时，尽管有能力去提高价格或降低产品质量，而且不用担心消费者的报复，但他们仍然不会去损害消费者的利益，因为他们所获得的利润不能参与分配。这在很大程度上抑制了生产者实施机会主义行为的动机，从而维护了消费者的利益。非营利组织的“非分配约束”特征，实际上是在市场上可能出现“契约失灵”情况时，对生产者的机会主义行为的另一种有力的制度约束。非营利组织是消费者无法通过通常的契约方式来监督生产者（即“契约失灵”）时的一种制度反应。因此第三部门可以有效地解决契约失灵问题。

农田水利作为一种公共物品，农田水利治理主体是农田水利治理的利益相关者，即与治理需求和满足存在直接或间接利益关系的个人和组织的总称，是一个来自政府、村社组织、涉水企业甚至私人组织在内的多元利

① Salamon L M.，Rethinking public management：third－party government and the changing forms of government action [J]. Public Policy，1981，29 (3)：255－275.

② 所谓“非分配约束”，是指非营利组织不能把获得的净收入分配给对该组织实施控制的个人，包括组织成员、管理人员、理事等。净收入必须得以保留，完全用于为组织的进一步发展提供资金。

③ 由于市场机制存在信息不对称问题，消费者和厂商在最初无法达成最优契约；即使达成了契约，也难以防止厂商的机会主义行为，从而产生了“契约失灵”（con－tract failure）问题。

益主体并存的治理体系。20 世纪中叶以来，世界各国掀起公共事务治理变革热潮。

埃莉诺·奥斯特罗姆（1990）经过大量的实证分析指出，在政府集中化管理和私有化管理方式之外，还存在第三种解决方式——资源使用者在相互信任的基础上通过设计持续性的合作机制来自主治理。这意味着，资源使用者经过多次重复博弈，往往能够创造（虽然并总是如此）复杂的规则与制度来规范、指导个体之间的博弈行为。资源的使用者愿意组织起来制定共同的行为规范以惩罚违约者，从而使资源得到良好的利用。这种理解极大地丰富了人们对于公共池塘资源治理的认识，对更大范围内的人类合作的研究也起到了非常重要的启示作用。在她看来，公共资源的使用过程中存在着相互依赖的资源占用者，他们能够把自己组织起来，创建合作机制，进行自主治理，从而能够在所有人都面对“搭便车”、规避责任或其他机会主义行为诱惑的情况下，取得持久的共同收益。埃莉诺·奥斯特罗姆（1990）把支撑成功的自主治理规则系统的因素归纳为 8 项“设计原则”。这些“设计原则”本身并不是“设计蓝图”（Design Blueprint），但它们可以用来区分成功和失败的自主治理实践，其“设计原则”的具体内容如表 10-1 所示。

表 10-1　公共池塘资源自主治理规则系统成功的支撑因素

设计规则	规则的主要内容
1. 清晰界定边界	公共池塘资源本身的边界必须予以明确规定，有权从公共池塘资源中提取一定资源单位的个人或家庭也必须予以明确规定
2. 使占用和供应规则与当地条件保持一致	规定占用的时间、地点、技术和（或）资源单位数量的占用规则，要与当地条件及所需劳动、物资和（或）资金的供应规则相一致
3. 集体选择的安排	绝大多数受操作规则影响的个人应该能够参与对操作规则的修改
4. 监督	积极检查公共池塘资源状况和占有者行为的监督者，或是对占有者负有责任的人，或是占用者本人
5. 分级制裁	违反操作规则的占用者很可能要受到其他占用者、有关官员或他们两者的分级制裁（制裁的程度取决于违规的内容和严重性）
6. 冲突解决机制	占用者和他们的官员能够迅速通过成本低廉的地方公共论坛来解决占用者之间或者占用者和官员之间的冲突

（续）

设计规则	规则的主要内容
7. 对组织权的最低限度的认可	占用者设计制度的权利不受外部政府权威的挑战
8. 分权制企业	在一个多层次的分权制企业中，对占用、供应、监督、强制执行、冲突解决和治理活动加以组织

资料来源：埃莉诺·奥斯特罗姆．公共事物的治理之道［M］．余逊达、陈旭东译，上海：上海三联书店，2000.

这些“设计原则”是自主治理的“密码”，所有规则和制度设计都是以此为基础。虽然实际设计规则的人可能并不懂这些“设计原则”，但是他们的实践符合这些“设计原则”的基本精神。“设计原则”也是进行诊断和政策分析的基础，政策分析师和政府官员应该思考如何根据这些“设计原则”对公共池塘资源的现状进行诊断，并帮助资源拥有者设计自己的原则，而不仅利用外部权威来取代资源使用者对自身资源进行管理和监督权力。

实际上，在现代世界，越来越多的公共资源无法通过政府完全控制或者通过建立私人产权来解决实际中存在的问题，需要有效的合作机制来处理类似的问题。这也从一个侧面告诉我们，现实世界中的合作治理是可能的，关键在于如何设计出有效的制度规则与结构。

之后，Ostrom（1999）、Yercan（2003）、Kukul（2008）、Abdullaev（2010）分别对美国、菲律宾、尼泊尔、土耳其等地的大量案例研究，证明农民自主治理可以比政府或市场更能有效管理灌溉系统。国际上，Narayan（2006）对联合国支持的49个发展中国家的乡村水利项目的研究证明，农民参与度是影响项目绩效的首要因素。可以说，国际研究普遍认为，用水户参与的多中心治理是改善农田水利基础设施供给绩效的有效途径。然而，Vermillion（1997）、Johnson（2002）、Yuko（2010）等的研究发现农民用水户自治并非都成功，各国失败的例子也不少。黄祖辉等（2004）、胡继连等（2000、2007）、张兵等（2009，2011）对漳河、石津、青铜峡灌区、山东、苏北等粮食主产区的研究发现，农民参与有利于改善灌溉工程维护与运行，但管理、决策参与权与制度缺失自治机制信任、管理不善财力不足，造成农民参与效果并不如意，而且宋洪远等（2009）的研究表明大量盈利能力弱的农田水利设施建设管理并不能吸引农民参与。

因而，中国农田水利治理方式应该顺应时代要求，主动打造多元合作供给体系。理性定位，明确农户、民间组织和政府的责权利关系，通过农民自主合作、民间组织推动与政府制度激励三股力量有机契合，促进错位互补、相互促进的农田水利合作治理行动体系。

10.2.3 农田水利合作治理诱因

农田水利合作治理的诱因，应该是供给主体期望获取最大化的治水“效益”。这里所指的“效益”对于不同的合作治理参与者有不同的含义。对于政府来说“效益”最大化在于农业用水安全、生态安全、人民生命财产安全，即整个社会的福利最大化；对于市场来说“效益”最大化在于企业或者个人获得最大的利益；对于民间组织来说“效益”最大化在于最大程度地实现民间群体建立合作治水组织时确立的目标。

对于农田水利合作治理的参与者来说，获得“效益”最大化必须通过获取“外在利润”来实现。“外在利润”是一种在已有的农田水利治理制度安排中供给主体无法获取的利润。一般来说，在已有的治理制度安排中，某一治理主体无法从现有的公共产品供给规模取得这种利润，但是如果把现有的治理制度做出改变，转化为另一种治理制度，那么这一治理主体可以从后一种治理制度中获得这种利润。

本书把因为灌溉条件等基础设施改善导致的新种子、新技术采用、水肥利用率提高，进而产生的农作物产量、利润、规模经济的收益增加称为“灌溉之利”。通过对农田水分和养分进行综合调控和一体化管理，以肥调水、以水促肥，全面提升水肥利用效率，促进农业增产增效。这里的水，既包括降水和灌溉水，也包括土壤水、地表水和地下水；水分管理既要考虑缺水的威胁，也要考虑渍涝的影响。

20 世纪 60 年代，发达国家开始推广应用灌溉施肥技术，将灌溉与施肥有机结合，根据作物需水需肥规律进行少量多次的灌溉和施肥，最大限度地提高水、肥利用率和生产效率。国际经验证明，灌溉条件等基础设施改善导致的新种子、新技术采用，水肥利用率提高，进而产生的农作物产量、利润、规模经济的收益增加。速水佑次郎在《发展经济学——从贫困到富裕》一书中的相关实证也印证了这一效应。

根据韩俊（2010）和笔者的分析，单产水平的提高和播种面积的扩大共同支撑了这一轮粮食增长周期粮食产量的提高，但播种面积增加的贡献只有1/3，单产水平提高的贡献占粮食增产的2/3。据国家发改委的有关数据，2004—2009年，全国新增农田灌溉面积467万公顷，新增节水灌溉面积500万公顷，良种覆盖率达到95%以上，耕种收综合机械化水平达到49.1%、提高15个百分点。这些年，国家在完善粮食市场宏观调控方面进行了有益探索，粮食市场价格信号发挥了较好的作用，刺激了农民扩大粮食种植的积极性。这说明各种现代要素投入的增加和农业基础设施改善对提高我国粮食产量发挥了至关重要的作用。

随着我国经济社会的不断发展，耕地面积减少趋势不可逆转，水肥资源对农业发展的制约将更加突出。以发展渠灌、喷灌、滴灌、膜下滴灌、灌溉施肥、测墒灌溉、全膜覆盖集雨保墒等节水农业技术为核心，通过深松耕营造土壤水库留住天上水，地膜秸秆等覆盖保住土里墒，施用抗旱剂、保水剂增加抗旱抗逆能力，建设集水窖池，积极发展集雨补灌，推广抗旱保苗坐水种，使用长效肥料、缓控释肥料、有机肥料改善养分供应状况，提高水肥利用率，大幅提高单产，达到提高自然降水生产效率的目标，走资源高效利用的路子，促进高产、优质、高效、安全、生态农业的发展。

可以说，只有加大农田水利设施建设和田间道路、林网及电力等基础设施的配套建设，疏挖灌溉排水渠、沟、塘、机井、提水、测水量水设施和桥涵工程，修建农田机耕路，使农田内水、路、电等基础设施相配套，达到农田种植区域化、规模化，优化生产格局，同时实现节水灌溉和机械化作业，提高水肥一体化——水肥耦合度，提高土地利用率，才能最终达到提高农作物单产的目的，才能生产出优质、高效、安全的农产品，提高农产品的质量和市场竞争力，促进农业增产增收。

农田水利建设管理中民间组织与政府的合作关系并不会自然形成，需要双方一起努力，用理念、制度和法律创造出一定的前提和条件。政府与社会的良性互动乃是改革必须遵循的策略。那么，政府社会合作究竟需要怎样的条件？本书将在案例研究的基础上寻求答案。

10.3　S县农田水利治理制度变迁调查

10.3.1　发现灌溉之利——制度变迁的缘起

S县历史上的两次打井治旱运动，埋下了农田水利建设制度变革的种子。第一次打井治旱运动发生在20世纪70年代初，为响应中央的以粮为纲政策，解决农业用水难题，S县委县政府专门成立打井指挥部，在全县范围内打了100多眼自流井，这为增加粮食种植面积，提高产量打下了坚实的基础。尽管这些井大部分于20世纪90年代超过“服役期”而废弃，它却使农民感知到农田水利建设的重要性。

第二次打井治旱运动始于1990年。当时，S县政府为促进本地烟叶的发展，大力发展烟叶种植，成立了打井治旱指挥部。鉴于打大机井需要拉电网、购置变压器和电机，投入较大，政府提出了一个资金分担方案，即政府提供全部打井资金的40%，其余60%的资金由当地烟叶加工厂申请银行贷款来垫付，烟叶加工厂再与通过收购烟叶逐年扣减每个受益农户应分摊的打井费用。这样全县19个乡镇分期分批打了100多眼大机井。打井的村庄烟叶种植面积迅速扩大。但20世纪90年代中期，外省烟草大量进入河南，市场烟叶价大幅下滑，A县烟叶加工厂普遍陷入困境甚至倒闭，烟农把烟叶交给烟叶加工厂换回的常常不是现金而是白条，残酷的现实极大地挫伤了农民的积极性。1998年前后，部分市场嗅觉敏锐的农民开始自发调减烟叶种植面积，利用灌溉条件较好的地块改种蔬菜，收益颇丰。当然，由于在地块细碎的“插花田”上分散种植，不仅耗工费时，而且面临合作使用大机井灌溉的成本分摊难题，难以保证及时灌溉丰产。若考虑市场风险，投资收益更不确定，因而高效经济作物种植面积极其有限。尽管如此，这次打井治旱为农民自发变革农田水利建设制度埋下了种子。

10.3.2 自发追逐灌溉之利[①]

为摆脱干旱缺水和土地细碎造成的打井灌溉难题，1998年前后，一些农民与亲戚、朋友或邻居私下兑换土地连片，再在连片的土地上打小机井，种植蔬菜水果等经济作物，收益很好。星星之火迅速燃起，附近一些农户纷纷效仿。但是，这种追逐“灌溉之利”模式运行过程中也面临一系列问题：一是利益协调难题，二是少数人的决定性影响作用，三是法律约束，使得土地连片调整仅限于狭小范围内。由于不同位置和灌溉条件造成土地存在一定的等级差异，“吃亏沾光”问题可以亲戚朋友“熟人”圈子内的关系交易来弥补，一旦超越“熟人”圈，往往由于少部分农户对土地兑换成片的好处认识不到位，不愿改变目前的状况，造成私下互换土地的利益补偿难以协调。更为困难的是土地所有权归集体所有，现有的《土地承包法》并不完全承认农民私人之间的土地调整关系，一旦任何一方有异议，或村委会对调整事实不予承认，其利益关系得不到法律保障，从而土地自发兑换成片只能是零星的。

10.3.3 集体追逐灌溉之利——村社组织土地兑换连片

部分农户自发兑换土地连片追逐“灌溉之利”行为及其遇到的重重困难，引起了村党支部书记的关注。通过深入调查分析，他与村委有关干部统一思想，鼓励农民自发调整土地，组织发动村民进行土地连片调整的集体性行动。为了让农民看到土地规模化种植的好处，他率先了承包500亩荒地，修复井渠，科学种植，当年收入了苹果16万千克，产值90万元，成为远近闻名的“苹果大王”。事实是最有说服力的，土地连片调整很快成为集体创新行动，并争取到县乡电力和水利部门的支持，在田间拉电

① 本文把因为灌溉条件等基础设施改善导致的新种子、新技术采用、水肥利用率提高，进而产生的农作物产量、利润、规模经济的收益增加称为“灌溉之利”。速水佑次郎在《发展经济学——从贫困到富裕》一书的论述也印证了这一效应。高祥照、杜森、吴勇、钟永红（2011）在《水肥耦合：大幅提高水肥利用率》（农民日报，2011-02-28）一文中也提出，提出广义水肥一体化——水肥耦合的概念，是指对农田水分和养分进行综合调控和一体化管理，以肥调水、以水促肥，全面提升水肥利用效率，促进农业增产增效。

网、打机井、修整田间道路，满足农民灌溉用水和机械化作业之需。

集体行动成效深深启发了党支部书记和乡长，经过深入田间调查，他们提出建立农业示范区推动土地连片调整的思路。2002年9月，该乡节水农业示范区项目建设规划得到县政府的支持。乡党委政府按照“统一规划，统一修路，统一调整土地，统一打井，统一配套，统一调整种植结构”的方针，展开了以调整土地连片、打井治旱为重点的农田水利建设，制定了一系列激励措施：鼓励农民间自主协商调整土地；对调整成片的土地免费打井或给予打井的经济补贴等。2002年示范区又获得省市政府拨款200万元，示范区内电网、井渠灌溉设施、机耕路等基础设施基本配套建成，苹果、青椒、青瓜等高效经济作物全面推广。示范区内农民收入水平的快速提高，进一步增强了周边农民调整土地成片、加强农田水利建设的制度需求和行动自觉性。农民自觉调整土地成片，主动参与示范区建设。

10.3.4　政治精英感知民生诉求

示范区“土地连片、打井治旱”的试验，使农民收入迅速攀升，与周边乡镇许多田地农作物依旧经受干旱的困扰减产甚至绝收形成鲜明的反差，引起S县农委主任的思索。基于多年的农村工作经验和比较优势考察，他发现“这种追逐灌溉之利的农业建设模式，将是S县农业腾飞的根本出路！”2002年5月，他将这一思路汇报给县委、县政府主要领导。在时任县长的鼎力支持下，他亲自率队奔赴山东寿光、临沂等市县调研考察，写出了《关于寿光、临沂果菜产销情况的考察报告》，强调农业的出路在于按市场经济规律办事，调整土地连片，打井治旱，大力发展特色农业，形成自己独特的竞争优势。这一思路得到县委、县政府主要领导的认可，并成为S县农田水利建设制度创新构想的核心部分。

10.3.5　农业综合配套改革制度

2003年S县特大旱情，对缺水的S县而言无疑是一场灾难性“危机”。抗击旱灾保障农业生产的出路被锁定在打井治旱，而其效益生成的前提在于调整土地连片。尽管这样会因引发诸如大规模调整土地可能损害少部分人的利益引起部分农民反对甚至上访，甚至因违反国家强调“大稳定，小调整”土地调整原则，一旦上级追究责任，将影响到决策者的政治生涯。但是，为应对危机，S县政府毅然做出立足县情、调整土地连片、确保农民长远利益的抉择。

2003年9月，从县农委提交“S县关于农村联产责任地第二轮调整承包工作的意见”，到县委县政府审批、转发文件，S县第二轮土地承包政策出台仅用了16天的时间，县里成立农村土地领导小组，由主管农业农村工作的县委副书记任组长，副县长任副组长，有关局委主要领导任成员，各乡镇也都成立相应机构。

S县委县政府在总结试点经验基础上，进一步廓清了农业改革思路，即“土地连片，打井治旱，调结构”，出台了一系列农田水利建设激励政策。一是打井治旱政策，由政府投资在土地调整较好的地方打大机井，农民用水只需交电费；大机井灌溉不到的地方，则发动农民打小井，每口补助1500元；二是修路拉电政策，在土地调整较好的乡镇，政府牵头拉电网、修建田间道路和机耕路；三是农技服务政策，对土地灌溉设施建设较好的村庄创建农业科技推广基地，免费提供良种、良法和节水灌溉技术培训；四是检查验收制度，当年9月县委县政府联合下发《S县农村土地延长承包期工作检查验收方案》文件，从县直单位抽调精干的干部，组成检查验收小组，由科局级领导任组长，分赴全县乡镇检查验收土地承包进程，量化打分，并向全县通报验收结果，年底全县就有74.3%的村委会基本完成了土地连片调整工作。

10.3.6　农业基础设施综合改革全面推进

2003年S县被列为省级农业综合开发节水农业示范项目县。针对部分乡镇“收回转包地”的“回潮”问题，县委县政府争得省、市政府的支持，结合农村改水治旱和基层组织建设工作，组织干部驻村包点，实现还乡干部包村责任制，制定土地调整方案，调节土地纠纷。经过半年的努力，以土地连片调整为中心的农业基础设施建设改革得以稳步推进。

2003年S县委、县政府结合国家级农业综合开发示范项目建设，以改水、改路为切入点，全面开展了以水、电、田、林、路综合开发治理为核心的农田水利综合建设。之后，农民看到了集中土地连片、打井修渠的甜头，大部分农民不再依靠政府投入，纷纷自发兑换土地、合作打井修渠、修路、拉电网，迅速掀起农田水利建设热潮。井打到哪里，路开到哪里，电拉到哪里，高效作物就种到哪里，喷灌、滴灌等先进节水技术应用到哪里。

2004年底，S县政府进一步提出"创建生态文明村"活动，尤其是2005年国家提出社会主义新农村建设思想后，S县出台《建设社会主义新农村的工作意见》，把土地连片调整、改水治旱、农业综合开发基地建设与种植结构调整相结合，加大土地垦复平整、井渠扩建、电网改造、机耕路修建和合作社制度建设力度。至2005年8月，全县179个村委会所有农户全部签订了土地承包合同，并领到承包经营证书。以"一增、二普、三通、四改、五进村"[①]为载体的新农村建设方略，有力地加快了S县农村基础建设进程，全县乡村各项公共事业蓬勃发展。

10.4　农田水利建设制度变迁内在机理分析

10.4.1　农地承包制度引起农田水利建设制度供求失衡

农村家庭承包责任制这一宪法秩序[②]的变革（杨德才，2007），赋予了农民土地经营自主权，经济（身份）自由决策权（林毅夫，2000），并逐步形成了独立财产权利，进而引起了农村生产、分配和交换等基本规则的变革，农村资源调配方式、生产组织方式和经营决策方式的深刻变化，造成农业公共基础设施投资、利用的高度分散化，从供求两方面对农田水利建设制度产生冲击，造成农田水利建设制度供求失衡。

一方面，农民独立财产权利的确立、要素配置决策自主化和自负盈亏的预算约束，激发了农民追求土地运用、基础性投资收益最大化的内在冲动，也激发了农民为采用新品种新技术而改善基础设施的内在需求；另一

① 即：增收；普及农业科学实用技术和普及农村合作医疗；通路、通广播电视、通电话；改村、改房、改水、改厕；村庄建设规划、经济发展规划、村规民约、医疗卫生、文化体育设施进村。

② 根据宪法秩序的定义（戴维·菲尼，1992），可以认为农村实行家庭承包制是对中国农村制度结构的宪法秩序层次的变革，中华人民共和国宪法（1982）对此所作的修订足以为证。

方面，分散生产对公共基础设施的差异性、多样性需求，使得集体使用公共基础设施的交易成本剧增，而乡村集体组织财政资源的削弱和资源调动权利的弱化，造成现行农地制度下农田水利建设的集体行动难题。这两方面的作用造成农田水利建设制度供求的不均衡。这一不均衡为“土地连片、打井治旱”创新行动提供了潜在利润形成的空间（如图 10－1）。

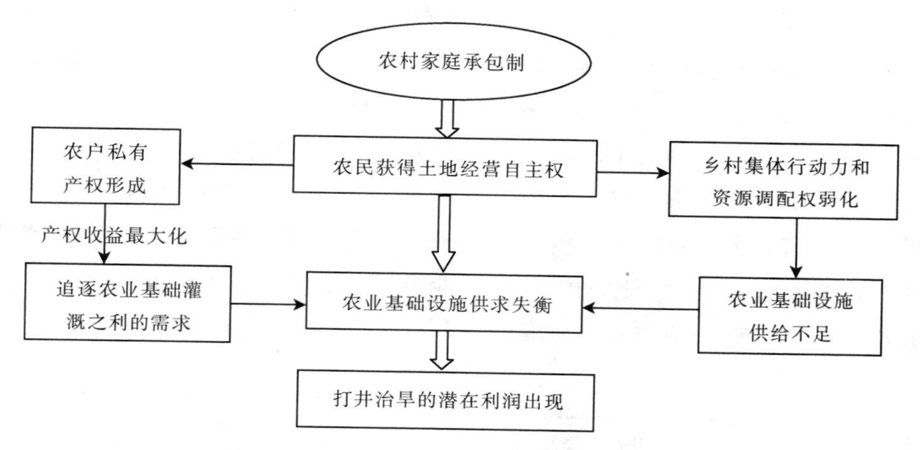

图 10－1 农地承包制度引发制度创新潜在利润

10.4.2 农民创新制度的行动机理

从S县农村经济制度变迁的全过程来看，农民自发创新是制度变迁的原动力，农民与社区精英[①]组成了制度变迁的第一行动集团。S县农民创新农田水利建设制度的动力源于追逐灌溉之利。两次打井运动和部分农民调整土地连片、打井治旱、增加收益的实践经验，不断强化着S县农民创新农田水利建设制度、追逐灌溉之利的认知和需求。灌溉之利主要源于三个方面：

第一，农地连片规模经济。在土地细碎和分散经营的制度背景下，农户各自为政的“小生产”和自利意识使得村组合作建设农田水利设施的活动面临集体行动的困境，自然和市场风险难以控制，而农地连片规模化经

① 根据洪银兴（2005）关于乡村政府的作用界定和孙立平（2004）关于民间精英的表述，笔者在此把李大谋、杨世经、陈俊等乡村领导干部纳入社区精英的范畴。

营则可带来生产要素有效配置的规模效益。

第二，农业技术进步效益。农地面积狭小、细碎化，严重制约了良种、良法、节水灌溉技术的采用，从而阻碍了农田水利设施建设和农业种植结构的调整，造成农业收益低下。土地连片经营，进而打井治旱，则使农民有机会获得及时灌溉、技术进步和种植结构优化所带来的灌溉之利。

第三，特色专业化经营效益。土地细碎和分散经营，使得特色经济作物专业化种植面临较大的管理成本和生产成本，特色专业化经营的增收效益难以凸现；适度的土地连片规模经营，会大大降低特色专业化经营成本，由此可以产生较为丰厚的特色经济效应和增收效应。

如图 10－2 所示，获取上述三个方面的灌溉之利，对于饱受干旱之苦的农民而言，无疑具有强大的吸引力和推动力；村组农民自发调整种植结构、调换土地连片之所以能够发生并取得成效，就在于他们利用第二次打井治旱时的井渠设施，捕捉到灌溉之利。

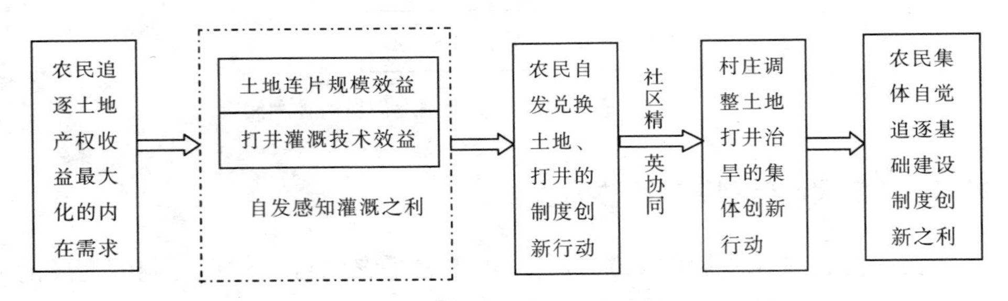

图 10－2 农民自觉创新的行动机理

在农民自发兑换土地面临利益补偿、田间电网和道路修建、灌溉设施建设等诸多难题时，社区精英顺应民意，通过其控制的资源和能力，打破了原有制度对农民创新性行为的约束，强有力地组织了乡村范围内的集体创新行动，降低了土地兑换的谈判成本和时滞，“展示并放大”了农田水利建设制度创新的“潜在利润”，促成农民自发创新行为转变成民间自觉创新行动。集体兑换土地连片、发展节水农业，以及后来的农民自觉调整土地连片、打井修渠、调整种植结构的创新行动，也都是要追逐基础建设制度创新的灌溉之利。从这个意义上讲，社区精英与农民共同组成了制度变迁的第一行动集团。乡村范围内追逐灌溉之利的集体创新行动放大了

"潜在利润"，产生较大的"示范"效应，引起政府的关注和支持。

10.4.3　政府响应农民制度创新的行动机理

S县政府主动响应民意，成功充当着制度创新的第二行动集团，增强了农民制度创新的能力。扮演着"监听者"、"支持者"、"试验者"和"推动者"的多重角色[①]，如图10－3所示。

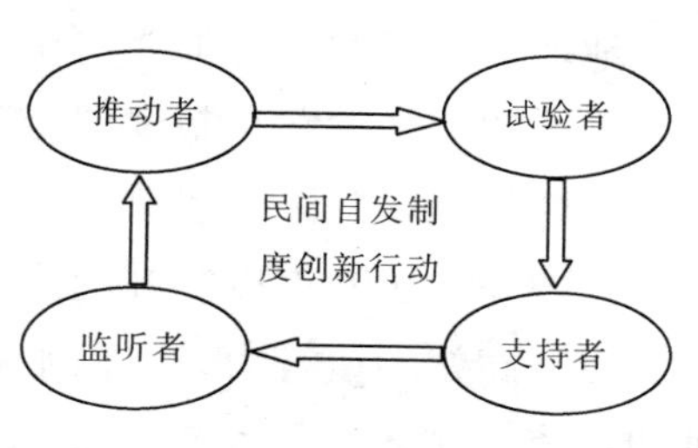

图10－3　政府响应创新的行动机理

当民间为追求灌溉之利而自发创新土地流转制度时，S县政府扮演自觉的"监听者"，顺其民意和市场经济规律，"因其自然之利而无以扰之"；当农民自发制度创新陷入困境、社区精英依靠其组织能力和网络影响力参与和推动制度创新时，S县政府扮演谨慎的"支持者"，没有过多干涉和命令指挥地方精英的行为，而是给予必要的政治和资金上的支持，使得地方精英有充分的机会"展示并放大"民间制度创新的"潜在利润"。

2003年的严重干旱，更加凸显了民间自发"调整土地成片、打井治旱、调结构"取得的巨大制度创新"潜在利润"，但是对制度创新进程中的困难和问题还难以把握时，S县政府扮演勇敢的"试验者"的角色，选准试点，摸索经验和教训。当S县政府看到不确定信息都已基本清楚，条件基本具备，S县政府则当机立断，毫不犹豫地充当制度创新的"推动者"。提供强有力的制度供给，实施一系列符合激励相容的政策，全力扫除制度创新中的各种瓶颈和障碍，顺应民意，掀起"扩库硬渠上井群，改善生态调结构"农田水利建设制度创新热潮，使"潜在利润"迅速转化为广大民众的现实利润。

10.4.4　制度创新实现机制

（1）动力的传导机制——干中学。S县农田水利建设制度创新实践，

① 本观点受到黄少安（1999）《制度变迁主体角色转换假说及其对中国制度变革的解释》一文的启发。

首先得益于农民群众、社区精英和政府组织具有主动的学习意识和边干边学（即“干中学”）的实践能力。农民兑换土地连片，开展集体调整土地、打井治旱、规模种植的实践，乡政府学习建设节水示范区的实践，农业副县长带队赴寿光等市县考察后进行的种植结构调整的实践，县政府试点调整土地连片的实践等，都表明在追逐经济非均衡蕴含的“潜在利润”过程中，善于“干中学”是制度创新得以实现的基本动力传导途径。当然，农民、社区精英，乃至基层政府拥有自由选择权、自主学习权和自主试验权是“干中学”机制得以实施的制度前提。

（2）高效的执行力。农田水利建设制度创新设计和实施是一件非常困难的系统工作，涉及面较大，利益冲突大。S县政府在短短16天内冒着政治风险出台以“土地成片承包”为核心的农村第二轮调整承包政策，在半年内完成土地成片承包试点、推广、全面铺开，都展示了S县政府推行农田水利建设制度创新的强大执行能力。其强大执行力的基础在于政府秉承“农民需要什么我们就该做什么，为农民办点实事，而不是上级要我做什么就做什么”的原则。这也许是在经济社会转轨背景下，地方政府“在界定和保护产权时更偏重于效率”[①] 的理性选择，即在地方政府认识到土地制度创新有助于激励农民创造更多的生产性利润时，它自然会极力推动。S县政府在执行过程中依其强大的行政强制力，通过颁布文件，政治发动，主要领导亲自参与、行政督促和奖惩等一系列具体措施，使土地连片调整成为社会一致性的集体行动，政府强大的创新执行力，在很大程度上降低了农民创新的交易成本和风险成本，成功破解了民间自发性制度选择的困境，降低了制度变迁的时滞，有力地推动了农田水利建设制度变迁的顺利进行，成功地把民意变成了民生。

（3）创新力量的契合——集体一致性行动形成。农田水利建设制度变迁是多方持续博弈的过程，农民自发创新行为具有基础性作用，而农民逐利、社区精英协同、政府组织推动三股力量的契合程度则决定着农民自发制度变迁能力和绩效。因为社区精英是地方资源的主要控制者，地方政府

① 参见杨瑞龙．我国制度变迁方式转换的三阶段论——兼论地方政府的制度创新行为［J］．经济研究，1998（1）：3-10.

组织则是作为正式制度执行和非正式制度合法化的权力中心（林毅夫，1994），它们提供新制度安排的能力和意愿是决定农民制度变迁能力和绩效的重要因素。这在一个有着长期集权传统的国家尤其重要。

社区精英带头打破了原有制度对农民创新性行为的约束，宣传、示范、发动了小范围的集体变革，“展示并放大”了农田水利建设制度创新的“潜在利润”，使政府形成巨大的“收益预期”，赢得了政府强有力的农田水利建设制度供给响应，降低了制度变迁的谈判成本和时滞。S县政府察觉到农民的制度需求后，依其强大的行政强制力，通过颁布文件，强有力的政治发动、行政督促、签订土地延包合同予以合法化，农民自发调整土地、打井治旱、调整结构的行动给予财政支持和技术服务，成功扮演了农田水利建设制度变迁的第二行动集团角色，使创新农田水利建设制度成为社会一致性的集体行动。农民追逐灌溉之利的制度创新需求，经过社区精英的“响应、展示与放大”演变成为地方政府的制度供给意愿与支持行动，从而实现这三方力量的协同，最终促成了农田水利建设制度的诱致性变迁（如图10－4所示）。

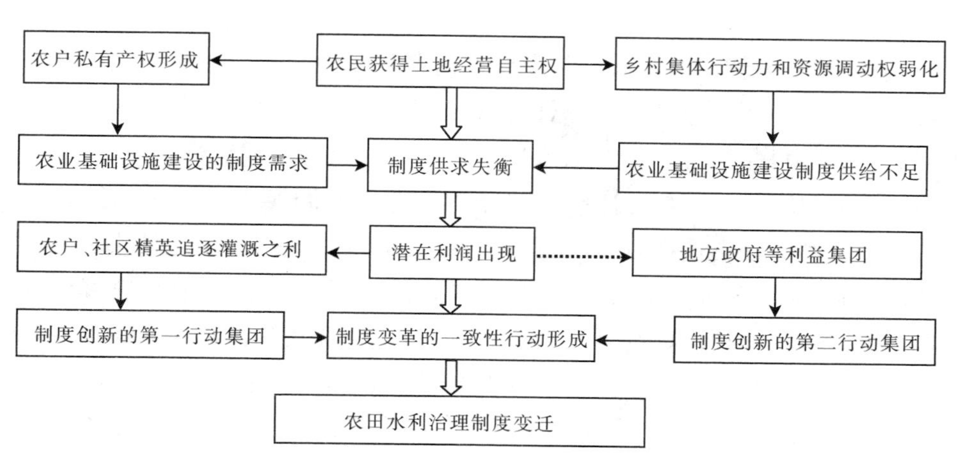

图10－4　农田水利治理制度变迁机理图

（4）激励机制，保障创新成功。土地成片调整和井渠建设涉及农民之间一定利益的再调整，存在一定的风险成本。S县政府有效运用“选择性激励”政策，促成了官民互动的制度创新实践。以农田基础设施建设、节水灌溉技术服务和新品种推广为主要内容，在抓好试点的同时，借助农业综合开发投资项目，通过采取选择性激励政策，营造农田水利设施建设和农业科技投入的必要物质基础和投资环境，土地连片调整到哪里，井打到哪里，路开到哪里，电拉到哪里，高效作物就推广到哪里，节水灌溉技术应用到哪里。这有效激发、带动民间资本的投资，增强农民改善生产条件和调整生产结构的行动能力。农民、专业户人人都抢着争取项目，有人还依照项目区的做法，自己投资开发建设，使得节水示范区的实际面积很快扩大到了 7 万多亩。这一切显然都是激励性扶持政策运作的结果。没有农民积极响应的政府直接干预和没有政府选择性激励的民间自发行动，都未必能够促成农田水利建设制度变迁的成功。

10. 5　结论与启示

10. 5. 1　结论

结论 1：农民有把握生产性投资获利机会的自主发展权是农田水利治理制度演进的原动力

农民自发创新行为是农业制度创新的第一动力，而农民的生产性努力取决于社会制度允许其发现并抓住获利机会的经济自由度，取决于制度营造的努力和报酬的关联度。S 县农田水利建设之所以形成良性循环的局面，很重要的原因就在于农民拥有必要条件，有自发调换土地与种植结构的“试验权”和“自由选择权”，而且政府主动提供土地连片承包证书、基础建设扶持政策、良种、良法推广服务，降低了农业生产成本和投资经营风险，为农民摆脱对既有制度约束，自主地寻找发现获利机会并取得潜在利润，提供了动力和利润空间，从而形成农村经济制度演进的基本前提。

结论 2：有助于稳定收益预期形成的制度安排，将激励农民投资农田水利基础建设并提高其利用效率

农田水利建设尽管是农业增产、农民增收的必要条件，但人们对它进行投资的积极性和利用效率取决于既定制度安排下可实现的收益预期。S 县政府主导的前两次打井治旱之所以未促成加强农田水利的制度变迁，很重要的原因在于缺乏农民投资基础建设、增产增收的生产性制度保障，导

致所建农田水利设施低效率利用和后续供给不足问题。部分农民察觉到调整土地连片、引水灌溉之利，但由于当时制度下调整土地连片的非法定性决定了其收益预期的不确定性，所以大规模的农田水利建设也没有发生。而县政府出台土地连片承包制和“水、电、路”建设扶持政策后，农民投资农田水利建设的制度风险破除，投资成本下降，形成较稳定的收益预期。如此循环累积自然形成农田水利建设的持续动力，并逐步成为农民的自主行动。

结论3：民间自主治理力量决定着治理模式变迁的时滞和绩效

从制度变迁的全过程来看，乡村集体行动制度供给能力和自主治理权利，是影响农田水利建设制度变迁时滞和绩效的决定性力量。社区精英“响应”民意并发动的乡村集体行动制度供给，依靠其资源动员能力和动员机制，打破了原有制度对农民自发创新性行为的约束，形成了集体创新非正式规则的行动，通过“示范带动”效应缩短制度变迁时滞，凸显了“潜在利润”的可实现性，引起了地方政府乃至省政府的关注和认可，诱致了政府加强农田水利建设的制度供给意愿和供给行为，加快了农民创新基础建设制度的进程，产生巨大的制度变迁绩效。

结论4：找准官民协作互动的契合点是农田水利治理制度成功变迁的关键

农民自觉追逐经济利益的创新行动是农村经济制度变迁的原动力，而地方政府“响应”民意的制度创新能力影响着制度变迁的路径和进程。S县农田水利建设制度变迁之所以成功，关键在于地方政府找到了与农民协同创新的“契合点”。在追求灌溉之利的“契合点”上，县政府主动“响应”农民与社区精英的制度创新要求，创设激励性制度，使得民间自发性制度创新与政府正式制度供给创新很好地协调起来，融合为改水治旱、调整种植结构和追求灌溉之利的农村制度变迁的内生性力量。这三方力量的协同，使农村经济在生产可能性前沿面上运行，最终促成了S县农田水利建设制度的诱致性变迁。一批又一批的参观学习者感叹S县模式“学不来，做不到”的重要原因也许就在于此。

结论5：赋予民间组织决策参与权是政府社会合作治水的根本保障

民间组织的作用首先是体现在农田水利建设管理的决策环节，其次才是执行环节。在政府行使农田水利建设管理主导权的公共决策问题上，政府应该通过与社会组织合作来倾听公民的各种意见和要求，这是民间组织起作用的又一个基本领域。加强民间组织对政府政策制定环节的参与，在政策制定过程中让各种民间组织进行充分的利益表达，与政府一道协商、谈判，让政府尽可能全面地倾听和吸收不同社会公众的各种利益需求，使得最后达成的公共产品生产方案能够满足不同类型农户的需求。民间组织的这种代表性参与有助于公民参与的组织化、制度化和有序化，同时也提高了公共产品供给的针对性，与执行中的自主合作治理方式一道更好地满足了农民的参与和受益主体权益。

10.5.2　政策启示

农田水利合作治理作为一种“新”范式，是以政府为主体、多种公私机构并存的新型农田水利事务管理模式，是建立在市场原则、公共利益和相互认同基础上的国家与公民社会、政府与非政府组织、公共机构与私人机构之间的合作，政府在管理社会公共事务方面可以而且应当将其一部分职能转交给公民社会，而且应当拥有多种管理手段与方法，以增进和实现公共利益。其管理机制所依靠的主要不是政府的权威，而是彼此的信任与互惠。各治理主体只有加强系统内部的组织性和自主性，只有形成一种良好的合作、良性的互动，才能取得较好的治理效果。

首先，政府要更新治理理念，拓展村民基层自治的空间。政府要认识到自己固守“公共产品唯一供给者”地位已经既不可能亦无必要，理性认可多中心治理机制的价值以及民间组织在其中的应有地位。从现代政治契约的角度来看，公民与政府之间是一种典型的“委托—代理关系”，政府不过是接受公民委托，提供公民本身无法生产但又需要的公共产品，政府本身并无独立意义，它的存在是以公民的委托意志和需要为转移的。但在相当长的时期内，由于并无其他个人或组织能够提供公共产品，政府就获得了“公共产品唯一提供者”的垄断地位，并依靠这个垄断地位无形中弱化了公民委托人的地位，提供的公共产品往往在数量和质量上都不能很好满足公民的需求。如今随着民间组织的出现和发展壮大，人们发现公共产品并非只有政府一家能够提供，民间组织也能够提供一部分公共产品，而且由于其机制的灵活、高效还能把成本给降下来。

自治权是极其重要的公民权利，地方和基层的自治权应当依法受到保护。在现代民主政治条件下，真正的社会自治，仅有村落和街道的自治是远远不够的。我们应当及早制定相应的法律和制度，积极尝试包括乡镇和县市在内的社会基层自治，大大拓展公民基层自治的空间。当地群众得到实惠的地方改革举措，即使与现行制度有所不合，上级部门也不应简单否决，而应当给予宽容和支持，帮助地方解决制度性困难。

因而政府应该顺应时代要求，主动打造公共产品多元化供给体系并把民间组织纳入其中。而各类民间组织亦应有对自身的理性定位，明确在公共事务治理中对政府起到互补、监督的作用，更多承担一些准公共产品和地方公共产品的提供任务，与政府构成一种错位互补、相互促进的关系。

其次，政府要顺应形势发展实现真正的“政社分开”，大力培养民间治水组织，为民间组织的自立和自治提供越来越大的空间。农田水利管理体制应该随着市场经济的发展而逐渐改变，以农村水利基层组织（乡村水利站）为平台，为民间组织提供服务，扶持、培育并服务于辖区内民间组织，指导和引导民间组织承接政府职能，整合民间组织资源参与农村公共事务建设和管理，服务农田水利建设，使民间用水组织成为农村水利管理体系的有机组成部分。从政府管理的角度来看，通过乡村水利站为民间组织提供服务，及时掌握民间用水组织动态，寓监督管理于服务之中，实现了民间组织的有效管理；从民间组织自身的角度来看，“以民管民”的做法在一定程度上实现了民间组织的自我管理、自我教育和自我服务，从而实现民间组织的有效管理和水利建设主体的良性互动。

其三，政府应加大对农田水利的资金和制度建设投入。中国农业赢利率还较低，政府加大农业公共基础服务的支持，降低农业经营风险农业生产，赋予农民更加充分而有保障的土地承包经营权，扩大农民的经济自由权和生产的赢利空间，将是提高农民投资农田水利收益预期、增强农民参与农田水利建设的积极性和投资能力之根基。要实现农村公共产品供给制度的创新，不仅要明确农村公共产品供给制度创新的目标和方式，而且还要对不符合我国市场经济要求的相关体制进行改革，其中主要有村民自治体制改革、土地流转制度、农村基层水利管理体制改革、财政体制改革等。特别是，在法治框架下规定和调整双方关系与行为，这是政府社会良性互动合作的基础。

为此，一要着手制定有关民间组织管理运行的统一规范的基本法律。通过完善这方面的法律法规，政府对民间组织一要做到依法保护，通过立法赋予民间组织独立的法律地位，并赋予民间组织承接公共财政支农项目和支农建设资金的法人权利；二要做到依法规范，民间组织应根据法律要求完善内部治理制度和结构，提高自律能力，防止“志愿失灵”现象和逐利倾向；三要做到依法监管，既要减少政府的随意干预，也应赋予政府尤其是司法机关用法律监管民间组织的有效手段，防止个别民间组织出现危害农村用水安全及社会稳定的失范行为。当前，地方政府拥有较大的经济制度自主权，而且政府官员收入、职业生涯与地方经济的密切关联度，使各地政府有参与制度创新的动力，但是，弄清制度变迁的成功前提、农民和政府各自的作用、动力传导机理等问题显得尤为重要。否则，各级政府就难免“好心办坏事”。

总之，本研究表明，在中国新农村建设时期，扩大农民的经济自由和生产赢利空间，是构建农田水利建设长效机制的根本，而赋予民间组织决策参与权是保证农民权益、促进政府社会合作治水的基本前提；农田水利治理制度创新必须以农民自主制度创新为根本，地方政府的制度供给行为会影响制度变迁的路径和进程，但其有效性取决于其“响应”社会制度需求和制度创新的“契合”度，因而是对社会自发制度变迁的补充而不是替代。而农民自主逐利、民间组织推动与政府创设生产性激励制度三股力量有机契合，则是农田水利治理制度变迁成功的关键。找准官民协作互动的契合点是农田水利合作治理动力形成的基础。

第十一章　农田水利合作治理动力形成条件

农田水利治理中涉及诸多处于不同层次的利益相关者，分析他们各自的行为特征和面临的激励，寻求协调相互关系、减少冲突和矛盾的方法，正是治理结构创新和提高绩效的关键之一。运用利益相关者理论对农田水利系统的治理进行分析，通过审视治理结构的变革能否有利于化解利益相关者的矛盾冲突、加强合作，能否增强对利益相关者的正向激励，可以更好地把握治理结构变革的方向。

本章在客观分析经济社会转型期现实约束的基础上，分析利益相关方参与农田水利治理的动力形成逻辑，结合农田水利供给行为的交易契约性质，探究农田水利合作治理动力形成的体制机制条件。

11.1　农田水利合作治理的现实约束

凡是到过河南农村的人都会看到，不管是在黄淮海平原还是豫西豫北的丘陵和山地，不管是在远离水利工程的旱地，还是在毗邻骨干水利渠系的水田，“小白龙”输水软管已经成为河南农村农田灌溉的主要水利设施；而与此同时，大量的公用机井、泵站、输水渠道破败不堪，甚至已被填埋。

“小白龙”输水软管之所以在农田灌溉中广泛盛行，其原因并不在于投资成本低，而在于其投资的自主性强、安装基础要求低（只要有水源就能使用）、使用灵活和投资权益保障成本的低廉性。相反，投资渠系设施或地埋管，其效用的发挥必须有充足的网络资源和良好的安装基础，缺乏网络支撑的局部水利设施建设难以形成成本节约优势，甚至因水源问题难以维持，而且容易遭到临近用水者非合作行为的制约，导致其用水成本上升（受水源条件、渠系通达性、用水总量、上下游用户协同性等诸多要素的影响），在农业生产用水需求存在差异、农户用水存在协调成本的环境下，投资渠系设施或地埋管的效用无疑是低下的。可见，“小白龙”风行田野有其存在的逻辑，其中，“小白龙”水利免除了井渠水利存在的网络经济约束、资源约束、体制机制约束等应当是其中的主要原因。

11.1.1　政策资源短缺约束

尽管河南省推出了“民办公助”、“一事一议”以奖代补政策、“农田水利民办公助专项补贴、农业综合开发重点县建设资金、财政支持小农水重点县、农资综合补贴、现代农业发展资金”等多种支持性政策，而且广泛开展了“谁建设、谁受益、谁管理、谁经营”的小型水利工程产权制度改革和水利民营化改革。但是，财政支持农田水利建设的规模、支持的范围相当有限，不能满足农田水利整体推进式建设投资的需要。由于政府与农民联合投资的农田水利的产权归属和公益责任履行尚未制定明确的制度规章，农田水利资产市场尚未形成，农田水利资产价值评估、产权转让、相关合约转移等政策尚未出台，农田水利投资者的产权利益尚未得到有效的保护，在一定程度上制约着农民和社会投资者的积极性。

11.1.2　组织缺失约束

税费改革后，村组内农田水利建设纳入“一事一议”的政策含义是：农田水利的提供丧失了部分的强制性政策资源的支持。水利工程和农户之间的联系是通过用水户管委会进行的。而用水户管委会和乡村组织的本质区别是，用水户管委会是一种合作的、自愿的组织，并不具有强制性地向农户收取水费的权力，不具有强制收取农田水利供给成本（包含水利养护费的用水费）的组织资源。从集体行动的价值规范背景考察，目前河南村庄尚缺乏一种有助于催生集体行动出现的共有社会资本。这集中体现为：对于搭便车而获得水资源的农户，农民的典型反应是“见怪不怪”，更毋庸说指责。换言之，搭便车乃是一种“合法”的行为。这折射出农民深层的消费心理：水资源事实上是没有产权的，任何人都可以取而用之。农村价值规范并没有成为制止搭便车、催生集体行动的社会资本，相反，搭便车的“合法化”破坏了集体行动的出现。在排除“搭便车”技术缺乏而集体“议而不决”的争论中，农田水利集体供给的愿望往往落空。

11.1.3　体制约束

现行农田水利建设管理体制与农村现行经营体制存在矛盾。我国目前农村经营体制仍为家庭联产承包责任制，土地分到了农户，但渠道、机井、桥涵闸等农田水利工程仍实行集体所有、集体管理。由于集体经济的集体“虚设”，水利工程所有者主体自然就“缺位”，基层政府代替“集体”承办本该由“集体”承办的事，造成政府“越位”。政府与农民在农田水利建设中的角色“错位”。农田水利基础设施化建设属于WTO绿箱政策支持的范畴，应得到更多的政府扶持，从而为农业的外向化、产业化提供可靠的基础设施保障。在缺乏农田水利财政投入保障及配套制度的情况下，农田水利市场化改革成为政府推卸责任、水利企业摔包袱的由头，农田水利建设责任推给了组织力孱弱的村民委员会，导致农田水利建设要么在“一事一议”中“议而不决”，要么领导干部搞“面子工程”，摊派费用加重农民负担。

11.1.4　机制约束

现行水利运行机制缺乏生机和活力，农业支持保护政策不落实、水价不到位等问题十分突出。水管单位存在的体制不顺、机制不活、经费短缺、管理粗放等问题日趋突出，导致了大量水利工程老化失修、积病成险、效益衰减，不仅影响着水利工程的安全高效运行，也对国民经济稳定增长和人民生命财产安全构成极大隐患。水价形成机制不合理削弱了水利自我发展能力。近几年，水价虽几经调整，但仍不到位。目前，全省农业用水平均价格为每立方米0.056元，占成本的43%。水价形成机制不合理，水价长期偏低，既助长了浪费水的行为，也使水利无法吸引社会投入，水管单位生存困难，水利行业自我发展后劲明显不足。相当一部分工程举步维艰、难以为继。当前，水价改革中最大的难点是农业水价改革。从表面上看，这是一个单项改革的问题，而事实上，却是更深层次问题的体现。现行的农业水价不到位，不仅不利于农业供水工程的经营管理，使更多的水加速流向城市工业，对农业的发展极为不利。农业水价改革难以推进，根本在于对农业的保护性政策和措施不落实，农业处于负保护状态，在于机制不活，使水利难以走上良性发展之路。

11.2　相关投资主体参与收益分析

我们在分析农田水利合作治理动力之前，须明确其受益主体。由于农田水利多形态水体存在相互关联性和循环共生性，需要借助系统化措施把人工各种水利系统及天然湖泊、河流系统有机地结合起来，把生物措施和工程措施有机地结合起来，才能有效地调节控制地下水、土壤水、地面水、雨水、防止土壤侵蚀、改善水环境。这就衍生出农田水利的生产服务功能、水环境改善功能和人文生态功能，又因农业生产的多功能性，使得农田水利外部性问题涉及面广、形式多种多样。随着水环境脆弱性、水资源稀缺性和用水竞争性不断增强，农田水利的多功能性质愈益凸显，从而造就了现代社会农田水利治理具有系统有效性和利益相关主体多元性特征。

本小节将从农户、村集体、乡政府、县政府，省市政府和中央政府这几个投资主体进行分析，以期得出哪些主体能够从农田水利建设中获益，如何获益。

11.2.1　农户

建设农田水利有助于稳定和增加农民收入。农民作为农田水利设施供给的受益者主要体现在：①常年需灌溉农作物收入在家庭总收入中占有较高的比重，尤其是在纯农户家庭中；②种粮收入占家庭总收入的比重高于常年需灌溉农作物比重；③河南现有的务农劳动力普遍表现为年龄大、体力差、妇女比例高、受教育程度低、文盲比例高等特征，他们作为农地的真正经营者，在正常年份可保证灌溉时，能够从土地经营中获得非负收益，他们从事农业生产的机会成本几乎为零，只存在农田耕作与休闲之间的替代。

根据本课题组 2008 年 9 月，在河南省洛阳、新乡、开封三市河南的调查结果显示（如图 11－1），占样本 22.3％的农户的常年需灌溉作物收入占家庭总收入的10%～20%，14%的农户的常年需灌溉作物收入占家庭总收入的比重在70%以上，6.1%的农户的常年需灌溉作物收入占家庭总收入的比重在50%～60%，7.2%的农户的常年需灌溉作物收入占家庭总收入的比重在40%～50%，8.9%的农户的常年需灌溉作物纯收入占家庭总收入的比重在30%～40%，11.0%的农户的常年需灌溉作物收入占家庭总收入的比重在20%～30%。可见，在占样本48.2%的农户家庭收入结构中，常年需灌溉农作物的收入占家庭总收入的比重在20%以上，32.7%的农户家庭收入结构中，常年需灌溉农作物的收入占家庭总收入的比重在10%～20%，19.1%的农户家庭收入结构中，常年需灌溉农作物的收入占家庭总收入的比重在10%以下。可见，能否获得及时灌溉，对农民家庭收入的影响较大。

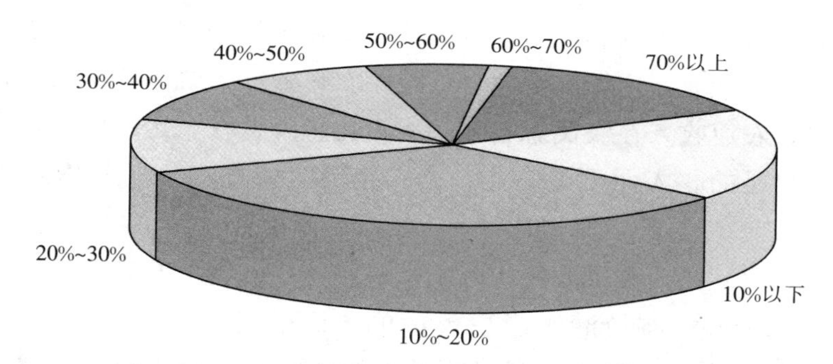

图11-1　农户需水农作物纯收入占家庭总收入比重图

由纯农户和兼业农户家庭收入结果对比分析，我们可归纳出如下结论：一是种粮收入是纯农户家庭收入的最为主要的收入来源，同时是兼业农户家庭收入的重要来源。因此，种粮收入不论对纯农户，还是对兼业农户而言，都很重要。二是常年需灌溉农作物收入占纯农户家庭收入的比重很高。在兼业农户家庭总收入中也占有一定比重。因此，保证农作物能够及时得到灌溉，对稳定和增加农民收入起着重要作用。

另外，旱涝灾害对农户家庭经济和日常生活影响较大。农户对农业生产的依赖性越强，那么农作物受灾减产时给农户家庭经济和日常生活带来的影响就越大。搞好农田水利设施建设，提高农户抵御旱涝等自然灾害的能力具有重要意义。

因此，稳定和增加农民收入的关键一环就是稳定和增加农民的种粮收入，而农户的种粮收入取决于粮食播种面积、粮食生产成本、单产水平、粮食价格等几个方面。但是，粮食播种面积占农户可耕地面积的比例很大，通过增加播种面积来提高种粮收入的空间甚小。因此，目前，稳定和提高粮食单产是最佳也是最可行的途径。而稳定和提高粮食单产，最根本的就是要建设好农田水利设施，减少旱涝灾害带来的影响，减少农户的农业投资风险。同时，在作物能够得到及时有效的灌溉情况下，能够更好地发挥良种、肥料等生产要素增加单产的效能，更好地促进单产的提高。

可见，从农田水利的生产性功能来讲，农田水利建设对于农民增产增收具有显著的作用，农民是农田水利的直接受益者。但是作为农田水利使用主体的农户对农田水利设施投资激情不高，主要原因在于：由于农业一直是一项弱质产业，比较效益低，近些年农村劳动力就业环境改善，收入渠道扩展，农业收入在农民总收入中所占比重降低在一定程度上，农民更关心的是自己的收入而不是农业。据农业部门调查，2007 年农业收入占农民家庭总收入比重下降到 22%左右，而种植业收入仅占农业收入的 30%左右，也就是说我国农民实际上从种植业中获得的收入不足家庭总收入的 10%，而且，有效灌溉面积粮食单产比旱田平均高 250 千克左右，按当前平均粮价 0.4 元/千克计，亩均增收 400 元，扣除灌溉水费、田间工程维护等投入，灌溉亩均增加的收益在 300 元左右。按当前全国农民工日平均工资 50 元计，灌溉亩均增加的收益抵不上农民工一周的收入，农田水利增收功能弱化。因此，更多的农民选择“靠天吃饭”，靠打工挣钱。而且，河南省户均经营耕地（包括果园、菜地在内）不足 6 亩，且是分块经营，这种土地经营模式与农田水利工程集体受益的特性形成矛盾，村组集体无力履行农田水利建设与管理职责，主体长期缺位。在农田水利工程设施不完善的情况下，农田水利使用不具排他性，“搭便车”很容易、很普遍，最终导致全体农户都缺乏投入的积极性。针对上述矛盾，各地探索性地组建了农民用水合作组织，把分散经营的农户组织起来，有效地减缓了农田水利工程退化。但是，当前农民用水合作组织的生存与发展面临着较大问题，需要政策扶持。

11.2.2　村委会

本书之所以将村委会纳入分析框架，主要有以下三方面考虑：第一，在家庭承包制、农村税费改革实施前，村委会虽为村民自治组织，不属于政府职能机构，但多数村委会利用村提留、向村户摊派和集资、向农村信用社或银行贷款、利用“两工”等方式修建本村的道路和小型农田水利设施，以及进行植树造林等，虽然不少村庄为此形成了村级债务，但在一定程度上也起到了组织和筹资筹劳的功能。第二，实施税费改革，逐步取消农业税后，村委会的筹资筹劳手段受到约束，创收功能弱化。大多数村庄除了上级政府给予一定的拨款外，完全没有收入来源。但仍有部分村集体有一定的收入来源，包括村办企业上交和村集体租赁收入等，这些村庄在一定程度上也具有供给本村所需公共物品的能力。第三，“一事一议”作为农村税费改革的配套措施，旨在通过召开社员大会或村民代表大会共同讨论建设本村所需的基础设施或决定本村在公共管理方面的重大事项。笔者调查分析得出，在农村税费改革后，即使村委会除上级补贴外没有任何经济来源，但在组织进行“一事一议”方面也具有一定的功能，村委会既可以根据本村需要积极动员和组织村民进行“一事一议”，也可以“消极”对待，即不组织。因此，考虑到以上三方面原因，笔者认为，对村委会是否受益、是否应作为投入主体有必要进行分析。

村委会虽不具有政府在基层的一些职能，但在某种程度上可以说是县乡政府机构在农村的一个延伸组织。村干部一直扮演着类似于乡镇基层政府的“双重角色”，他们既是国家利益代理人，受乡镇政府之托，负责村庄行政任务；又是村庄利益当家人，代言村民的意愿和偏好，因而是国家与农民互动交汇点的中介人。但是，随着村民高度自治和全面取消税费等多项改革措施的出台，显示生活中影响和左右村干部“双重角色”和行为逻辑的因素更复杂。

从物质层面上讲，水利设施的建设，使农户的收益得到有效的保证，从而使村委会成员的工资和奖金都能得到更有效的保障。由于村委会在小型农田水利设施建设过程中的积极表现和骄人的业绩，从而保证了粮食安全，上级政府会视情况给予相应的物质嘉奖。

从精神层面上讲，在农田水利设施建设过程中，村委会作为一个集体事务的组织者，增强其对群众的威信和影响力，可使农户更加相信组织的能力。以后村委会组织其他活动，农户会给予积极的支持与配合；当村委会业绩能够得到上级政府的肯定，给其他村委会起到示范带动作用时，能增强村委会自我价值的实现。

河南农村的实际表明，县乡政府在开展各项农村合作时仍需要村委会给予支持，通过村委会来组织实施。

11.2.3　地方政府

地方政府兼有条块两个系统的利益导向，既要对上级政府部门负责，又要对辖区内的社会经济发展负责，于是地方政府的目标具有三重性：中央政府满意度、政府自身利益最大化和本地区社会福利最大化。对于省、市、县、乡各级政府而言，建设小型农田水利设施，为本区域内的农业、农村和农民提供相关服务，将会不同程度地从中受益，只是受益的方式和程度有所区别而已。

（1）农田水利合作治理有利于增强区域抵御水旱灾害的能力，节约抗灾抢险资金，转而用于发展生产，增强地方经济实力。例如，2008 年冬至 2009 年春，面对 50 年一遇的特大旱灾及风灾等严重自然灾害，河南省采取了多项措施，紧急筹措应急水利工程建设和抗旱资金 28.1 亿元，有效提升了农业抗灾防灾能力，为大灾之年再夺粮食丰收发挥了重要作用。这从一个方面说明，若农田水利设施能够得到加强，管护到位，就会在一定程度上降低灾害频率、降低受灾后的减产程度、减少农民的受灾损失，并可节约大量抗灾抢险资金用于发展生产，增强地方财力和经济发展实力。从抵御自然灾害，保障农业丰产，保障农民增收、角度看，建设小型农田水利设施地方政府直接受益。

（2）农田水利合作治理有利于提高农业综合生产能力，支撑后续产业发展。2005 年中央一号文件要求各级政府“着力提高农业综合生产能力，改善农民的生产生活条件”。笔者调研发现，目前，影响农业综合生产能力因素主要包括：农业劳动力素质下降、灌溉用渠系老化和机井管护投入不足、政府对农业生产设施投入不足、土壤肥力下降，水库淤积严重，耕地面积减少六个方面。其中，占样本61.02%的村委会负责人认为灌溉渠系老化和机井管护投入不足影响粮食综合生产能力的提高；占样本55.93%的村委会负责人认为政府对农业生产设施投入不足影响粮食综合生产能力的提高。因此，建设小型农田水利设施是提升农业综合生产能力的重要组成部分。特别是在河南，粮食播种面积占农户可耕地面积的比例很大，因此，通过增加播种面积来提高种粮收入的空间甚小。在目前，稳定和提高粮食单产是最佳也是最可行的途径。而稳定和提高粮食单产，最根本的就是要建设好农田水利设施，减少旱涝灾害带来的影响，减少农户的农业投资风险。同时，在作物能够得到及时有效的灌溉情况下，能够更好地发挥良种，肥料等生产要素增加单产的效能，更好地促进单产的提高。农产品丰收对于河南食品工业、农产品加工业及其关联产业必然起到强大的支撑作用。

（3）农田水利建设有助于推进社会主义新农村建设。新农村建设的基本要求“生产发展、生活宽裕、乡风文明、村容整洁，管理民主”。其中关键的是生产发展和生活宽裕。新农村建设的持续有效推进，需要各级政府从农民最关心、最需要解决的问题入手，加强小型农田水利设施建设，就是农民群众最关心，最直接、最现实的利益问题之一。此外，“无粮不稳”、“家有粮心不慌”，这已是中国农民认定的“真理”。在河南，提高农民抵御自然火害的能力，保障粮食稳产和丰产，是保障社会稳定工作的重要组成部分。

综上，建设农田水利设施，省政府和县乡政府均不同程度地间接受益。需要注意的是，地方政府在考虑农村公共品的供给时，也会将预算资金更多地用于能够引起“上级”政府注意的农村显著性公共品的供给上。

11.2.4　中央政府

中央政府将追求全局利益、注重国家安全和社会稳定作为行动的出发点，甚至不惜牺牲局部利益。从宏观层面讲，农业丰则基础强，农民富则国家强，农村稳则社会安。中央政府是农田水利建设的主要受益者。

（1）建设小型农田水利设施有利于保障国家粮食安全。随着城市化逐步推进和工业化进程的加快，耕地面积逐年减少，稳定和增加粮食产量最现实、最可靠的途径就是提高粮食单产。从提高粮食单产的生产要素（种子、农药、肥料、灌溉、技术等）投入量和投入的配比的现实来看：不论是良种、农药和化肥的投入，还是作物高产技术的推广，其效能的发挥都离不开有效灌溉的支撑。

（2）加强农村小型农田水利设施建设，也有助于农村产业结构的调整。农业比较效益低，种粮的经济效益普遍低于经济作物的经济效益。因此，对农民而言，在经济作物收益高且有保障的情况下，理性的选择是种植经济作物，但蔬菜、水果等经济作物对水利灌溉要求更高。

（3）改善农民的生产生活条件，促进城乡和谐发展，农田水利建设是重要切入点。笔者调研分析得出：农民最急需的农村基础设施建设是：农田水利、农村道路、农村医疗卫生、农村劳动力转移培训。

因此，建设好农田水利设施，是促进粮食生产要素功效发挥的保障，是保障国家粮食安全的有效手段，是改善民生、维护社会稳定的必要措施。国家有责任也有动力投资农田水利基础设施的建设和管理。

需要指出的是，农民对农田水利依赖性的降低，并不代表国家对农田水利依赖性降低。对单个农民而言，可以靠耕作旱地或者通过市场购买满足家庭的"口粮"需求；对国家而言，不可能也决不允许放弃灌溉或者通过国际粮食市场保障国家的粮食安全。目前，我国进入"以城带乡、以工促农"的发展阶段，财力又允许，地方政府与农民要求也十分迫切，国家应该而且可以承担更大的农田水利投入责任。为此，在取消"两工"后，中央政府积极探索建立和完善农田水利建设机制，调动地方政府和农民群众开展农田水利建设与管理的积极性。国务院办公厅转发了由国家发改委、财政部、水利部、农业部、国土资源部等五部委联合制定的《关于建立农田水利建设新机制的意见》，明确要求"政府支持、民办公助""民主决策、群众自愿"的原则，采取"一事一议"方式开展农田水利工作。上述政策实施取得一定成效，但问题未得到根本解决，存在"事难议、议难决、决难行"的窘境，甚至在个别地区，地方政府为维护当地社会稳定，禁止"一事一议"，以避免事议不成，反受其害，影响社会稳定。"民办公助"并未真正确立各级政府的投入主体地位，未真正落实投入责任，农民仍是农田水利的重要投入主体，搞"民办"，各级政府只起辅助作用，实施“公助”，这与农田水利公益性特征和当前社会形势不相适应。

11.3 农田水利合作治理动力形成逻辑

基于相关利益主体的农田水利参与效应分析，我们可以对农田水利供给动力形成逻辑进行概念性的刻画。

11.3.1 供给动力来源

理性经济人从事一项活动的目的在于获取最大化的利益。无论是政府、村委会还是社团组织或农户，其参与农田水利供给的动力是必须能够以可承担的成本与风险，从农田水利供给中获得合理的收益（产权明晰且权益可实现、水利网络贯通、收费权、强制性缴费制度），并且能够对未来收益具有稳定、持续的获益预期。

简单而言，相关主体参与农田水利供给的动力来源于：产权归属和预期收益有保障，可承受的投资成本，较低的投资和管理风险，正常的投资回报率。这不仅要求农田水利供给的事权与财权相匹配，而且要求水利资产投资者能够享有稳定的或可转让的水利工程用地和水利设施产权保障。尤其是，投资能力不强的农田水利投资者能够得到政府政策和资金等方面的扶持，降低筹资成本；同时，农田水利供给者能够通过合理的资源价值偿付、供水价格弥补供给成本。

对于农户而言，其追逐的主要目标是获得灌溉之利和农产品增产效应。

对于关联企业（农业产业化企业或与农田水利存在关联投资的企业）而言，其参与农田水利供给的主要目标是借助农产品增产和农业生产力提升获得充足的原材料供应，或者是将农业生产节约下来的水资源转供工商业用水。

对于地方政府而言，其参与农田水利供给的主要目标是借助农产品增产和农业生产力提升获得区域经济发展的执政业绩，追求水环境改善业绩。

对于中央政府而言，其参与农田水利供给的主要目标是借助农产品增产和农业生产力保障国家粮食安全、农村经济社会和水环境安全，促进经济社会与环境和谐发展。从目前来看，各地在兴建水利设施时，对能够发电等有经济收益的水库投资比较热心，但对主要以农田水利灌溉为主的水库建设积极性不高。这主要是因为农灌水库的比较利益低，而农田水利的生产力发展和环境改善效应难以内部化为一般投资者的收益。

鉴于农田水利各相关主体具有不同的财力资源和外部性内部化行动能力，以及既定财政和制度结构激励约束下，政府会选择最小化的水利供给成本获得最大化的政治经济业绩。因此，在厘清政府、乡村组织、市场与农户的农田水利合作治理边界的基础上，还有必要结合各级政府的公共服务能力、各利益相关主体将农田水利外部性内在化的有效控制空间，进一步界定相关主体关于不同层级水利设施供给责任，力求实现“事权、财权、财力”的匹配。

因此，要破解农田水利供给不足状态，就必须按照城乡公共服务均等化的要求彻底改变农田水利供给的制度、结构和模式，健全农田水利供给体制，强化政府“统筹规划、分级负责、权责匹配”的农田水利供给责任，以供给公共物品作为政府的主要绩效考核指标，实现政府供给的“缺位”向“归位”转变，构建以政府为主体的民间组织和农户广泛参与的多元供给体制。

11.3.2　相关利益主体参与动力形成逻辑

由于农田水利具有粮食安全效应、水环境改善、网络外部性、农业生产率提升和农产品增产四大效用，受外部性内部化行动能力范围的约束，中央、地方政府、村委会、农户、社团组织，参与农田水利供给所获得的经济社会效用是不同的，因而，各自愿意投资的农田水利类型是不同的。

为促进农田水利网络体系的形成，获得网络外部性隐含的规模经济效益，必须由代表全体民众利益的公共代理人——政府发挥最终组织者的作用，建立农田水利投入稳定增长的财政制度、转移支付制度、“普惠制”的以奖代补投资支持等措施，对各级农田水利供给中的相关利益者给予指导、激励和约束，达成协同耦合的供给行动。

为分析的简便，本书将农田水利发展的经济、社会政治与生态效应具体化为：农产品增产效应、农业生产力提升效应、粮食安全和水环境安全效应。

下面，从农民的视角，说明其参与农田水利供给的动力形成逻辑。如图 11-2 所示。

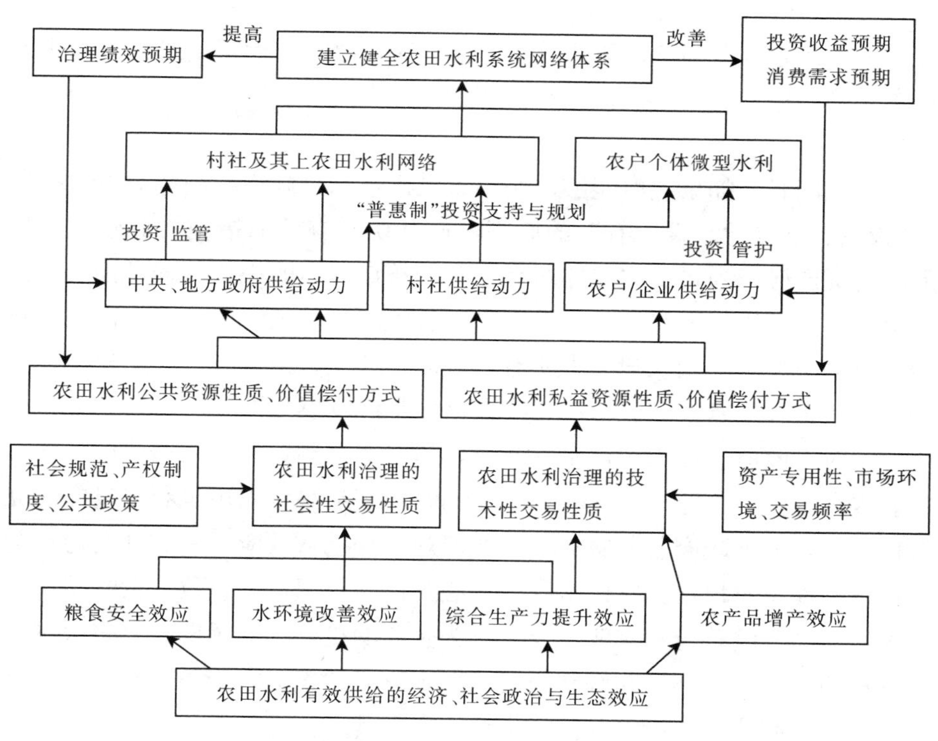

图 11-2　农田水利供给动力形成逻辑

就农民而言，目前分散的农民面对广泛的农田水利外部性而缺乏投入激励。尤其税费改革后，取消了义务工和劳动积累工改为一事一议制度，长期以来，我国农田水利基础设施的维护是以农民提供义务工的形式提供，随着传统农区小农经济全面恢复，农民个体对农田水利基础设施的投入与自己收入的不确定性预期相关度提高，农民在投资和维护中存在搭便车和机会主义倾向明显，投入明显不足。

在现有农田水利状况下，要提高农民投资农田水利的收益预期，关键在于降低农户投资农田水利的成本及其风险预期。若能建立起以政府投资为主的“普惠制”农田水利供给支持制度，通过建立健全渠系分水、配水涵闸设施和机井流量监测设施，改善井渠分水、配水装备和水资源交易技术，可增强农田水利消费与受益的排他性能力，减少农田水利供给与使用中的搭便车行为，提高农田水利投资的收益预期，改善农田水利投资环境。只有当政府对“村组公益水利、农户个体水利”等微小型水利设施建设给予“普惠制”的“以奖代补”的投资支持时，才能根本改善农田水利投资环境，稳定农民的投资收益预期，提升农民对农田水利的投资与消费倾向。

与此同时，如果政府能够加快小型农田水利设施产权制度改革，按照“谁投资、谁受益、谁所有”的原则，通过切实有效的措施，对政府补助形成的资产应归项目受益主体所有；对受益户较多的小型工程可按受益范围组建农民用水社团组织，相关设施归农民用水社团组织所有；以农户自用为主的微型工程归农户个人所有。进而，建立农田水利资产产权交易市场，放活工程经营权和流转权，将会进一步激励农户的投资行动。

同时，政府应加大农田水利基础设施“普惠制”投资制度建设，加大农业水利企业、农业产业化龙头企业和农户参与小型农田水利建设的建立扶持力度，发挥政府公共服务支出的宏观经济乘数效应，引导社会力量参与投资，提振农户投资农田水利的信心，提高农田水利有效消费需求。这不仅将提高各级政府和农业产业化龙头企业的投资绩效预期，更将根本改善农户的水利投资环境和水利消费预期，形成“投资—受益—投资”的良性循环，从而造就农田水利持续供给的内在动力。

依据上述分析，可以看出：政府、涉农企业、乡村组织与农民及其自治组织四者各自有效发挥作用的功能空间受到农村公共产品不同特征的限制，只有在各自的供给边界内行事，才能在农村公共产品供给领域发挥最大效用。

河南是农业大省，地方财政收入和农民普遍偏低，单靠地方政府的财力或农村私人资本根本无力突破农田水利的有效临界规模，为提高公共品的供给效率需要有合理的公共服务运行机制，要合理划分中央、地方政府、乡村集体、非营利组织、农民与市场的边界，充分利用政府、非营利组织和市场之间的互补性，形成井然有序、灵活有效的农田水利供给体制。所以，必需建构“中央财政主导、省级财政统筹、县级政府整合、农民主体、社会参与、市场化运作”的多元协同供给体制。

11.4 农田水利合作治理动力形成条件

农田水利建设正处于由生产服务型向生产与生态服务并重转型的发展期，使得农田水利供需契约具有多层次嵌套的性质，决定了其治理结构应采取政府、农户和民间双向互动的农田水利合作治理结构，以最小化的契约治理成本实现农田水利的合作治理。农田水利合作治理就是政府要为市场和社会自治提供基础性框架，政府在为农田水利建设管理提高资金筹集与政策支持的同时，也可以通过购买服务的市场手段来让社会组织参与农田水利治理，鼓励市场和社会自治组织承担农田水利建设、管理、养护责任。这需要通过明晰供给责任主体、健全组织、界定产权、完善规则、保障投入等方面来保障。

11.4.1 健全治理责任主体

当前形势下，无论是农田水利设施的供给数量、供给结构，还是其投融资机制、组织管理方式等都较发展现代农业对农田水利设施的要求有相当大的差距。针对农田水利制度方面突出存在的资金筹措难、落实主体难、建管组织难“三难”问题[①]，必须建立开放的内外互动的农田水利供给体制，充分利用两种资源、两个市场，构建政府主导、农户主体、民间组织协助的供给体制，实现农田水利合作治理，提高农业农村现代化发展的水利保障和支撑。

（1）政府层面。目前农田水利既有全国性的，又有地区性和社区性的，为了达到公共服务均等化目标，农田水利建设和管理应实行由国务院

① “三难”问题的主要表现：一是农田水利投入严重不足。“两工”取消后，新的投入主体没有落实到位，巨大的投入缺口尚未有效弥补；财政投入大幅度增加，但规模太小，按当前投资强度，要完成大中型灌区骨干工程改造规划任务，至少需要 30 年。二是农田水利管护机制不健全。工程产权不明晰，维修养护责任和经费投入主体界定不清，有人用、没人管现象还比较普遍。三是组织方式滞后，传统组织方式与当前形势不相适应，新机制尚未建立。

领导、省级人民政府统筹、县级人民政府为主规划实施的管理体制。

各级地方政府应切实承担起农田水利基本建设的责任，政府间根据受益范围和支付能力的原则，合理划分政府间的事权和责任，通过重构政府间的转移支付制度，赋予不同的财政权力和财政权利，保障基层政府履行公共服务职能与能力相匹配，建立起由中央、省、市、县分工合作的治理体制。为了支持基层水利工作的开展，应当明确乡镇水利站作为县级人民政府水行政主管部门的派出机构，在县级人民政府水行政主管部门的管理下，履行管理范围内的农业灌溉、防汛防旱等公共服务和社会管理职能。

（2）农户层面，坚持“村民自愿、直接受益、量力而行、民主决策”的原则，以政府财政投入为主，引导农民自愿投工投劳，让农民全程参与到农田水利建设规划、筹资、建造、运营管理和建后管护中来，提高其管理能力、责任意识和参与收益。主要体现在：在工程前期工作阶段，为确保工程技术方案合理和工程顺利实施，地方政府和水利部门通过召开村民大会，在工程建设内容的选择、工程布局、工程技术方案、筹资投工方案和工程管护，征求群众的意见，充分尊重和体现农民的意愿；在开展村组内的农田水利工程建设，以村组为单位，组织发动群众投工投劳和筹资参加工程建设；在工程建设中，招投标不搞一刀切，建设难度大、技术要求较高的工程通过公开招投标选择施工队伍建设，凡是适合农民可以依靠自身能力可以开展的，以自然村组为单位，在水利部门的指导下，组织农民自己干，就地消化农村剩余劳动力，增加农民收入。

（3）民间组织层面，农民用水合作组织是农民群众自主兴办和管理小型农田水利工程设施的社会团体，是填补农村小型农田水利工程管理主体缺位的有效载体，是解决小型农田水利设施的公共性与农户家庭经营的个体性之间矛盾的有效途径。因此，应明晰其农田水利综合直补承接主体的权利和义务。按照“政府引导、农民自愿、依法登记、规范运作”的原则，推进农民用水合作组织的标准化、规范化和执行能力建设，以便把改造完成的末级渠系工程设施移交给农民用水合作组织并明确归其所有，将工程维修养护、用水组织、水费计收等与末级渠系工程设施有关的用水事务全部交给合作组织，因其提供的服务具有准公益性，服务成本的付出享受国家财政补贴，真正把农民用水合作组织培育成末级渠系工程设施的产权主体、改造主体和运营管理主体。

11.4.2 保障产权

要吸引私人、私人联合体、民间团体加入到农田水利的建设和管理中来，就要有一系列制度来保障这些人或团体的权益。其中，最重要的制度安排就是产权。产权的一个特点是强制性，只有强制性的产权才能使产权所有者形成对产权的良好预期，从而激励所有者来行使产权。因此，应加快小型农田水利设施产权制度改革，按照“谁投资、谁受益、谁所有”的原则，界定某一农田水利工程的产权，对政府补助形成的资产应归项目受益主体所有；在稳定工程所有权的前提下，建立农田水利资产产权交易市场，并且采取一系列制度来保护产权的行使，赋予农田水利资产所有者稳定和可流转的产权实现机会，为投资者提供可实现的产权收益预期，这样将最大限度地调动农民、法人、私人联合体、民间团体参与农田水利工程供给的动力。

11.4.3 建立“合议制”决策机制

合议制，即委员会制，通常是指行政组织决策和管理权力由若干人组成的委员会共同行使，按少数服从多数或协商一致的原则集体决定、共同负责的组织体制。合议制的优点是能集思广益，能反映各方面的利益和要求，权力受到制约，防止个人或部门专断。

在农村公共基础设施治理领域，“合议制”应该是指由县水利部门牵头，对村镇农田水利等公共事务建设管理问题，邀请水利专家、农民自治组织（村委会、村民代表和农民专业合作组织）等相关方就村组农户要求解决的问题进行可行性论证的一项制度。这实际上是在村民“一事一议”决策机制与政府统筹规划集中决策机制之间架起一座“桥梁”，通过“政府水利部门＋水利专家＋农民自治组织＋农户”的形式，把政府、农民自治组织与分散的农户组成民主议事决策机构，不仅可以提高农户的组织化程度，而且可以提高议事成事的能力，实现政府与农民的平等协商和民主决策。其程序主要包括现场合议、会议合议、实地考察三个环节，集体协商定规划、拿方案、评结果。

一方面，我国利益关系和社会结构的变化凸显民间自主治理的作用。无论是利益主体的分化和利益关系的调整，还是不同利益群体的利益诉求和利益保护，都对发展公私合作伙伴关系提出了现实而又迫切的要求。另一方面，我国进入以政府转型为重点的改革攻坚阶段，伴随着政府转型的实际进程，民间组织必将在社会性、公益性和服务性的社会职能中逐步发挥作用，扮演重要角色。但由于民间组织发育成熟之前，需要采取“合议制”决策机制对政府集权与民间自主决策机制取长补短，统筹各方利益，提高决策的科学性与可操作性。

11.4.4　加大资源投入

在市场经济条件下，农田水利基本建设的组织形式和投入结构与过去相比有了较大变化，必须探索投入的新机制。根据不同层次农田水利的效益外溢性大小和受益主体支付能力，合理划分相关利益主体间的投入责任，实行分级负责、合作供给，切实加快农村小型水利设施建设步伐。

第一，切实增加中央对农田水利的财政投入力度。农田水利基本建设具有公益性，这个特点决定了农田水利基本建设要由中央公共财政进行支持。特别是农村税费改革以后，中央更应从财力上支持农田水利基础设施建设，以农田水利基本建设促进农业生产。

第二，完善“一事一议”制度。认真贯彻执行“一事一议”筹资筹劳的有关规定，通过政策引导、资金支持、民主议事、组织协调和技术服务等方式，鼓励和引导农民出资投劳参与农田水利设施建设。农民因外出务工经商等原因不能投劳的，可以自愿以资代劳。除了村级小型农田水利工程建设实行“一事一议”外，对跨乡、跨村较大规模的农田水利工程建设，由县乡两级政府组织协调，通过召开县乡两级人民代表大会民主讨论决定，并列入财政预算补贴范围。

第三，鼓励社会资本投入。要积极运用市场机制，引导社会资本参与农田水利工程建设，大力发展民营水利，逐步建立多层次、多元化、多渠道的农田水利基本建设投入新机制。同时，农田水利供给应区分农田水利类型特征采取适宜的农田水利供给机制和治理模式，重点依托农业产业项目、农业园区、主体功能区建设，发挥示范带动作用，从而实现由点到面。

11.5 小结

本章通过对农田水利合作治理的现实约束和相关利益主体参与收益分析，从农户的视角阐明了农田水利合作治理动力的形成逻辑，进而基于农田水利已经由生产服务型向生产与生态服务并重阶段的转变特征，从健全治理责任主体、保障相关主体产权、建立“合议制”决策机制、加大资源投入等方面，提出优化农田水利合作治理动力形成条件的对策建议。

第十二章　农田水利供给绩效改善路径探究

在当前农田水利建设由服务生产向服务生产与生态并重转型的时代背景下，加强农田水利设施建设对于河南省水资源有效配置、水生态环境改善和粮食生产持续增长具有重要支撑保障功能。探究提高农田水利供给绩效的可行路径，必须从农田水利建设的时代任务出发，结合当前制度背景下各种影响因素的作用特点，根据各地农村经济社会的实际状况因地制宜推进农田水利设施建设，才能确保农田水利设施治理绩效的根本改善。为此，本章基于河南不同区域农田水利供给绩效差异的实证分析，提出改善河南农田水利供给绩效的可行路径。

12.1　研究目的

利用河南省的相关数据构建计量模型，一方面比较分析河南不同区域（豫东、豫西、豫南、豫北）在农田水利供给绩效差异的影响因素；另一方面考察农村税费制度改革对不同地区农田水利设施建设投入的不同影响，为揭示河南农田水利合作治理的各种影响因素提供依据和支撑。

12.2　指标与数据

12.2.1　指标选择

（1）因变量的选择。为了考察河南省不同地区农田水利设施建设的绩效，必须筛选能够恰当反映农田水利设施建设成果的指标作为我们计量模型的因变量。一般而言，各地农田水利设施建设的成果可以通过当地有效灌溉面积的变化来体现。然而，高质量农田水利设施的服务目标往往不仅仅局限于增加可灌溉农田的数量，排涝也是农田水利设施的重要功能之一，因此，选择旱涝保收面积这一指标也是有道理的。坦白地说，无论选择有效灌溉面积还是旱涝保收面积作为因变量都不能完全涵盖各地农田水利设施建设的所有成果，也就无法全面准确地反映各地农田水利设施建设的绩效。考虑到选择因变量指标的这些局限是应该的，但是，我们又不得不在其中作出选择。

我们确定了用有效灌溉面积或者旱涝保收面积作为因变量，但是有一点还是需要在技术上作出处理的，即我们必须正视现实当中由于城市化、工业化进程的推进而造成的有效灌溉面积或旱涝保收面积的变化（往往是减少）。因此，如果用这两项指标的绝对数量变化很可能在计量分析中无法反映这一变化，甚至错误地反映这些变化。考虑到这一点，我们认为使用有效灌溉面或者旱涝保收面积占当地耕地资源的比例来作为因变量将会比较合适。如果这样，尽管各地由于耕地资源的变化（由于开荒、造田等原因）还是会影响到这一指标的说服力，但是鉴于以下两点我们认为这些影响是可以忽略的：一是，耕地资源的变化对这一比例的影响相对比较小；二是，我们可以在自变量中对各地耕地资源总量的变化加以控制。

为此，本章对于河南省各地农田水利设施绩效的考察，在计量模型中选择旱涝保收面积占当地耕地资源总量的比例作为因变量。

（2）自变量的选择与控制。我们希望通过计量模型分析各地农户和非农户投资对农田水利设施的影响来考察河南省不同地区农田水利设施建设的绩效，即通过比较不同地区农户、非农户在农田水利设施方面的投入带来的效果差异比较不同地区的投资效率。所以，在计量模型需要控制的自变量中，我们首先能够确定下来的就是农户和非农户在农田水利设施方面的投入水平。如前所述，各地年末耕地资源的总量也必须纳入到自变量中加以控制；各地的经济发展水平特别是农业在当地经济发展当中的地位是我们需要在自变量中加以控制的又一重要变量，因为我们有理由相信它们不仅影响当地的农田水利设施投资水平，更会影响这种投资意愿。至于选择地区国内生产总值、农业产值占国内生产总值的比重抑或农民人均收入等一个或几个指标来考虑则根据模型的检验情况确定。各地区城市化或城镇化水平我们也应该在自变量当中加以控制，因为我们必须考虑到各地由于加快城市化、城镇化进程而带来的对耕地资源及农田水利设施的覆盖程度的影响。当地农田水利设施或配套设施的状况是影响该地区对农田水利设施建设进行投资的重要因素，这里可以考虑纳入机收面积、农村用电水平等变量来对这些因素加以控制。河南省从东到西、从南到北，各地区地形特征多有不同、耕作习惯存在差异，甚至对于从事农业的态度也会有变化。而这些因素有很多又是难以观测或者统计量化的，如果忽视这些因素将会对于我们的计量检验由于遗漏变量而造成重大缺陷甚至错误。但是，这些因素有一个共同特征，即短时间内它们均保持不变或者变化程度很小，使得我们可以通过使用两时期综列数据分析（差分）的方法把它们从模型中剔除，而不会导致估计量的偏差。鉴于 2005 年在全国进行了农村税费制度改革，而且近几年的相关研究表明这一制度变革对于农业生产和农村公共物品供给造成了比较大的影响（尽管具体研究结论有差异），我们也试图通过计量模型来考察在这一制度变革前后，不同地区特别是对于工农业比重差别很大的地区农田水利设施投资会不会造成不同的影响。

12.2.2 数据选择

数据可得性对于我们的计量分析与绩效检验具有重要意义。因为尽管我们可以尽可能地在计量模型中设计各种指标、变量，但是如果没有相应的数据支撑，那么有这些变量构建的计量模型对于我们的分析目的将毫无意义。下面从数据可得性的角度阐述上述变量的主要数据来源。

关于因变量，我们需要有河南省各地市的旱涝保收面积数据，这一数据来自于 2007、2009，2000 年的河南省统计年鉴。对于各地市农户、非农户用于农田水利设施的投资数据我们无法获得，这里采用的数据是统计年鉴中农村社会固定资产投资的相应数据。我们选择这一替代数据的原因，在于很长一段时间以来，农村社会固定资产投资主要是用于农业生产方面的农田水利设施建设。

12.3 分析方法的确定[①]

为了实现上述分析目标，我们选择两时期综列数据分析方法进行计量

① 本节和下一节计量部分是由朱云章博士为作者主持的省社科规划项目提供的内容。

分析。之所以选择上述方法主要是基于分析目标与数据可得性的综合考量的结果。考虑到在分析中比较河南不同区域在农田水利设施建设方面的投入绩效，我们的数据必须包含河南省的各个地市，即我们必须保证数据具有截面数据的特征。但是，单一时期的横截面数据在服务于我们的目标分析方面存在严重的缺陷，即计量分析模型无法容纳所有的变量。究其原因，一方面我们无法保证能够确保选择变量的严格全面，一方面即使能够做到变量是全面的，我们往往无法得到数据或者这一变量常常是无法观测的，更何况还必须保持计量分析模型的简洁性。因此，使用单一时期的横截面数据有可能由于遗漏变量而影响分析质量。如果能够使用多时期横截面数据来分析问题，对于确保分析结果的可靠性是有意义的。纵观河南省统计数据的编排，我们又无法得到各个变量、较长时期、相同统计口径的高质量统计数据。鉴于河南统计年鉴中统计数据的间歇性（某一变量在时隔若干年后继续统计的特点），我们采用两时期综列数据分析的方法。

12.3.1　综列数据

以往的经验研究中使用的多元回归分析，要么使用纯粹的横截面数据，要么使用纯粹的时间序列数据，但兼有横截面和时间序列因次（维数）的数据集也越来越多地开始使用了。事实上，兼有横截面和时间序列两个方面的数据，常能给我们研究的重要政策问题带来曙光。这类数据又可以分为两类：一种是独立混合横截面，它是在不同时点从一个大总体里进行随机抽样的结果；另一种是综列数据，收集这类数据，需要在不同时间跟踪（或试图跟踪）相同的个人、家庭、厂商、城市、省份或别的什么单元。就综列数据而言，不能假定不同时点的观测值是独立分布的，因为影响观测变量的因素可能存在持续影响，甚至这些影响因素还是我们无法观测的。

12.3.2　两时期综列数据分析

为了解决某些具有固定影响但由于无法观测而造成变量遗漏的问题，我们采用两时期综列数据进行分析。

把影响因变量的观测不到的因素分为两类：一类是恒常不变的；另一

类则随时间而变的。令 i 表示横截面单元，t 表示时期，可将观测到的单一个解释变量的模型写成：

$$y_{it}=\beta_0+\delta_0 d2_t+\beta_1 x_{it}+\alpha_i+\mu_{it},\ t=1,\ 2$$

式中，i 表示个人、厂商、城市等，而 t 表示时期。变量 $d2_t$ 是当 t=1 时等于零而当 t=2 时等于 1 的一个虚拟变量，它不随 i 而变，这也说明它为什么没有下标 i。因此，t=1 时的截距是 β_0，而 t=2 时的截距是 $\beta_0+\delta_0$。变量 α_i 概括了影响着 y_{it} 的全部观测不到的、在时间上恒定的因素（α_i 没有下标 t 这一事实就告诉我们它不随时间而变）。通常把 α_i 称作非观测效应。误差 u_{it} 常被称作特异性误差或时变误差，因为它代表因时而变且影响着 y_{it} 的那些非观测因素。

对于两时期综列数据进行分析，如果仅仅把两年的数据混合起来，然后用最小二乘法估计参数 β_1，会有两个缺点。最重要的一点是，为了使混合的 OLS 产生 β_1 的一个一致估计量，我们就必须假定非观测效应 α_i 与 x_{it} 无相关关系。为了说明这一点，我们令 $v_{it}=\alpha_i+\mu_{it}$，v_{it} 被称作复合误差，此时原方程变为

$$y_{it}=\beta_0+\delta_0 d2_t+\beta_1 x_{it}+v_{it},\ t=1,\ 2$$

为了使 OLS 一致性地估计 β_1（以及其他参数），必须假定 v_{it} 与 x_{it} 不相关。如果 α_i 与 x_{it} 是相关的话，混合 OLS 估计就是偏误且不一致的。由此造成的偏误称作差异性偏误，然而，它的确是由于遗漏了一个时间上恒常的变量而引起的。

在我们的应用中，收集两时期综列数据的主要理由是为了考虑非观测效应与解释变量相关。事实上这是容易处理的：因为 α_i 在时间上是恒常的。我们可以取两个年份的数据差分。说得更准确些，对横截面第 i 个观测值，把两年的方程分别写为

$$y_{i2}=(\beta_0+\delta_0)+\beta_1 x_{i2}+\alpha_i+\mu_{i2},\ t=2$$

$$y_{i1}=\beta_0+\beta_1 x_{i1}+\alpha_i+\mu_{i1},\ t=1$$

从第一个方程减去第二个，使得到

$$(y_{i2}-y_{i1})=\delta_0+\beta_1(x_{i2}-x_{i1})+(\mu_{i2}-\mu_{i1})$$

或

$$\Delta y_i=\delta_0+\beta_1\Delta x_i+\Delta\mu_i$$

式中，"Δ"表示从 t=1 到 t=2 的变化。非观测效应 α_i 不再出现于方程中，已经被差分掉了，而且新的截距 δ_0 实际上是截距从 t=1 到 t=2 的变化。

上面的一阶差分方程不外是单一截面方程，仅仅每个变量取其时间上的差分而已，只要基本假定特别是 $\Delta\mu_i$ 与 Δx_i 不相关得到满足，我们就可以进行估计了。当然，还要求 Δx_i 必须因 i 的不同而有所变化，如果解释变量对任何一次横截面观测来说都不随时间而变，或者在每一次观测中都出现等量的变化，我们也无法估计参数。只要我们所估计的方程方差满足同方差假定（即使不满足，我们是比较容易检验和处理的），我们就可以得到无偏估计量了。

12.4　计量分析

12.4.1　计量模型的设定

（1）河南各地市农田水利设施建设绩效检验。基本模型如下：

HLBSMJBZH_CF=C(1) * NYGDPBZH08+C(2) * NMRJSR_CF+C(3) * CHZHHUA_CF+C(4) * GDZZY_CF+C(5) * NCYDL_CF+C(6) * JSMJ_CF+C(7) * FNHTZ_CF+C(8) * NHTZ_CF+C(9)

其中，因变量 HLBSMJBZH _ CF 代表各地市旱涝保收面积占当地耕地总资源的比重的差分；自变量 NYGDPBZH08 代表 2008 年该地市农业产值占当地国内生产总值的比重；自变量 NMRJSR _ CF 代表各地市农民人均纯收入的差分；自变量 CHZHHUA _ CF 代表各地市城镇化水平的差分；自变量 GDZZY _ CF 代表各地市耕地资源总量的差分；自变量 NCYDL _ CF 代表各地市农村用电量的差分；自变量 JSMJ _ CF 代表各地市机收面积的差分；自变量 FNHTZ _ CF 代表各地市非农户农村社会固定资产投资水平的差分；自变量 NHTZ _ CF 代表各地市农户农村社会固定资产投资水平的差分；C（1）…C（9）是计量模型的系数。

为了检验不同地区农田水利设施的投资绩效，我们在基本模型基础上加入虚拟变量代表不同地区，并通过虚拟变量与不同变量的组合衍生出以下三个计量模型：

模型 1：

HLBSMJBZH_CF=C(1) * NYGDPBZH08+C(2) * NMRJSR_CF+C(3) * CHZHHUA_CF+C(4) * GDZZY_CF+C(5) * NCYDL_CF+C(6) * JSMJ_CF+C(7) * FNHTZ_CF+C(8) * NHTZ_CF+C(9)+C(10) * qw1+C(11) * qw2+C(12) * qw3

模型 2：

HLBSMJBZH_CF=C(1) * NYGDPBZH08+C(2) * NMRJSR_CF+C(3) * CHZHHUA_CF+C(4) * GDZZY_CF+C(5) * NCYDL_CF+C(6) * JSMJ_CF+C(7) * FNHTZ_CF+C(8) * NHTZ_CF+C(9)+C(10) * qw1 * NHTZ_CF+C(11) * qw2 * NHTZ_CF+C(12) * qw3 * NHTZ_CF

模型 3：

HLBSMJBZH_CF=C(1) * NYGDPBZH08+C(2) * NMRJSR_CF+C(3) * CHZHHUA_CF+C(4) * GDZZY_CF+C(5) * NCYDL_CF+C(6) * JSMJ_CF+C(7) * FNHTZ_CF+C(8) * NHTZ_CF+C(9)+C(10) * qw1 * FNHTZ_CF+C(11) * qw2 * FNHTZ_CF+C(12) * qw3 * FNHTZ_CF

在上述三个方程中加入了三个虚拟变量 qw1，qw2，qw3，因此也增加了 C（10），C（11），C（12）三个系数。需要进一步作出说明的是，之所以加入三个虚拟变量，是因为我们将河南省各地市划分为了豫东、豫西、豫南和豫北，三个虚拟变量 qw1，qw2，qw3 分别在该地市属于豫西、豫南和豫北时取值为 1，其余情况下取值为 0。在河南省现有的 18 地市中，郑州、开封、平顶山、许昌、漯河、商丘、周口等七地市归为豫东地区；洛阳、三门峡、焦作和济源四地市归为豫西地区；驻马店、信阳、南阳三地市归为豫南地区；濮阳、新乡、鹤壁、安阳四地市归为豫北地区。

（2）农村税费制度改革的影响。为了检验农村税费制度改革对农业产值占地区国内生产总值不同比重地区的差异，我们在前面基本模型基础上衍生出以下三个计量模型：

模型 4：

HLBSMJBZH_CF=C(1) * NYGDPBZH08+C(2) * NMRJSR_CF+C(3) * CHZHHUA_CF+C(4) * GDZZY_CF+C(5) * NCYDL_CF+C(6) * JSMJ_CF+C(7) * FNHTZ_CF+C(8) * NHTZ_CF+C(9)+C(10) * gyhchd

模型5：

HLBSMJBZH_CF=C(1) * NYGDPBZH08+C(2) * NMRJSR_CF+C(3) * CHZHHUA_CF+C(4) * GDZZY_CF+C(5) * NCYDL_CF+C(6) * JSMJ_CF+C(7) * FNHTZ_CF+C(8) * NHTZ_CF+C(9)+C(10) * gyhchd * FNHTZ_CF

模型6：

HLBSMJBZH_CF=C(1) * NYGDPBZH08+C(2) * NMRJSR_CF+C(3) * CHZHHUA_CF+C(4) * GDZZY_CF+C(5) * NCYDL_CF+C(6) * JSMJ_CF+C(7) * FNHTZ_CF+C(8) * NHTZ_CF+C(9)+C(10) * gyhchd * NHTZ_CF

在上面三个模型中，加入的新变量是虚拟变量gyhchd，我们以2006年河南省各地市农业产值占地区国内生产总值比重是否超过15%为界进行划分，如果该地市农业产值占地区国内生产总值比重小于15%，那么gyhchd取值为1，否则取值为0。

12.4.2 模型结果分析

12.4.2.1 河南各地市农田水利设施建设绩效检验结果分析

我们使用2006年与2008年河南省两时期综列数据分别对基本模型和模型1、模型2及模型3进行回归，计量模型的输出结果如表12-1所示：

表12-1 河南各地市农田水利设施建设绩效综列数据回归结果

自变量名称	系数与标准差			
	基本模型	模型1	模型2	模型3
NYGDPBZH08	−0.028 676	−0.102 983	−0.158 84	−0.176 89
	0.131 656	0.064 026	0.091 538	0.075 593
NMRJSR_CF	−0.001 799	−0.001 885	−0.003 29	−0.003 35

（续）

自变量名称	系数与标准差			
	基本模型	模型 1	模型 2	模型 3
	0.002 969	0.001 434	0.001 961	0.001 601
CHZHHUA_CF	−0.106 684	−0.159 792	−0.470 63	−0.437 45
	0.325 976	0.205 196	0.237 532	0.200 248
FNHTZ_CF	−0.001 189	0.034 325	−0.025 84	0.021 128
	0.071 958	0.048 208	0.063 084	0.053 538
QW1 * FNHTZ_CF				−0.054 8
				0.025 261
QW2 * FNHTZ_CF				−0.113 25
				0.022 149
QW3 * FNHTZ_CF				−0.057 1
				0.027 092
GDZZY_CF	0.001 098	0.318 022	0.749 391	0.790 503
	0.871 83	0.435 12	0.739 435	0.540 644
JSMJ_CF	0.008 904	0.040 508	0.049 858	0.047 453
	0.011 601	0.009 219	0.012 668	0.009 875
NCYDL_CF	−0.002 221	0.038 931	0.040 017	0.010 18
	0.079 676	0.050 076	0.102 656	0.058 077
NHTZ_CF	0.051 642	−0.095 449	0.116 487	0.033 604
	0.201 821	0.134 708	0.178 486	0.145 698
QW1 * NHTZ_CF			−0.129 66	
			0.152 94	
QW2 * NHTZ_CF			−0.339 56	
			0.084 764	
QW3 * NHTZ_CF			−0.209 75	
			0.173 946	
C	3.063649	4.636298	7.777496	7.813761
	6.503787	3.259876	4.363379	3.577614
QW1		−1.87959		
		0.711 921		

（续）

自变量名称	系数与标准差			
	基本模型	模型 1	模型 2	模型 3
QW2		−4.31736		
		0.826 925		
QW3		−1.732179		
		0.560 115		
R−squared	0.415 678	0.922 001	0.840 998	0.891 241
Adjusted R−squared	−0.103 719	0.779 003	0.549 496	0.691 851

从回归结果来看，模型 1、模型 2 和模型 3 的拟合程度都优于基本模型，下面我们对模型 1—模型 3 的回归结果进行简要分析。

就基本模型的回归结果来看，我们发现，农业产值占地区国内生产总值的比重对于河南省旱涝保收面积比重的提高呈现出负影响。这一结果是出乎我们意料的，因为我们一般认为随着农业产值占地区国内生产总值比重的提高，该地区应该更重视农田水利设施建设，从而这一指标对于旱涝保收面积比重的提高应该具有积极影响才会合乎预期。不仅如此，我们发现在模型 1—模型 3 当中，这一指标也表现为负值，所以，这种结果应该不是偶然。我们认为出现这一结果的原因可能在于我们使用的数据时间差距比较近而且是当前较新的数据，而农业产值占地区国内生产总值比重较高的地区经过前若干年的农田水利设施建设，当前旱涝保收面积比重的提高幅度空间已经较小。模型中的变量耕地总资源、城镇化水平、农民人均纯收入及机收面积等指标的符号都符合我们的预期：耕地总资源及机收面积与旱涝保收面积比重的高低呈现出正相关关系；城镇化水平及农民人均纯收入与旱涝保收面积比重的高低呈现出负相关关系；耕地资源的数量对于当地农业发展具有重要意义；机收面积的高低意味着当地农业机械化水平的高低，我们也把它作为当地农业配套设施的指标之一来看待，农业配套设施比较齐全也会提升当地农田水利设施的投入水平。伴随城镇化水平和农民人均纯收入的提高，往往意味着当地产业非农化水平比较高，农民非农收入的比重也比较高，从而当地对于农业的重视程度往往比较低，也不会太重视农田水利设施建设。但是，农村用电量这一指标的符号表现为负值也出乎我们的意料，不过随后三个模型该指标的符号均表现为正值，符合我们的预期，它也是我们控制的农业配套设施变量之一。对于农户投资、非农户投资及常数项我们在后面三个模型中加以分析。

首先来看在基本模型基础上加入了区位虚拟变量形成模型 1 后的变量情况。在模型 1 中我们是希望通过加入区位虚拟变量考察不同地区旱涝保收面积的变化情况；我们发现，豫东地区旱涝保收面积比重提高了约 4.6 个百分点；鉴于 qw1 的值约为－1.9，那么豫西地区旱涝保收面积比重提高了约 2.7 个百分点；鉴于 qw2 的值约为－4.3，那么豫南地区旱涝保收面积比重提高了约 0.3 个百分点；鉴于 qw3 的值约为－1.7，那么豫北地区旱涝保收面积比重提高了约 2.9 个百分点。所以，综合来看，豫东地区旱涝保收面积比重提高最多，其次是豫北地区，再次是豫西地区，而豫南地区排在最后。

其次，我们在基本模型基础上用区位虚拟变量与变量农户投资相复合，考察不同区域农户投资对于旱涝保收面积比重变化的影响。我们发现豫东地区农户投资水平对于旱涝保收面积比重变化的影响为正值，大约为 0.12；鉴于该变量与 qw1 复合后的系数值约为－0.13，那么豫西地区农户投资水平对于旱涝保收面积比重变化的影响为负值，大约为－0.01；鉴于该变量与 qw2 复合后的系数值约为－0.34，那么豫南地区农户投资水平对于旱涝保收面积比重变化的影响也表现为负值，大约为－0.22；鉴于该变量与 qw3 复合后的系数值约为－0.21，那么豫北地区农户投资水平对于旱涝保收面积比重变化的影响仍然表现为负值，大约为－0.09。所以，综合来看，豫东地区农户投资对于旱涝保收面积比重的影响为正值，其余三地区都为负值，按顺序来排列，排在第二位的是豫西地区，豫北地区排在第三位，而豫南地区仍然排在最后。

接下来我们在基本模型基础上用区位虚拟变量与变量非农户投资相复合，考察不同区域非农户投资对于旱涝保收面积比重变化的影响。我们发现豫东地区非农户投资水平对于旱涝保收面积比重变化的影响为正值，大约为 0.02；鉴于该变量与 qw1 复合后的系数值约为－0.05，那么豫西地区农户投资水平对于旱涝保收面积比重变化的影响为负值，大约为

—0.03；鉴于该变量与 qw2 复合后的系数值约为—0.11，那么豫南地区农户投资水平对于旱涝保收面积比重变化的影响也表现为负值，大约为—0.09；鉴于该变量与 qw3 复合后的系数值约为—0.06，那么豫北地区农户投资水平对于旱涝保收面积比重变化的影响仍然表现为负值，大约为—0.04。所以，综合来看，豫东地区农户投资对于旱涝保收面积比重的影响为正值，其余三地区也都表现为负值，按顺序来排列，排在第二位的仍然是豫西地区，豫北地区排在第三位，而豫南地区还是排在最后。

12.4.2.2　农村税费制度改革的影响分析

我们使用 2000 年与 2008 年河南省两时期综列数据分别对基本模型和模型 4、模型 5 及模型 6 进行回归，计量模型的输出结果如表 12－2 所示：

表 12－2　河南省两时期综列数据回归结果

自变量名称	系数与标准差			
	基本模型	模型 4	模型 5	模型 6
NYGDPBZH08	0.235 725	0.139 906	0.401 163	0.341 812
	0.679 764	0.877 508	0.824 886	0.761 143
NMRJSR _ CF	—0.002 555	—0.002 85	—0.002 63	—0.003 06
	0.005 407	0.005 921	0.005 681	0.005 816
CHZHHUA _ CF	—0.279 327	—0.348 8	0.005 062	—0.097 19
	1.178625	1.299412	1.427181	1.318176
FNHTZ _ CF	0.154 594	0.159 646	0.116 371	0.125 039
	0.194 283	0.207 302	0.225 274	0.216 888
gyhchd * FNHTZ _ CF			0.054 278	
			0.135 594	
GDZZY _ CF	—0.118 47	—0.116 2	—0.127 86	—0.127 33
	0.049 854	0.054 087	0.057 376	0.056 809
JSMJ _ CF	0.036 358	0.035 244	0.044 949	0.045 432
	0.034 015	0.036 468	0.041 673	0.042 265
NCYDL _ CF	—0.041 491	—0.061 91	—0.014 3	—0.027 63
	0.242 346	0.277 921	0.263 416	0.256 822
NHTZ _ CF	—0.052 521	—0.034 4	—0.110 56	—0.119 67
	0.295 428	0.326 768	0.342 462	0.352 419
gyhchd * NHTZ _ CF				0.122 284

（续）

自变量名称	系数与标准差			
	基本模型	模型 4	模型 5	模型 6
				0.304 477
C	0.875 526	4.307128	−4.96946	−0.929 45
	21.18132	28.74627	26.60874	22.69256
gyhchd		−1.25937		
		6.604834		
R - squared	0.562 622	0.564 601	0.571 211	0.571 267
Adjusted R - squared	0.173 842	0.074 777	0.088 823	0.088 942

从回归结果来看，模型 4—模型 6 的拟合程度较基本模型都有所下降，而且各模型回归质量还存在一定问题，但是，这并不妨碍我们借助模型 4—模型 6 来分析制度变迁（农村税费制度改革）对于农业产值比重不同的两类地区的影响是否存在差异。

首先，在基本模型基础上我们加入虚拟变量 gyhchd 形成模型 4，从模型 4 来看：农业产值比重较高的地区，旱涝保收面积比重提高了大约 4.3 个百分点，鉴于 gyhchd 的值大约为－1.26，所以，农业产值比重较低的地区，旱涝保收面积比重提高的比例大约为 3 个百分点。

其次，在基本模型基础上我们用虚拟变量 gyhchd 与变量非农户投资 fnhtz _ cf 相复合形成模型 5，从模型 5 来看：农业产值比重较高的地区，旱涝保收面积比重提高了大约 0.12 个百分点，鉴于 gyhchd 与 fnhtz _ cf 复合后的系数值大约为 0.05，所以，农业产值占比较低的地区，旱涝保收面积比重提高的比例大约为 0.17 个百分点。

最后，在基本模型基础上我们用虚拟变量 gyhchd 与变量农户投资 nhtz _ cf 相复合形成模型 6，从模型 6 来看：农业产值比重较高的地区，旱涝保收面积比重下降了大约 0.12 个百分点，鉴于 gyhchd 与 nhtz _ cf 复合后的系数值大约为 0.122，所以，农业产值占比较低的地区，旱涝保收面积比重提高的比例大约为 0.03 个百分点。

总之，通过上述模型分析我们发现，在经历了农村税费改革这一制度变迁的过程中，农业产值比重较高的地区旱涝保收面积比重的确较农业产值比重较低的地区提高的幅度要大。不过，无论是从农户投资还是非农户投资的角度来看，农业产值比重较低的地区投资效果都要优于农业产值比重较高的地区。

12.5　结果分析

经过对河南省不同地区农田水利设施投资绩效的比较以及就农业产值占比不同地区农村税费制度改革影响的分析，我们可以初步得出如下结论：

结论一：农业区农田水利设施量的扩展空间已经不大，应注重质的提升

模型分析显示，在基本模型及模型 1—模型 3 中农业产值占地区国内生产总值比重的系数分别为－0.028 676、－0.102 983、－0.158 84 和－0.176 89，即这一指标对于河南省旱涝保收面积比重的提高呈现出负影响；在随后的基本模型和模型 4—模型 6 中，这一指标的系数分别为 0.235 725、0.139 906、0.401 163 和 0.341 812，均为正值，表明从 2000 年以来农业产值占地区国内生产总值比重较高的地区（简称农业区）的确旱涝保收面积比重的提高幅度大于其他地区。我们认为出现这一结果的原因在于从 2000 年以来农业区的确旱涝保收面积比重的提高幅度大于其他地区；但是，从 2006 到 2008 年以来，农业区经过前若干年的农田水利设施建设，旱涝保收面积比重的提高幅度空间已经较小，因此才出现负面影响的结果。

结论二：重视保护耕地的农区的农田水利建设效果较好

模型分析显示，基本模型及模型 1—模型 3 中耕地总资源的系数分别为 0.001 098、0.318 022、0.749 391 和 0.790 503，即这一指标对于河南省旱涝保收面积比重的提高呈现出积极影响。在随后的基本模型和模型 4—模型 6 中，这一指标的系数分别为－0.118 47、－0.116 2、－0.127 86 和－0.127 33，均为负值表明从 2000 年耕地资源总量的变化对于旱涝保收面积比重的提高具有负面影响。我们认为出现这一结果的原因在于，

2000年以来，耕地资源比较丰富的偏重农业的地区（农业区）也是耕地减少（农地非农化——盲目建设工业园区、农贸市场而大量占用耕地，而且被占用的耕地大多是交通位置较好、灌溉条件便利的土地）比较多的地区，所以它才会表现出与旱涝保收面积比重之间的负相关关系；而2006年以来，短短两年时间里，耕地总资源的变化幅度不会太大（国家和地方政府出台耕地保护政策——保护18亿亩耕地红线，规范建设用地，鼓励工业向园区集中，耕地被占用的幅度下降），才显示出农业区旱涝保收面积比重的提高与其耕地总量存在正相关关系。

结论三：农田水利设施配套建设有利于农田水利供给有效性的提升

模型分析显示，基本模型及模型1—模型3中机收面积的系数分别为0.008 904、0.040 508、0.049 858和0.047 453，在随后的基本模型和模型4—模型6中，这一指标的系数分别为0.036 358、0.035 244、0.044 949和0.045 432，即机收面积与旱涝保收面积比重之间存在正向关系。我们认为出现这一结果的原因在于，机收面积是我们选择的农田水利设施指标变量之一，农田水利设施配套水平的提高将会对农田水利设施建设具有积极影响。不仅要关注农田水利工程，还要关注农田水利配套设施，才能更有效地提高水利效益。

结论四：城镇化与旱涝保收面积比重存在负相关关系

模型分析显示，基本模型及模型1—模型3中城镇化水平的系数分别为−0.106 684、−0.159 792、−0.470 63和−0.437 45，在随后的基本模型和模型4—模型6中，这一指标的系数分别为−0.279 327、−0.348 8、0.005 062和−0.097 19，即城镇化水平与旱涝保收面积比重之间存在负相关关系。我们认为出现这一结果的原因在于，城镇化水平较高的地区往往是工商业比较发达、农业比重相对较低的地区，对于农田水利设施建设的重视程度较低也在情理之中。如果能调动该地区的农田水利积极性，将对全省农田水利量的扩张发挥较大作用。

结论五：农民人均纯收入水平与旱涝保收面积比重存在负相关关系

模型分析显示，基本模型及模型1—模型3中农民人均纯收入的系数分别是−0.001 799、−0.001 885、−0.003 29和−0.003 35，在随后的基本模型和模型4—模型6中，这一指标的系数分别为−0.002 555、

－0.002 85、－0.002 63和－0.003 06，即农民人均纯收入水平与旱涝保收面积比重之间存在负相关关系。我们认为出现这一结果的原因在于，农民人均纯收入比较高往往意味着农民收入来源多元化或者是偏重非农收入来源，因此，这部分农村居民往往对于通过改善农田水利设施供给状况提高粮食产量并不十分重视。若能够调动该部分农户的投入积极性，将有助于农田水利走向精细化发展道路。

结论六：重视农业的农区农田水利建设效果更好

模型1显示：豫东地区旱涝保收面积比重提高了约4.6个百分点；鉴于qw1的值约为－1.9，则豫西地区旱涝保收面积比重提高了约2.7个百分点；鉴于qw2的值约为－4.3，则豫南地区旱涝保收面积比重提高了约0.3个百分点；鉴于qw3的值约为－1.7，则豫北地区旱涝保收面积比重提高了约2.9个百分点。所以，综合来看，豫东地区（该地区是传统农区，农业比重较大）旱涝保收面积比重提高最多，其次是豫北地区，再次是豫西地区，而豫南地区排在最后。

结论七：灌溉基础较好的地区农户投资农田水利的效果较好

模型2显示：豫东地区农户投资水平对于旱涝保收面积比重变化的影响为正值，大约为0.12；鉴于该变量与qw1复合后的系数值约为－0.13，则豫西地区农户投资水平对于旱涝保收面积比重变化的影响为负值，大约为－0.01；鉴于该变量与qw2复合后的系数值约为－0.34，则豫南地区农户投资水平对于旱涝保收面积比重变化的影响也表现为负值，大约为－0.22；鉴于该变量与qw3复合后的系数值约为－0.21，则豫北地区农户投资水平对于旱涝保收面积比重变化的影响仍然表现为负值，大约为－0.09。所以，综合来看，豫东地区（该地区灌溉用水主要是地下水，以井灌为主，对水源、渠系条件要求不高）农户投资对于旱涝保收面积比重的影响为正值，其余三地区都为负值，按顺序来排列，排在第二位的是豫西地区，豫北地区排在第三位，而豫南地区仍然排在最后。

结论八：农区政府投资对于改善农田水利的绩效更好

模型3显示：豫东地区非农户投资水平（主要是政府投资）对于旱涝保收面积比重变化的影响为正值，大约为0.02；鉴于该变量与qw1复合后的系数值约为－0.05，则豫西地区非农户投资水平对于旱涝保收面积比重变化的影响为负值，大约为－0.03；鉴于该变量与 qw2 复合后的系数值约为－0.11，则豫南地区非农户投资水平对于旱涝保收面积比重变化的影响也表现为负值，大约为－0.09；鉴于该变量与 qw3 复合后的系数值约为－0.06，则豫北地区非农户投资水平对于旱涝保收面积比重变化的影响仍然表现为负值，大约为－0.04。所以，综合来看，豫东地区非农户投资对于旱涝保收面积比重的影响为正值，其余三地区也都表现为负值，按顺序来排列，排在第二位的仍然是豫西地区，豫北地区排在第三位，而豫南地区还是排在最后。

结论九：农村税费改革激发了农田水利投资的积极性，但非农区水利投资的边际效益更大

综合模型 4—模型 6 的结果，我们发现：模型 4 中 gyhchd 的值大约为－1.26，所以农村税费制度改革的确使得农业产值占比较高的地区（农区）旱涝保收面积比重的提高幅度大于占比较低的地区；模型 5—模型 6 发现，所有地区非农户投资对于旱涝保收面积比重的影响均呈正值，而且农业产值占比较低的地区影响程度更高。不过，农户投资对于旱涝保收面积比重的提高在农业产值比重较高的地区（农区）呈现为负值，而比重较低的地区尽管表现为正值但是也接近于零。农业地区农户投资效率低，非农地区农户投资更追求效率，而且因其前期基础差，其等量投资的边际贡献相对较大，边际效益增长空间大。

综上所述，在农田水利设施建设取得的成效方面河南省四大区域之间的确存在差异，无论是旱涝保收面积比重的提高还是农户及非农户投资方面，豫东地区都排在其他三大区域前面，而豫南地区则排在最后；在旱涝保收面积比重的提高方面豫北地区排在豫西地区的前面，但是，在农户及非农户投资效率方面豫西地区则排在豫北地区前面。

就农村税费制度改革对于农业产值比重不同的地区的影响而言，农业产值比重较高地区的旱涝保收面积比重较农业产值比重较低的地区提高的幅度要大，这说明农村税费制度改革确实对于农业比重较大的地区加强农田水利设施建设具有更大的激励和促进作用。不过，我们的模型分析也发现，农业产值比重较高地区的农户、非农户投资效率较农业产值比重较低地区要低，也就意味着，在保持各地区农田水利建设投资热情的同时，需

要借鉴高效地区的经验，进一步提高农业区农田水利设施投入的效率水平。

农业产值比重较高的地区多年来比较重视农田水利设施建设，但是，大面积提高旱涝保收面积比重的上升空间已经较小，而农业产值比重相对较低的地区往往对于农田水利设施投入的重视程度低。因此，我们认为对于农业产值比重较高的地区要改变以往重视农田水利建设设施数量扩张的传统做法，而应该为侧重农田水利质量的提升，加强农业产值比重相对较低地区的农田水利设施建设将有助于进一步提高河南省旱涝保收面积的覆盖水平。

不同地区之间在农田水利设施建设方面的确存在绩效差异，通过进一步总结各地区的经验与教训，加强对农田水利建设的科学规划、积极引导，建立适合本地区的投入机制和管理体制将有助于农田水利设施建设水平的提升。

12.6　政策建议

（1）农田水利建设重点和治理模式必须因地制宜。农田水利建设要“落地”，必须解决谁来建、谁担责、钱从哪里来、如何优化资源配置、如何绩效考评五个方面的问题。由于不同地区农田水利基础、水资源条件和农田水利设施类型需求存在较大差异，因而农田水利建设重点和治理模式必须科学规划、因地制宜，按照兼顾经济效益、社会效益和生态环境效益的原则，以保障用水安全、提高区域水资源承载能力、改善生态环境、促进农业结构调整、增加农民收入服务为目标，创新切实可行的农田水利治理模式，建立适合本地区的投入机制和管理体制。

（2）农田水利基础设施建设应注重系统化。局部的、分散的、非系统、规模扩张式的农田水利建设方式对粮食增产的贡献已非常有限，若不及时采取系统化、网络化、整体优化的农田水利建设战略，农田水利治理绩效将难以提升。因此，农田水利基础设施建设应注重系统化，坚持高起点。以水源建设和灌区渠系配套改造为重点的地区，应突出骨干渠道建设防渗渠，完善田间工程；实施机井配套为主的地区，应大力发展节水灌溉；以排灌站配套改造为主的地区，应大力建设灌区渠系，增加灌溉面积。

（3）加快农田水利建设方式精细化转型。传统农区要改变以往重视农田水利建设设施数量扩张的传统做法，发展精细化水利。比如，中部粮食主产区，要把推广节水灌溉作为一项革命性措施来抓，加快以节水为重点的农田水利设施改造，大力发展节水高效农业，从外延转到以节水为中心的内涵挖潜上来。在旱区要大力推广应用旱作农业技术，充分利用现有农业机械，搞好深耕、深松，做好秸秆还田、保水保墒，大力推广“坐水种”“人工点浇”等节水技术。在灌区应全面开展“两改一提高”（改造、改革，提高用水效率）工作，加快灌区的节水改造，推广渠道防渗和管道输水，有条件的地方，结合农业结构调整和发展节水高效农业，适当发展喷灌和微灌。完善灌排蓄网络体系，提高泵站与渠系布置规范化水平，改善田间渠系布置，以适应农业高产优质高效发展的需要。

（4）政府应加大农田水利建设投入力度。由于农田水利具有基础性、公益性、正外部性、盈利能力非常有限等特点，决定了政府必须在农田水利投资中发挥主体作用，承担更多的责任。国家支持小型农田水利建设也是调整公共资源分配、保护弱势产业可持续发展的需要。发达国家的人均GDP维持在4 000～7 000美元阶段时，进入大规模水利建设时期，水利投资基本保持着与国民经济发展同步增长的趋势（姜斌等，2006）。随着我国经济社会的快速发展，粮食问题、生态环境问题、水资源问题将越来越突出，政府在发展小型农田水利中的作用也更加重要。只有保障政府对农田水利的投入与其他基础设施建设投入水平协同增长，才能保证农田水利供给水平适应农业农村经济社会发展的需要。

（5）加快农田水利配套设施现代化建设。为了合理开发利用水资源，提高水资源利用率，水利建设必须坚持防汛抗旱并举、开源节流并重的治水方略，科学规划，合理布局，将水利工程配套整治、改造、建设与节水、扩灌、水土保持、渠道林网建设有机结合起来，建成沟河相通、井站相连、桥闸配套、测量水设施完善的现代化输配水管网体系，增强灌排能力和输配水计量精确率，为农业用水计量收费提供设施装备基础。

第四篇

对策建议篇

第十三章　多赢治水动力整合机制

——利益契合的视角

无论是政府、村委会、社团组织还是农户，作为理性“经济人”，其参与农田水利供给的动力是必须能够以可承担的成本与风险，从农田水利供给中获得合理的收益，并且能够对未来收益具有稳定、持续的获益预期。要实现农田水利合作治理，就需要在充分了解农田水利相关利益主体的参与意愿及其影响因素的基础上，寻求农田水利参与方供求意愿与供求行为契合的条件与实现机制。

为此，本章主要从了解农民对以往的投资是否满意、农民到底需要什么样的投资、农民希望投资什么、基础设施是否比以前有所改善，以及如何提高他们的满意水平，寻找农田水利合作治理的动力基础——参与方利益契合。我们将利用 2009—2010 年调查所获得的资料和信息对上述问题进行阐述。

13.1　农田水利利益相关者参与意愿调查

本课题组对小型农田水利设施建设的资金供给态度、意愿投资比例及其影响因素等问题进行了调研。本课题组于 2009 年 9 月—2010 年 12 月对河南省商丘、开封、周口、洛阳、新乡、安阳 6 市的 24 个县/乡镇基层政府、46 个村委会和 240 个农户对小型农田水利设施建设的资金供给态度、意愿投资比例及其影响因素等问题进行了调研，获得有效问卷 248 份，其中县乡政府 20 份，村委会 32 份，农户 196 份。

13.1.1　农田水利的利益相关者构成

农田水利治理包括了决策、规划、融资、建设、维护、管理和运行等多个复杂的环节，涉及面很广，由各种层面的投资者相互协调形成完整的决策主体体系。在这一体系的两极是中央政府和用水农户，其中中央政府及其职能部门主要是指国务院及水行政主管部门，以及国务院水行政主管部门派出的七大流域管理机构。在中央政府和用水农户中间涉及农民用水户协会、供水机构、灌溉专业管理机构或水管单位、地方各级政府及其水行政主管部门，以及私营企业、国际援助机构等。对应于农田水利系统的治理制度嵌套分层特性，从中央政府到用水农户形成了政府行政力量占主导的科层体系，涉农企业和国际援助机构作为农田水利系统的间接利益者，与科层体系中任何层次的投资者存在一定的博弈互动关系，在农田水利治理中的利益也受到治理结构的制约。根据本文研究需要，这里重点研究用水农户、农民用水户协会、政府及其职能机构、水利企业的基本特征。

利益相关者，从词源的角度看，该词最早出现在英国的赌博圈内。据传赌金早先是挂在木桩（“stake”）上的，因此“stake”就有了“赌金”和“下在投机生意上的股本”的含义，“stakeholder”相应地就指赌金保管者。据考证，“利益相关者”（Stakeholder）一词最早出现于1708年，本意指人们在某一项活动或某企业中“下注”（have a stake），在一项活动或企业运营的过程中“赌注”或“押金”。

作为一个学术名词，利益相关者由1963年斯坦福研究所（SRI）如此定义：“这样一些团体，没有其支持，组织就不可能生存”。在中国该词有“利益相关的参与者”、“参股人”、“共同经营者”、“利益攸关者”、“利害关系人”、“相关利益者”等不同中文译法。

利益相关者理论最早应用于公司治理、企业伦理和战略管理等侧重于企业治理方面的研究领域，随着利益相关者理论的逐渐完善和发展，已成为识别和分析一个组织行为影响的既定理论框架，得到广泛运用。利益相关者理论在国际范围内成为发展领域甚为流行的分析工具，被运用于扶贫研究、可持续发展问题研究、社区资源管理和冲突管理等领域。

利益相关者理论要求运用协商、缓解的方法以减少冲突和协调争论。利益相关者的满意程度以及对满意度（利益最大化）的追求，决定着行为主体的激励，影响着利益相关者的策略行为，从而对制度绩效产生重要影响。

目前，世界银行、亚洲发展银行等国际机构在其项目的评价指南中明确规定，项目决策时必须进行项目利益相关者分析，并具体规定了一系列利益相关者分析的指导原则，广泛运用于项目规划和评估之中。

在中国，用水农户和中央政府（国务院水行政主管部门及其派出的七大流域管理机构）是农田水利治理体系的两极，中间涉及农民用水户协会（Water User Association，简称 WUA）、供水机构、灌溉专业管理组织（水利工程管理单位，以下简称灌溉专管机构或水管单位）、地方各级政府及其水行政主管部门，以及国际援助机构等多个层次的决策主体。每个投资主体对农田水利系统拥有不同的控制权和影响力，在长期而复杂的相互依赖和博弈中追求不同目标、获取不同利益。[①]

13.1.1.1　用水农户

用水农户是农田水利建设的最终用户和受益人，以及田间水利设施的直接管理人。无论水利工程设施的产权如何分配，他们都是使用权的实际行使者。在整个农田水利治理体系中，农户是地方性知识和信息的优势占有者。他们通过水、种子、土地、自己和他人的劳动，以及其他投入和思维判断等要素的利用和组合，进行农作物的生产，从事着灌溉排水任务中最为复杂的工作。

中原地区农村极其分散地分布在广阔的空间中，农户以家庭为单位实行承包责任制，经营规模小、决策独立而分散，农户之间对灌溉服务的需求千差万别，即便是在同一特定系统内的农户，也会因灌溉面积、作物类型、土壤肥力以及距离灌溉水源的远近不同而产生占用和供给的不对称问题。

中原地区是中国农业文明的发源地，也是“小农”社会传统文化繁盛区。不同于交易市场化较发达的西方公众社会，“小农”社会是个熟人社会，行动者的行为类似于多次博弈，行动者权衡的是预期总收益，而不会因一次性收益去破坏未来收益的可能性。“在乡村工作者看来，中国乡下人最大的毛病是‘私’。说起私，我们就会想到‘各人自扫门前雪，莫管他人屋上霜’的俗语。……一说是公家的，差不多就是说大家可以占一点

① 胡雯．转型期中国农业灌溉系统可持续治理研究［D］．成都：西南财经大学，2008.

便宜的意思，有权利而没有义务了。……没有一家愿意去管‘闲事’，谁看不惯，谁就得白服侍人，半声谢意都得不到。”费孝通在《乡土中国》中如此描述中国农民的行为特征。费孝通的观点在深刻揭示出中国农民行动的一般逻辑的同时，也隐含着农民具有“经济人”的基本特性，即农民是精于“算计”的，希望谋取所有可能的好处，追求自身利益的最大化。美国著名经济学家舒尔茨在《改造传统农业》一问关于农户是“理性”的观点，在中原农民身上同样适用。在农田水利这种典型的公共池塘资源治理中，“搭便车”和集体行动的困境，进而“公地悲剧”上演似乎成为实现灌溉系统可持续的关键障碍。

特别是，个人的行为除受到自身属性制约以外，还与所处环境密切相关。熟人社会中的多次博弈，必须以熟人社会形成强有力的超出个体行动者的规范为前提。转型期的中原地区农村，传统的超出个体行动者的规范被逐渐消解，新的有效民间组织和制度方兴未艾，农户的理性算计趋于公众社会的一次性博弈，单项的、短期的收益的重要性凸显出来，行动贴现率增高，行为预期短期化。在中国市场化、工业化快速推进的经济社会转型条件下，中原农村社会传统的生产方式、文化习俗背景和原生态的“村规民约”乡村治理结构受到巨大的冲击，也使中原地区农民“理性”合作行动的正式与非正式制度面临重构的挑战。

13.1.1.2　农民用水户协会

农民用水户协会（Water User Association ，简称 WUA）是指按灌溉渠系（通常是以支渠或斗渠为单位）的水文边界划分区域，同一渠道控制范围内的受益农户在自愿原则下，通过民主方式组建、依法成立的具有独立法人地位的非营利性社团组织，或称农民用水合作组织，通过政府授权将工程设施的维护、管理和使用权部分或全部交给用水户自己民主管理。

国际上，一般认为 WUA 是伴随着 20 世纪 80 年代中后期开始在全球掀起的一股将政府机构对农田水利的管理权移交给农民组织的热潮而广泛兴起。始于 20 世纪初世界范围内的大规模农田水利建设，由于工程的规模庞大、技术复杂、投资周期长及其巨额资金需求，致使农田水利的建设、运行、维护和管理多为政府部门所控制，将农户和社区组织排斥在外。20 世纪 80 年代中后期开始，世界诸多国家政府管理的灌溉工程因成本回收不足、资金投入难以为继和缺乏维护，工程设施每况愈下，灌区服务质量下降、有效灌溉面积减少、农业减产、农民不满及水费收缴困难等问题突显，导致农业灌溉用水恶性循环和农田水利不可持续，世界各国才纷纷实施改革，鼓励用水农户更多地参与灌溉管理，以改进灌溉工程的管理体制和运行体制。其最主要的做法就是将部分或全部灌溉管理职能从国家机构转移到以农民为主的地方自愿组织（农民用水户协会）手中。这股浪潮最终波及中国。20 世纪 90 年代中期，中国在世界银行的资助下，“参与式灌溉管理”（Participatory Irrigation Management，简称 PIM）改革首先在湖北、湖南、安徽等地试点，并迅速推广，WUA 因而逐步发展起来，成为农户进行农田水利的自主治理提供了重要的组织基础。

而事实上，类似于 WUA 的农村社会自主治理水利事务的民间“水利会”、“水利共同体”在中国封建社会就已经广泛存在，到中国封建社会晚期，在西北和华北地区，乡村自治的农村水利管理机构也曾达到很高的水平。历史上有众多灌溉基础设施由农民开发，并由当地灌溉者团体等地方性社群负责运行、管理和维护。这些团体通过制定资源系统的管理条例，明确社区内各成员的权责利及支付方式、系统运行方式等，并负责监督实施和解决社区内冲突。这种基于当地社区组织的农田水利参与式管理模式并非一种全新的制度创新，在很大程度上是一种制度的重构。

发展到今天，在中国 WUA 已经被认定为农民自愿合作治水的农民合作组织，是用水农户依照国家有关法律法规，通过劳资结合自愿组织起来的水管组织。凡在同一渠道控制范围内有灌溉田的村民小组均选举 1～3 名用水户代表，以斗渠为单位成立用水户小组，然后每个小组选出 1 名用水户代表（大组可能选 2 名），代表用水农户参加支渠的用水户大会，成立 WUA。其中，用水户小组的代表名额视村民小组涉及的灌溉面积而定，灌溉面积较多的村民小组可选举 2～3 名代表。用水者大会制订出的协会章程和规章制度，经由各用水小组农民审议、修改后订立。根据章程，用水者大会民主选举产生 3～5 名执委会成员，成立执行委员会。

WUA 使用水农户从传统的灌溉服务被动接受者转变为灌溉管理的主动参与者，由此获得表达自己意愿的正式途径，可以以民主表决的方式决定自己的事情、维护自身合法利益，并且，直接将掌握的地方性知识如当地的灌溉需求规律、预期变化等信息纳入农田水利管理，使灌溉管理更加切合实际，用水调度趋于科学，从而提高用水效率。

更重要的是，当农村家庭承包责任制改革之后，尤其是20世纪90年代水利工程管理体制改革后，集体所有的斗渠或支渠以下的田间工程经营管理权移交给WUA，实现了所有权与经营权的相对分离。如果田间工程本来就是农民自己投劳或集资修建的，则两权自然合一而归WUA。这种产权关系的变革，使用水农户自身的利益与灌溉工程的运行和管理绩效直接挂钩，田间工程良性运行和节约用水“有利可图”成为农民积极参与灌溉管理的强大动力，农民因而具有了维修养护和自主扩建田间工程的主动性和积极性，即便出现用水纠纷，WUA内部严密的章程和制度以及其法人组织的地位与社会网络，也为各种冲突提供了稳定的解决机制。如果协会内用水户长期确定、内部信息共享程度高，则更能有效降低用水户集体行动的交易成本，提高长期稳定合作的可能。

另一方面，WUA又是政府职能延伸的载体。从WUA建立的理想目标而言，WUA通过取得农田水利末级渠系的经营管理权甚而所有权以及水资源的使用分配权后，与政府及其业务主管部门或灌区专管机构之间不存在上下级关系，仅是灌溉用水的买卖关系，WUA因而担当起农村社区公共物品提供者的角色，成为地方政府职能的替代者。政府及其业务主管部门或灌区专管机构应退出农田水利末级渠系及其水资源分配的控制与经营管理，仅仅承担服务、监督、指导的职能，并在自然灾害等特殊情况时提供必要的资金、物资等支持。

13.1.1.3 政府及其职能代理机构

政府及其职能代理机构包括中央及地方各级政府，各级政府的水行政主管部门，流域管理机构、灌溉专管机构。我国《水法》规定：“水资源属于国家所有。水资源的所有权由国务院代表国家行使”。进而规定“国家对水资源实行流域管理与行政区域管理相结合的管理体制。国务院水行政主管部门负责全国水资源的统一管理和监督工作。”

水资源的国有决定了水资源权属管理的主体为国家（实际归属于国务院及其授权的地方政府），国家集水资源所有权、使用权、经营权于一身，水治理中的剩余控制权事实上完全掌握在中央政府手中，只不过管理实践中需要分级，出于激励的目的，中央政府赋予地方各级政府一定的剩余控制权。而灌溉治理的具体职责则由各级水行政管理机构实现。

我国灌溉管理工作的行政主管部门为水利部及地方各级政府的水行政主管部门。国务院水行政主管部门在国家确定的重要江河、湖泊设立的流域管理机构，在所管辖的范围内行使法律、行政法规规定的和国务院水行政主管部门授予的水资源管理和监督职责。水利部是中央一级的水行政主管部门，主要负责农业灌溉领域的行业指导以及宏观管理。市（地区）水利局或县水利局负责灌溉工程的管理。县级以上地方人民政府水行政主管部门按照规定的权限，负责本行政区域内水资源的统一管理和监督工作。

与水资源的管理相对应，水利部1981年颁布的《灌区管理暂行办法》规定，国家管理的灌区"凡受益或影响范围在一县、一地、一省之内的灌区，由县、地、省负责管理，跨越两个行政区划的灌区，应由上一级或上一级委托一个主要受益的行政单位负责管理。关系重大的灌区也可提高一级管理"。对集体或个人兴办的小型灌溉工程，则由县、乡人民政府及其水行政主管部门依法进行行政管理和业务技术指导。"属哪一级行政管理单位，即由哪一级人民政府负责建立专管机构，根据灌区规模，分级设管理局、处或所，灌区专管机构负责支渠（含支渠）以上的工程管理和用水管理，支渠以下工程和用水由受益农户推选出来的支斗渠委员会或支斗渠长进行管理，支斗渠委员会或支斗渠长接受灌区专管机构的领导和业务指导"。小型灌区基本上采取农民集体管理，即由受益用水户直接推选管理委员会或专人进行管理。从20世纪90年代中期"参与式灌溉管理"改革开始，斗渠或支渠以下田间工程逐渐交由WUA代表当地用水者管理，政府及其水行政主管部门、灌溉专管机构只是承担服务、监督、指导的职能，并在自然灾害等特殊情况时提供必要的资金、物资等支持。

需要指出的是，在农田水利治理体系中，中央政府是最终委托人，地方各级政府是中央政府的代理人，并且每一上下级政府之间又具有委托—代理的关系，而各级政府关于农田水利治理的具体职责又委托给各级水行政主管部门。这种内生于科层式水资源管理结构之中的农田水利治理科层结构，存在着多层级复杂的委托—代理链条，决定了农田水利治理活动的复杂性。

13.1.1.4　水利企业

农田水利作为具有公共池塘资源的准公共物品，是否也天然性地排斥作为市场主体的企业？从世界范围的实践来看，运用市场机制，引导企业来供给、生产、管理农田水利工程设施已不是不可能的事情。

农田水利的公共池塘资源特性为企业提供了参与动力。这种弱排他但具有消费竞争性的准公共物品，将在实质上具有部分私人物品的性质，特别是随着节水灌溉技术和灌溉用水测量的发展。即便区别于纯粹的私人物品，也可能在社区内实现类似俱乐部产品的经营管理，进而在相对较小的规模和范围内，为数量有限的消费者提供满足相似需求的灌溉服务，从而降低排他成本，通过市场契约实现双方合意的交易。此外，当面对超越社区在更大范围内具有更大规模的灌溉服务，如干渠及以上的灌溉工程运行、管理和维护，虽然更接近于纯公共物品，排他成本过高，必须区分公共物品的供给和生产，从而可以通过企业生产、政府采购的形式得以实现。特别是在市场经济成熟的国家，私人公司长期以来为农田水利及水资源开发、管理提供了大量支持，最常见的是材料供应、工程设施建设及工程维护等。作为追求利润最大化的市场主体，水利企业自愿供给和生产公共物品的动力来自于边际收益大于边际成本。[①]

具体做法包括：第一，合同外包。政府通过水利工程建设公司的竞标获取材料供应、实施工程设计、工程建设与基本维护，即政府通过投标者的竞争和履约行为，将原先垄断的公共产品的生产权向私营企业、非营利组织等机构转让，其目的在于降低对政府单独提供公共产品的依赖，降低行政成本，刺激企业不断创新，满足公众的动态化公共需求。第二，授予特许经营权。特许经营权集中体现在对农田水利工程设施进行建设、运行和管理承包，或通过 PPP、BOT 等方式赋予水利建设管理企业以部分的资源系统所有权，以此吸引民间资金，解决政府提供公共产品资金不足等难题。

① 本小结内容参考了胡雯的博士论文《转型期中国农业灌溉系统可持续治理研究》。

13.1.2　农田水利的利益相关者行为假设

根据现代经济学的一般假设，参考新制度经济学的行为假设，笔者认为农田水利体系所涉及的相关利益者的理性是有限的而不是完全的。其理性有限性主要因为农田水利体系的建设、运行和维护往往涉及较长时期，而且面临各种自然灾害风险，因而相关利益者的行为决策是在一个不断变化的环境中完成的，即环境具有不确定性。

首先，农田水利治理的利益相关者是"经济人"。即只有当建设、运行管理和维护农田水利体系的收益大于这些活动中的必要投入成本时，利益相关者才会继续投入，否则将听任农田水利体系的恶化，以使自己的境况维持在相对良好的状态。

其次，农田水利治理的利益相关者，作为逐利性行为主体总是在特定的环境中进行"成本—收益"比较，进而作出"理性"决策。由于人们所面临的环境总是处于不断的改变之中，因而人的理性是有限的，其决策必然面临信息不对称问题。在这一过程中，人是"易犯错误的学习者"，能够根据特定的环境调整自己的行为。一旦环境发生改变，"经济人"的理性决策也随之改变，但凡有机会，"理性"的人就会有实施规避责任、搭便车或者寻租等机会主义行为的动机。

面对这样一个长期的、复杂的和不可确定的环境，几乎所有决策主体都力图减少决策环境的不确定性，在缺少完善信息的条件下有从事机会主义行为的动机。这种不良激励一旦渗入农田水利体系治理的各个环节，必然加大治理的交易成本，使治理问题变得更加复杂，导致农田水利体系的不可持续性在不同地域，甚至同一地域的不同项目、同一工程的不同层级中表现出不同的激励因素。

我们可以将农田水利体系治理中相关利益者行为的环境影响因素划分为非制度性环境和制度性环境。非制度性环境包括灌溉基础设施的状况、灌溉用水的可获得程度及土地的生产力强度等；而制度环境则包括正式制度与非正式制度。在影响农田水利体系治理中相关利益者行为的环境因素中，我们更强调制度因素，认为不同的制度安排为行为者提供了不同的激励。

因此，要探寻农田水利体系可持续治理可能的变革方向，关键是要理清农田水利体系治理的相关利益者属性及其博弈关系，进而探明特定环境中影响农田水利体系不可持续性的激励因素，以设计一个更加有效和公平的新的激励体制，调动相关利益者的积极性，以促进农田水利工程设施的有效治理，保证农田水利体系的可持续运行。

13.1.3　利益相关者参与态度

通过调查我们发现，基层政府负责人普遍认为小型农田水利设施建设对于当地农业生产具有积极作用，基层政府应该尽力承担部分建设资金的分担任务；农户是小型农田水利设施的直接受益主体，有九成的受访农户表示愿意为小型农田水利设施建设提供部分资金。可见，无论是基层政府还是农户主体都对小型农田水利设施的资金供给持肯定态度。

表 13-1　利益相关者对农田水利建设的出资意愿

	愿意承担全部资金（%）	愿意承担部分资金（%）	不愿意出资（%）
县政府	15	85	0
乡政府	5	95	0
村委会	2	90	8
农户	3	88	9

13.1.4　利益相关者投资意愿

不过在调查中我们发现，基层政府和农户都对资金供给持肯定态度，他们对于不同资金供给主体应该承担的投资比例也有相近的看法：无论是基层政府还是农户都认为中央和省地市政府应该承担五到六成左右的建设资金，基层政府分担两成左右的建设资金，而村委会和农户则负担剩下的两成建设资金，并且农户承担其中的主要部分。显然，县乡政府低估了农户的意愿投资比例。农户也低估了各级政府的意愿投资比例。具体说来，农户的意愿投资比例要高于县级政府的意愿投资比例，县级政府的意愿投资比例又高于乡政府的意愿投资比例，而村委会的意愿投资比例最低。

表 13-2　利益相关者的意愿投资比例

单位：%

	中央政府出资比例	省市政府出资比例	县政府出资比例	乡政府出资比例	村委会出资比例	农户出资比例
县政府	33	27	14	10	5	11
乡政府	37	25	12	8	8	10
村委会	33	24	14	7	8	14
农户	30	25	14	8	8	15

在影响基层政府作为资金供给主体投资意愿的影响因素方面，通过调查分析发现，县乡政府的意愿投资比例主要受政府自身财政支持能力及当地小型农田水利设施建设的资金需求规模等因素的影响。自从财政体制改革以来，地方财权上收和诸多事权下放，造成基层政府履行事权所需财力与其可用财力高度不对称，多数河南基层政府财政困难，财政赤字规模不断扩大、实际债务负担沉重。不过，基层政府往往通过制度外收入及其他方法为小型农田水利设施建设积累资金。

随着农村税费改革的推行，基层政府来自制度内的农业收入占财政收入的比例大为减少，以往作为基层政府小型农田水利设施供给资金重要来源的制度外筹资渠道也逐渐变窄直至消失。所以，制度变迁导致的基层政府财政支持能力的变化成为影响他们投资意愿的重要因素。基于基层政府财政支持能力有限的考虑，当地小型农田水利设施建设和维护的资金需求规模也是影响当地基层政府投资意愿的重要因素。因为如果资金规模需求过大，当地基层政府财政支持的力量杯水车薪，即这种投入力度不足以改善设施供给总量及维护质量的要求，从而也会大大影响基层政府的投资意愿。

13.2　农户参与意愿影响因素

广义的农田水利的需求主体不仅包括直接受益者（主要是农村居

民），还包括间接受益者（涉及政府、涉水法人企业等）。狭义的农田水利的需求主体是指农田水利设施的直接使用者和受益者，以农户为主。需求表达机制，即相关主体对公共物品的真实需求通过何种渠道反映出来。在经典的公共物品理论中，这一问题通常被称为需求主体的“偏好显示”机制。有效的需求表达机制能反映农田水利供需利益相关主体的要求，是合理的供给决策的基础，使决策的最终结果向农民利益靠拢。若需求表达机制不完善或缺失，则会使决策结果严重偏离目标和农民利益。为研究的简洁性，本文主要分析狭义的需求主体。尽管如此，对农田水利设施的需求却并不简单，它将伴随农户的从业类型、农业种植结构、耕地地形地貌及规模布局等特征而改变。不仅如此，现行农村经济制度条件下，农田水利设施本身的性质及其供需特点交织在一起，导致了农田水利设施需求表达存在诸多问题。

13.2.1　农户参与意愿影响因素——投资的视角

通过我们的走访调查，发现影响农户意愿投资比例影响因素不仅包括农户的家庭特征，农户所在村庄的部分特征也是影响其意愿投资比例的重要因素。农户的家庭特征方面，家庭拥有的耕地面积、高需水农作物所占比重、家庭人口结构、受教育程度及农业纯收入占家庭总纯收入比重等都是影响农户意愿投资比例的重要具体因素；村庄特征方面，总人口、外出务工人员比例、地形地貌、工商业发达程度、高需水农作物平均单产、村干部的威信及现有小型农田水利设施状况等也都是影响农户意愿投资比例的重要具体因素。

表 13-3　土地及作物特征与农户投资意愿

投资意愿	耕地面积				高需水作物比重			
	3亩以下	4～6亩	7～10亩	10亩以上	10%以下	10%～30%	30%～60%	60%以上
高	2%	10%	15%	22%	15%	12%	18%	20%
中	10%	34%	43%	33%	35%	42%	38%	34%
低	78%	46%	32%	35%	40%	36%	34%	36%

（续）

家庭负担情况及收入占比的影响								
投资意愿	需要赡养的老人		哺乳期婴儿		农业收入占家庭纯收入的比重			
	有	无	有	无	10%以下	10%～30%	30%～60%	60%以上
高	67%	23%	61%	25%	15%	12%	25%	40%
中	20%	44%	25%	38%	40%	46%	50%	35%
低	13%	33%	14%	37%	45%	42%	25%	25%

受教育水平的影响			
投资意愿	户主受教育状况		
	小学及以下文化程度	初中文化程度	高中及以上文化程度
高	58%	22%	56%
中	23%	35%	20%
低	19%	43%	24%

部分村庄特征的影响									
投资意愿	工商业状况		外出务工比例		地形			村干部威信	
	发达	不发达	低	高	丘陵	山地	平原	低	高
高	26%	48%	57%	24%	18%	28%	48%	20%	59%
中	18%	32%	24%	40%	42%	45%	32%	43%	20%
低	56%	20%	19%	36%	40%	27%	20%	37%	21%

走访调查结果显示，这些影响因素对农户投资意愿的影响大多符合我们的预期：从农户家庭特征来看，家庭拥有的耕地面积、高需水农作物所占比重及农业纯收入占家庭总纯收入比重等因素对农户的投资意愿的影响是显著为正的；家庭人口结构中如果有需要赡养的老人及哺乳期的婴儿，往往导致农户投资意愿比较强；受教育程度对投资意愿也有较明显的影响，户主受过初中教育水平的家庭往往在高投资意愿方面比较弱，否则具有较强的投资意愿。从农户所在村庄特征来看，村庄人口规模对于农户的投资意愿具有正影响，工商业发达程度、外出务工人员比例则对于农户的投资意愿具有比较弱的负影响；调查显示所在平原地区

的农户较丘陵及山地地区的农户具有更高的投资意愿；高需水农作物平均单产越高农户的投资意愿也越强；村干部的威信对于农户的投资意愿也具有正影响；而现有小型农田水利设施规模对于农户的投资意愿具有比较大的负影响。

为进一步了解农民对于当前农村小型农田水利设施建设的满意程度，我们在相关研究的基础上，对农民进行了走访调查。调查结果显示：农民对于当地小型农田水利设施的供给水平的满意度普遍比较低，供给数量不足只是导致农民对小型农田水利设施供给水平不满意的一个方面，与之配套的公共服务水平低下、现有的设施维护状况堪忧也是导致农民对小型农田水利设施供给水平不满意的重要方面。为此，农民普遍反映提高农村小型农田水利设施供给总量的同时，改善配套公共服务质量、提高现有设施的维护水平应该成为各界关注的重要内容。结合对农民投资意愿的走访调查，我们还发现，尽管各地农民对农村小型农田水利设施的满意度很低，不过，农民对这些项目的投资意愿以及期望的来自政府资金支持的意愿仍然是很高的。农民对这些项目投资不满意，但是对这些项目的投资意愿仍然相对很高。

这一事实表明，当前农田水利设施的供给水平与农民对它们的需求意愿是不相吻合的。所以，我们还需就影响农田水利需求意愿表达的因素进行分析，进而，提出激励相容的参与方利益契合激励机制。

13.2.2　现行管理体制排斥农民参与决策

在现行农村管理体制下，农田水利供给决策主体是县、乡（镇）政府及其职能部门，而不是农民，或者说几乎没有农民参与。这种管理体制的特征是通过“自上而下”层层管理来落实上级任务，而完成这些任务是评价每个组织和个人政绩的主要指标，与干部的升迁“挂钩”，形成“压力型”体制（荣敬本，2001），农民参与农田水利供给决策的权力被严重弱化。当这种利益与农民的利益不一致时，基层公权力的硬性提供不可避免地会对农民的各项权益形成侵害——对表达自身权益的农民冷漠、冷淡，不予回应甚至施加压力。“一事一议”供给政策安排，虽然可以为区域性农村公共物品提供资金，但其可操作性并不强，作用范围也很有限。忽视农民有效参与的决策，势必影响农田水利供给决策的针对性，造成供给与需求脱节，制约农民的投资意愿。

13.2.3 需求表达缺乏有效的渠道

利益需求表达的有效渠道是通过代表需求主体利益的组织完成的。而农民缺少自己利益的代言人——代表自己利益的组织，来影响产品供给政策，实现自己合法利益。村民自治组织是农村村民依法自治管理本村经济和社会事务的基层民主制度，组织成员在组织内能够自由发表自己的看法、主张和要求。但在现实中，村民自治组织却扮演了乡（镇）政府的执行机构，具有准政府的功能，无法抵制乡（镇）政府强制安排的各项达标、升级活动，使农民对社区公共产品的意愿难以表达。农村税费改革后，村民组织甚至没有能力平衡协调各个体利益的关系，也就无从使个体农民利益表达群体化、群体利益表达一致化。需求表达渠道的缺失，最终导致农民对农田水利等公共物品的需求无处表达、表达无效。

13.2.4 农民对自身利益表达乏力

随着农村经济社会的发展，客观上，广大农民群众急需主动进行利益表达以维护自身利益，但主观上，农民缺乏表达自身利益的意识。一是农民大多数文化水平较低，处于社会低层，至今还在为温饱问题忙碌，农民受小农经济下封建文化的影响，缺乏参与意识、自主意识和利益表达意识。对于急需的农田水利设施不争取，对于不需要的农田水利工程默认接受，逐渐形成消极适应的行为模式。二是农民人数虽然多，但非常分散，在利益多元化的当今社会，农民没有组织优势，农民的利益表达在基层不受重视，各部门相互推诿、拖延、不予理睬，得不到反馈。长此以往，农民在意识里就产生表达也没有用的思想，于是便渐渐失去表达意识，从而，导致农民利益表达乏力乃至权益缺失。

显然，在不增加农民负担的前提下，如何提升农田水利供需意愿契合度来保证农田水利设施的有效性供给，成为一个必须破解的难题。因此，衡量农村公共产品的供给有效性的重要标志是公共产品的提供是否符合广大农民的实际需要。建立农田水利合作治理制度，首先应关注农民需求意愿，从农民的实际需求角度出发，尽量满足农民对这些项目的投资需求，在满足农民对公共物品数量需求的前提下，改善农田水利设施供给水平。所以，完善和创新农田水利的需求表达机制，将是提高农村小型农田水利设施合作治理水平的重要举措，对于提高农田水利供给有效性具有重要意义。

13.2.5　农户参与的组织资源缺失

实行家庭承包制后，村集体与农户的关系发生了根本改变，农户作为农村基本的组织形态，既是消费单位也是生产经营单位。集体不再像过去那样能够将分散的农户整合到一个严密的计划体制之下，新的农村社区基本结构由村民选举产生的委员会和分散独立的农户构成。特别是，取消“两工”后，乡镇干部无权像以往那样组织农民出工，否则会因“乱摊派”受到批评。即使乡镇干部“派工”，若没有合适的报酬农民是不会出工的。农村社区不能对农民进行有效组织，农民组织化程度不高，农田水利建设有关的公积金、“劳动义务工”和“劳动积累工”、“三提五统”、农业税被取消，使农村基础设施建设筹资筹劳失去了制度基础，导致农田水利建设缺乏有效的组织与管理，使原本就很薄弱的农田水利建设事务不可能得到相应的解决。

在此情况下，“一事一议”成为进行乡村农田水利投入决策的首推方式。但“一事一议”筹资筹劳政策在执行中遇到“开会难”、“统一意见难”、“一事一议”成本高等协商决策难题。从问卷反映的情况看，在实际参与公共服务供给决策的 116 户农户中，通过村民大会参与决策的仅占 16.38%，通过社区组织参与决策的仅占 7.76%，表明大多数农户尚未按最能体现民主要求的方式参与决策。

农民组织资源的缺失同样在市场经济各个利益群体的博弈中让农民处于弱势群体地位。不仅如此，农民组织的体制性缺失还表现在，各级政府进行有关涉农方面的制度设计时，很难听到真正来自农民的声音。一个能反映农民利益的政治结构，离不开各级立法机构中应充实更多的农民代表，也离不开农民组织的体制性构建。

13.3　参与方利益契合度对农田水利供给绩效的影响

13.3.1　参与方利益契合的重要性

我国农村家庭承包责任制这一宪法秩序的变革（杨德才，2007），赋予了农民土地经营自主权，经济（身份）自由决策权（林毅夫，2000），并逐步形成了独立财产权利，进而引起了农村生产、分配和交换等基本规则的变革，农村资源调配方式、生产组织方式和经营决策方式的深刻变化，造成农业公共基础设施投资、利用的高度分散化。

这种根本性制度的改革，从供求两方面对农田水利建设制度产生冲击，造成农田水利建设制度供求失衡。现行农田水利供给制度“自上而下”的决策程序，不但不能满足农民的实际需求，甚至导致农民不需要的公共产品供给过度。这种强制性供给相对于农民需求来讲，一方面导致了所谓的农田水利供给不适应农户需要而荒废，另一方面农民真正需求的农田水利设施又供给不足。因此，要实现农田水利合作治理，就需要在充分了解需求因素（农户需要的公共物品是什么，对已有的投资满意度如何，以及是哪些因素在影响着农民的评价）的基础上，从协调农田水利相关利益主体的长期成本收益的基础上，谋求农田水利供求意愿与供求行为的契合。

就农田水利而言，农田水利体系是由从大到小一系列不同层次、性质各异、功能互补的各类水利工程设施，对于层次不同、性质各异的具体农田水利设施往往要由不同的供给主体来供给。显然，农田水利设施建设是超越单一主体的特殊集体行动，其供给水平及其有效性受多方面的因素影响，归结起来可以概括为两个方面，即客观的供给能力和主管的供给意愿及其与需求意愿的契合程度；农田水利设施建设实践中，客观供给能力在一定时期是相对稳定的，取决于其组织动员机制的有效性，但供给主体的供给意愿以及供需意愿的契合程度往往具有较大的波动性。

一般而言，某一时期农田水利设施供给水平如何往往主要受供给主体供给意愿的制约[①]，而客观供给能力相对确定的情况下供给有效性如何主要取决于供需主体供需意愿的契合程度。特别是，农田水利的主要使用主体是农民，农田水利合作治理要达到的目的是在供给规模、方式、数量、质量、结构上满足农民开展现代农业生产经营活动需要的农田水利供给。

因此，在供需主体意愿契合的基础上实现农田水利设施供给与需求的统一，已经成为实现农田水利设施供给有效性的基本前提。这可以从新中国农田水利建设中农田水利供给水平与参与方利益契合度的变迁特征来证明。

13.3.2 历史经验分析

13.3.2.1 农田水利建设恢复期

从新中国成立到20世纪50年代中期的农田水利设施恢复性供给时期，中央政府和农民都既是农田水利设施的需求主体又是农田水利设施的供给主体，基层政府主要承担组织动员的工作。作为需求主体，中央政府主要是出于当时稳定国家局势、恢复农业生产、保障军事供给及为工业化提供支持等方面的考虑，当时条件下，改善农田水利设施供给成为政府能够实现追求目标的重要控制变量；作为供给主体，其主观供给意愿是强烈的，但是限于客观供给能力的限制，中央政府只能选择民办公助、大量使用劳动力的方式来推进农田水利设施的建设。对于当时的大多数农民而言，刚刚分得土地拥有了独立的生产经营决策权，具有很高的生产积极性。但是，他们却面临着落后、破败的农田水利设施条件，能够支配的其他生产工具不仅简陋而且数量不足，劳动力是他们相对充裕的要素。所以，从需求主体的角度他们具有强烈的需求意愿，从供给主体的角度他们也愿意采用民办公助、依靠主要投入劳动要素的方式提高农田水利设施的供给水平。因此，这一时期中央政府和农民都兼有供需主体的角色，而且中央政府和农民作为相互独立的主体，他们的供需意愿基本是契合的。

13.3.2.2 农田水利建设数量扩张期

20世纪50年代中期至70年代末，农田水利设施建设进入数量扩张

---

① 据孔祥智等人（孔祥智，2006）的调查，农户对水利设施的不同需求，决定了对其水利设施的不同支付意愿。这意味着，农户对农田水利设施投资的支付意愿决定了农田水利设施的建设和管理模式。

时期。这一时期，中央政府需要加强对农业的控制、提高农业生产力水平、增加农业积累水平，从而支持国家工业化战略的推行。为了实现国家的工业化战略目标，通过在农村推行合作化基础上的人民公社制度已经强化了国家对农业生产资料包括农业劳动力的控制，农业的生产经营决策、劳动力的调配使用、农业产品的分配等已经完全置于政府控制之下。所以，农民已经不再是农田水利设施的需求和供给主体，只有政府才是唯一的农田水利设施的需求和供给主体。如果说前一时期农田水利设施的供需主体是一种分离式的统一，那么在人民公社基础上农田水利设施供需主体就达到了结合式的统一。中央政府和基层政府当然具有强烈的农田水利设施供需意愿，而且这种意愿在供需主体的结合式统一的基础上也实现了高度契合。

不过，鉴于当时中央政府占有资源的水平，进行农田水利设施建设仍然需要采取民办公助、大量依靠劳动力的方式来推行。当时，农民已经不再是农田水利设施的供需主体了，但是，农民仍然在支持农田水利设施建设方面表现出了强烈的劳动力供给愿望。之所以如此，是因为农民已经失去了农业生产资料的控制权和自己劳动力的支配权，而且劳动力成为唯一可以凭借从生产队拿回生活资料的手段。在工分是拿回生活资料唯一标准、而从事农田水利设施建设可以换回工分的情况下，农民当然有意愿为农田水利设施建设提供劳动力支持了。正是在这种政府与农民意愿高度统一的情况下，才具有了长达20年左右的农田水利设施建设发展期。

13.3.2.3　农田水利设施建设停滞期

20世纪80年代初到90年代初，农田水利设施建设经历了长达十年的停滞期。我国农村家庭承包责任制这一宪法秩序的变革，赋予了农民土地经营自主权，经济（身份）自由决策权，并逐步形成了独立财产权利，进而引起了农村生产、分配和交换等基本规则的变革，农村资源调配方式、生产组织方式和经营决策方式的深刻变化，造成农业公共基础设施投资、利用的高度分散化。

这种根本性制度的改革，从供求两方面对农田水利建设制度产生冲击，造成农田水利建设制度供求失衡。现行农田水利供给制度“自上而下”的决策程序，不但不能满足农民的实际需求，甚至导致农民不需要的公共产品供给过度。这种强制性供给相对于农民需求来讲，一方面导致了所谓的农田水利供给不适应农户需要而荒废，另一方面农民真正需求的农田水利设施又供给不足。

随着农村家庭承包经营制度的确立、人民公社制度的解体，土地再一次回到了农民手中。在农民取得了生产经营权和劳动力的支配权的同时，中央政府和各基层政府也不再直接干预农民的生产经营。在农业生产水平连续高增长的前提下，通过提高农田水利设施建设水平服务于工业化战略的必要性已经大为降低。所以，农民再一次成为农田水利设施的供需主体的同时，中央政府退出了需求主体的角色。通过这一角色转换，尽管中央政府仍然承担着大兴水利设施建设的任务，但是，其供给意愿已经大大下降了，这一点已被这一时期中央政府的投资水平的变化所证明。随着乡镇经济的蓬勃发展吸引了基层政府的更多热情，降低了他们在农田水利设施方面的供需意愿，相比较而言他们更倾向于道路、电力等其他乡村基础设施的建设。鉴于有原来的小型农田水利设施可以使用，粮食等农产品供需矛盾的转化，再加上乡镇经济的发展等原因，使得农民在农田水利设施建设方面的供需意愿也下降了。所以，这一时期农田水利设施供需主体发生了分化，供需意愿下降，导致出现了长达十年之久的农田水利设施建设的停滞期。

13.3.2.4　农田水利设施建设回暖期

从20世纪90年代初至农村税费改革开始，农田水利设施建设进入“两工”体制下的回升期。经过十年左右的停滞，众多农田水利设施由于长时间缺乏有效维修、加固，已经老化、破败甚至损坏了。农田水利设施的缺乏加上农户配置家庭资源方式的多样化等原因，农业生产特别是粮食供给能力大幅度下降，改善农田水利设施状况、提高农业生产力水平再一次进入中央政府的视野。中央政府不但承担起了农田水利设施供给主体的角色还扮演了制度供给主体的角色：中央政府一方面通过安排国债资金加强大型农田水利设施建设；另一方面，对已有小型农田水利设施的改制、新建小型农田水利设施的资金筹措等问题做出了安排。如前所述，部分民间组织和民间资本介入小型农田水利设施领域成为新的供需主体，基层政府也再一次成为小型农田水利设施的供需主体。

在中央政府供需意愿的“感召”下，基层政府具有通过组织小型农田水利设施建设谋求政绩和利益的动机，供需意愿开始增强。作为农业经营的主体，农民对农田水利设施的需求和供给意愿一直受到农业经营收益的影响，相比其需求意愿而言，供给意愿受到的影响更大。在可以通过家庭资源的其他配置方式受益而提供农田水利设施直接加重家庭负担的情况下，农民表现出了较强的需求意愿和较低的供给意愿。在中央政府的资金支持下，地方政府和其他民间组织的参与下，农田水利设施供给水平得到了恢复，但是却加重了农民负担。

可以说，自从农村家庭承包责任制实施以后，农田水利设施供需主体分化，供需意愿很难达成一致，契合程度下降，导致我国农田水利设施建设水平逐渐下滑。即使在实行了“两工”制度的回升期也没有达到以前的最高水平，而且由于供需意愿的不一致，供给主导型的农田水利设施建设还导致了很多不符合需求意愿的农田水利设施的供给。所以，供需主体的供需意愿是否契合不仅直接关系到农田水利设施的供给总量，还关系着供给结构是否合理，供需结构能否匹配。

农村税费改革后，农田水利设施治理进入了一个新的探索期。近年来，在持续开展的新农村建设当中，国家确立“工业反哺农业”、“城市反哺农村”的方针政策，政府不断加大了对农村公共物品方面的投入力度。作为农业生产重要基础设施的小型农田水利设施建设，自然是当前和今后政府为促进农业生产、推动农村经济发展的投入重点之一。农业税赋的免除，农民作为农田水利设施供需主体，其供需意愿得以回升。这对于农田水利建设无疑是大好机遇。

13.3.3　现实困境

尽管农村税费改革后，政府和农民的水利建设参与意愿得以回升，然而，基层政府失去了通过向农民集资、摊派、收费等方式筹集资金的途径。在基层政府财力不足、中央政府转移支付有限的情况下，很难继续以原来方式让基层政府承担农田水利设施供需主体的角色。

如果仍沿用“自上而下”的农田水利设施建设决策方式，势必延缓农村农田水利设施的改善、降低政府资助农村小型农田水利设施建设的有效性，甚至将会导致有限的水利建设资源严重浪费等问题。

本研究关于农民对农村公共物品投资项目的满意度的调查结果显示：目前农田水利供给存在的问题，不仅在于供给总量不足，更在于供求失衡。政府在一些公共物品项目的投资还不能满足农民的需求，一方面可能是投资不足，另一方面也可能是提供的农田水利供给的质量难以满足农民的需求，特别是小型农田水利设施，不能满足农民的实际需求。

据调查，目前农民最需要的是能有效降低粮食种植和交易风险的农田抗旱水利、电力设施和生产全程机械化设施等，而这些方面恰恰是最少的。在利益驱动下农民更愿意将有限的可支配收入用于收益率较高的非农产业。

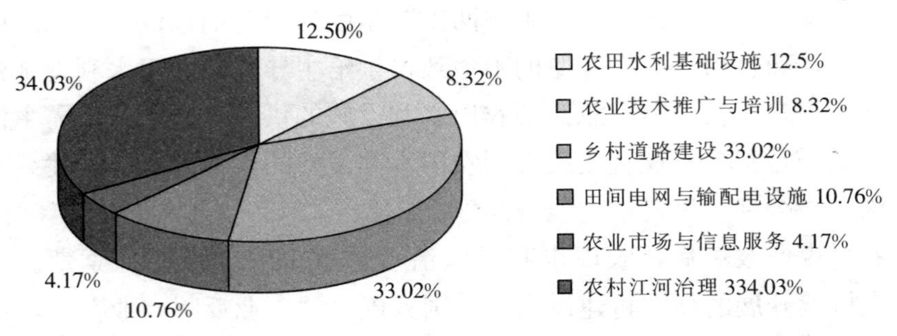

图 13-1 政府投入农业基础设施与服务的比例结构

注：资料来自笔者在商丘市睢县胡堂乡、白庙乡、匡城乡和驻马店市东和店乡的调查数据。

如图 13-1 可以看出政府提供的公共物品中农田基础设施、田间电力设施、农业技术与信息服务投入普遍很少（较好的信息服务不过是农业生产信息短信或抗旱保苗技术宣传单），远不能满足农民的需求，生产性投入不足大大制约了农业投入的增产功能。

在政府和农户关于农田水利治理目标、收益预期和利益诉求高度分化的市场化转型背景下，政府与农户理性的扩张，决定了政府与社会在治水参与方利益契合的基础上的治水行动契合，是农田水利治理有效性得以实现的基本前提。

13.3.4 参与方利益契合——合作的动力基础

人们在资源稀缺条件下试图占有非相容性资源时，就必然面临彼此间的冲突。“当一个人被他自己的利益所驱使的行动影响到他人利益的时候就出现冲突”。因而，人与人之间、不同的利益团体之间必然存在基于利益的合作与冲突即“相互依赖性”或“社会互动”关系。社会学家约翰认为这种社会互动关系是群体的主要媒介和动力，也是造成社会变迁的因素之一。

当群体中某个成员的行为会对其他成员产生影响时，从私人角度进行的优化决策和从社会角度进行的优化并不一致，而是存在着冲突，合作应该是能够降低“冲突”程度的一种基本经济行为，可以给群体带来利益。根据韦森（2008）的理解，合作应当包括诸如劳动分工、市场交易、合伙和共同经营企业，以及人们在经济组织、社会团体、政治联盟、各种民间和公益团体中的相互协作等各种行为。所谓合作，是指两个或两个以上的个人或群体为了达到共同的目的而在行动上相互配合的过程[①]。根据徐晓军（2004）《社会距离与农民间的合作行为》的观点，其实质是一种特定的共同行动。共同行动是指两个或多个具有共同认识的行动者，抱着共同的目的，采取共同的行动过程。其前提是参与共同行动的各方有共同的目的，对于为什么要实现这一目的，如何去实现这一目的等问题有共同的认识。只有参与方都受益的共同行动才能称作合作[②]。政府与农户理性的扩张与利益契合才是合作治水行动得以发生的内在基础。

近来的相关研究已经开始从农民的角度分析农民对农村公共物品投资项目的满意度问题。结果显示：目前政府在一些公共物品项目的投资还不能满足农民的需求，一方面可能是投资不足，另一方面也可能是提供的公共物品的类型和质量难以满足农民的需求。因而，当前农田水利治理模式改革的基本任务，是政府在加大资金投入的同时，加大治水组织和机制建设投入。特别是，通过加大农民参与意愿、参与能力、参与机制、合作沟通平台和协商决策制度建设，在提高农田水利设施供给总量水平的同时，努力使农田水利供给反映农户的参与意愿和利益诉求，从而形成农田水利有效治理的可持续动力。

① 刘祖云．社会交往新论．武汉：华中师范大学出版社，1991：73.

② 徐晓军．社会距离与农民间的合作行为［J］．浙江社会科学，2004（1）．

13.4　多赢治水动力整合机制——政府与农户治水利益契合

就农村现实而言，构建农民需求导向的农田水利设施供给制度，促进农田水利设施供需意愿契合，需要相应的制度性安排。首先，需要建立农民参与的不同层级农村农田水利设施供给的决策制度。将关于农村农田水利设施供给、需求的条件等相关信息传达给农民，使得农民在了解相关信息的基础上形成农田水利设施需求表达的有效性基础①；其次，需要建立有效的农民需求表达和显真机制、克服集体非理性的公共选择困境的制度安排；最后，还要建立农田水利设施供给主体对农民需求的敏感反应机制，使农民的实际需求成为农田水利设施供给的有效前提。

13.4.1　建立“合议制”需求表达机制

当前农民的农田水利设施需求表达的困境在于利益表达渠道不畅。因此，构建需求表达机制要建立健全能反映农民利益要求的独立组织或能进行利益综合的组织，完善农民组织化需求表达渠道。

农村农田水利设施的供给决策程序和制度应该保持相对的结构稳定性，这种矛盾可以通过农民参与的多层次“合议制”得到部分化解。农田水利的需求表达“合议制”，即以村民组代表和农民合作组织为基础，通过选举从村组到县市的各级公众代表来进行投票表决不同层级的农田水利供给方案及其执行效果的决定。具体可以通过以下程序实现：政府派出各级公众代表到农村进行专门调研访谈，吸收农民的意愿，汇总后反馈到政策制定部门，再由政策制定部门召集农民代表、农田水利专家、社团代表对这些意见进行整理分析，即在农民和政府之间构建出一个可以表达农民真实意愿和心声的“桥梁”。通过现场合议、会议合议、实地考察三个环节，实现农户的需求意愿的表达与集成。

就目前而言，建立以农民合作组织与村民组代表相结合的合议制渠道

① 唐忠．建构农民需求导向的公共产品供给制度——基于一项全国农村公共产品需求问卷调查的分析［J］．农业经济问题，2008（2）．

有利于农户的需求意愿的表达与集成。专业合作经济组织、基层社区性合作组织、合作组织的联合组织都可以称为农民合作组织。农民合作组织一般是指农业和农业相关产业、农村二三产业从业人员自愿组织参加的具有独立企业法人或社团法人的社会组织。国际经验表明，农民合作组织具有“三位一体”的功能，它既是合作经济组织，又是行政辅助机构，同时又是代表农民政治经济利益的社会团体。其合作经济组织的运营包括农田基础设施建设、技术推广、供销、信用、保险等综合服务，在社会经济事务中，发挥组织农民，保障农民利益的作用。

需要注意的是，要使这一机制能够切实发挥作用，一是要求选出的代表具有广泛的代表性，能够反映不同地区、不同类型农户对农田水利需求的广泛性、即时性、间歇性和多样性需求，代表农村不同收入阶层的要求，并且从事的行业尽可能具有差别性，以保证农村公共品需求的层次性和差异性。二是要求代表能够尽可能地充分了解相关的信息，能够快速对农民的农田水利设施需求变化做出反应，集合农民的意愿，尽可能消除信息不确定性情况下的投票。

近年来，河南农民专业合作组织蓬勃发展，但真正意义上的农民用水合作组织还很少，因此，各级政府应在认真贯彻《农民专业合作组织法》的基础上，加大对农民用水合作组织的组建、运行管理的财税政策、人才资源的扶持，明确其在地方农田水利建设事务的决策参与权和监督执行权，促进其健康发展为农民涉水活动的真正代言人。

13.4.2　坚持民主集中的需求显真机制

现代化农业生产对于农村农田水利设施的需求往往是丰富、多元甚至异质的。但是，随着农民需求的表达被有效激起，为应对“自下而上”的需求表达机制的制度缺陷，还需进一步建立多重表达显真机制。[①] 由于农

---

① “自下而上”的需求表达机制的制度缺陷主要有：一是存在农民对公共品需求偏好的非完全显示问题。因为公共品具有非竞争性和非排他性的特点，农民个人即使不决策，也可以享受公共品带来的益处，这就是“搭便车”行为，造成农民对公共品需求的非完全显示。二是存在农民对公共品的非理性需求显示。人们不正当地显示他们的偏好或不同个体对特定物品需求强度不同但表达中却难以区分。三是“自下而上”的农田水利投入与管理机制可以解决管理效率问题，但不能实现水资源和水环境的持续有效利用。

田水利设施大多带有公共物品的属性，农田水利设施的需求往往不像一般商品那样比较容易形成稳定的偏好，农民在表达对农田水利设施的需求时很可能会偏向那些给自身带来直接利益的项目，而较少关注可以给整体村民带来较大利益的项目，特别是在需要当地农民支付一部分项目建设费用的时候。农民群众文化素质相对较低，并且受收入水平的限制，他们更愿意付费购买有助于生产的公共品。

可见，完全依靠民主投票的公共决策机制无法实现农村公共品的供给最优化。因此，有必要保留政府的对关系农村可持续发展的部分公共品供给的决策权。过滤掉错误信息，获取人们有关农田水利设施偏好的真实信息，以确定其供给数量和种类。比如：在需求和意愿的评估中，采用付费意愿投标的待定价值法等；当每个公民的偏好强度相当时，可以采用多数决定投票制；如果他们的偏好强度差异较大，可以根据每个投票者的偏好强度赋以投票权重，实现有效率的显示结果。另外，要不断提高农民的文化素质，引导他们积极参与有关决策活动和对公共事务的监督、管理活动，增强其参政议政能力。

13.4.3　建立农民本位的供给决策制度

考虑到农田水利设施层次分明、性质多样的特点，应该根据农村农田水利设施的层次差异和性质特点分类建立相应的农民本位的多层次农田水利供给决策制度，可以有效消除单纯政府决策中不能恰当、及时反映农民实际需求而导致的供给决策偏差。

我们的走访调查表明，农民对自己在农村农田水利设施方面的利益诉求是十分清楚的，带着自身利益要求参与具体项目供给决策的农民会在与不同层级的政府、社会及农民组织的协商妥协中将自身的利益要求更加现实化，从而，在一定程度上克服农村农田水利设施需求中农民的偏好难以精确界定的困难①。需要认真研究的是，不同层次的决策中，农民参与的方式是不相同的，应该根据公共产品的性质和分类建立相应的农民参与的

① 刘义强．建构农民需求导向的公共产品供给制度——基于一项全国农村公共产品需求问卷调查的分析［J］．华中师范大学学报（人文社会科学版），2006，45（2）．

制度和机制，而且参与决策的农民代表要对不同区域、不同发展阶段乃至不同季节对农村农田水利设施的需求有全面动态的掌握，能够对农民的农田水利设施需求变化做出快速反应。

因此，农田水利供给决策制度建设应该和农民用水合作组织、农村基层民主制度建设统一起来，以民主制度的发展推进农民参与的深化和制度化，形成比较合理的能够及时反映农民诉求的决策机制，将是提高农村农田水利设施合作治理水平的根本举措。

在实际中，可以强化村民委员会的自治组织功能，弱化其行政组织功能，遏制其蜕变，提高其组织和服务农民自主治理的职能。当然，更具操作性的是应当进行利益表达渠道的创新，当前政府转变职能意味着要把一部分事情转变出来，必须有个载体来承接。而农民的意愿表达也要有个输出载体，这个载体的适宜角色就是类似于农民专业合作组织的各类农村自主合作组织。

13.4.4　建立快速反馈与监督机制

获得农户关于农田水利建设的利益需求信息之后，作为信息接受者的农田水利建设决策者（无论是政府水利部门还是乡村水管组织或农民用水合作组织），应对信息进行及时处理，必要的还应进行调查，然后将其结果反映在农田水利供给规划、建设方案和治理规则之中，或维持原状，或调整治理规则，或制定新规则。但无论是农民需求能否得到满足，都必须把相关情况反馈给农民主体，这个反馈的过程应体现为农民利益得到实现、保护和归原。倘若没有反馈机制，农民利益表达石沉大海，毫无意义。必须指出，反馈机制应有时效性，时效的拖延同样是对农民利益表达的漠视、侵害，对于政府机关来说就是效率低下，就是渎职行为。在基层政府应积极推行政务和财务公开制度，增强工作的透明度。政务公开的实质，就是要架通政府与农民之间的桥梁，把本应属于农民的知情权还给他们，置政府工作于普通民众监督之下。同时，要强化乡镇人民代表大会的监督职能，创新政府投入农村公共服务的管理模式，加大农民的参与度和透明度。改革县乡政府的绩效考评机制，让农民参与到政府公共服务绩效考核之中。

13.5　小结

改革开放以来，中国农村大量涌现的各种农民涉水合作组织通过参与公共事务推进了农民自主治理农田水利力量的形成，但农民用水自治组织的发展同时也存在信任缺乏、能力不足和过多地受到政府限制等问题。此外，转型期农民自治组织的发展更多地依赖于国家“自上而下”的推进，存在着决策机制不合理、筹资渠道单一、竞争机制缺失、供给结构失衡的制度缺陷，从而出现强国家与弱社会的农田水利供给主体缺失和供求失衡局面。

要实现由单纯政府治理模式向政府与农户合作治理模式转变，是一个系统工程。这需要从两方面着手：一是加强农户自主治理农田水利的组织建设和能力建设，强化农户自觉组织起来表达其治水需求的意识，完善支撑农户参与供给的乡村治理、培育能强化农户参与合作供给的社会资本等有针对性的对策措施，激活农村公共服务供给的“原动力”，促进农户主动实施农田水利自主治理行动。二是要健全政府与农户利益契合实现机制。通过健全农户参与治水的制度体系与运行机制，让财政“触角”有效延伸到最“末端”的基层公共服务之中，及时有效地响应农民治水的利益诉求；保障把农民利益要求（政治利益、经济利益、精神利益方面）通过一定的渠道以一定的信息形式有效表达，并向决策部门及时传递。作为决策部门要对用水户的需求信息通过显真机制进行甄别与整合处理，并及时反馈给农民主体，其间又兼及对利益表达的监督、约束与激励，这几方面内容内在有机联系，环环相扣。只有当农田水利相关利益主体的供求意愿达成一致时，农田水利供给行为才可能是有效率的，多赢治水动力才是可持续的。

第十四章　中原经济区多赢治水发展战略

水利治理模式的演变包括观念、制度和操作三个层面的深刻变化。发展中国家往往易于从操作层面进行模仿学习，但要实现治理模式的根本转变则必须在制度和观念层面取得突破，而且这是一个长期和艰巨的过程。农田水利有效治理不是简单地将集体行动问题交由政府管理或直接私有化。虽然基于行政和市场的手段仍然是当前农田水利治理的主要工具，但以简单的命令和控制为治理工具的时代已经过去。合作多赢治水是一个复杂系统，多元化治理主体彼此互动、内外部激励以及实现治理目标的体制机制保障都是需要精心设计和考虑的问题。为此，要加快中原经济区多赢治水模式的发展，我们需要紧密结合区域发展战略定位，对中原经济区多赢治水的战略目标、发展原则和实施策略予以谋划。

14.1　战略目标

14.1.1　中原水网贯通战略

中原经济区建设是国家区域发展战略和主体功能区战略的重要组成，要发展成为国家的重要现代农业功能区和生态安全功能区，必须优先构建“南北调配、东西互济”的中原水网体系，紧密结合国家区域发展总体战略和主体功能区战略，不断完善水利资源宏观配置格局，打造华北地区水资源配置的战略枢纽。

目前的重点是，充分考虑区域水资源条件、河流水系分布和工程布局特点，在加强水源工程建设的同时，要把河湖连通作为提高水资源配置能力的重要途径。以小浪底水库和正在建设的南水北调中线工程作为依托，以长江、黄河、淮河和海河流域这些原有的水系作为基本的构架，以水库为调蓄中枢，以河道、渠系为主要输水载体，构建引得进、蓄得住、排得出、可调控的江河湖库水网体系，加快形成流域和区域水源可靠、河库联调、丰枯相济的水资源配置格局。

通过中原水网和水资源调配枢纽建设，进一步强化河南省“南北调配、东西互济”水资源的配置体系，全面提升水资源调控能力，让水利更好地在推动中原经济区建设和中原崛起中起到的支撑和保障作用，同时也真正发挥好中原水利造福天下的战略枢纽的地位和作用。

14.1.2　治水现代化战略

在工业化、城镇化深入发展中同步推进农业现代化，是党的十七届五中全会提出的重大战略思想，是“十二五”时期的一项重大战略任务。加快水利现代化建设，是“三化同步”的内在要求，也是“走一条不以牺牲农业与粮食、生态与环境的‘三化’协调发展道路”的重要保障。

就农田水利而言，加快推进水利现代化建设，必须加快水利建设和管理的机械化和信息化，用现代设备、材料装备农田水利，用现代科学技术改造传统农田水利，用现代经营管理方法来管理农田水利，用可持续发展的思想来指导农田水利，不断提高水利科技含量和现代化水平。水利现代化应体现在以下八个方面：一是建立防洪除涝安全保障体系，解决水资源供给保证问题；二是健全灌溉与排水结合的水利工程体系，提高灌排水保证率；三是建立节水灌溉水利体系，科学合理地利用水资源，广泛采用节水灌溉技术，提高用水效率和水分生产率；四是在工程建设和灌排水运行作业中，要广泛采用机械化和自动化，有较高的劳动生产率；五是建立科学的水资源管理体制和良性运行机制，对农村排放的污水进行及时处理，保持优美良好的水环境；六是具有现代化的信息管理手段和优化调度水资源的能力；七是建立比较完善的、素质较高的水利技术推广和水利服务体系，依法治水、依法管水、依法兴水；八是农田水利工程要能适应农业产业结构调整的需要，促进农民增收。

当前，应紧紧围绕“三化”协调发展要求，因地制宜地确立农田水利现代化的目标和措施，力争在以下五个重点领域有所突破：一要加快推进水利基础设施现代化；二要加快推进水资源调度管理现代化、水利信息化；三要加快推进水利工程管理现代化；四要加快推进基础水利社会化服务体系现代化；五要在有条件的地方率先建成一批水利现代化示范区。

14.1.3　水利生态化战略

开展水利生态化建设，事关全局、事关未来、事关民生，是一项十分重要和紧迫的任务，也是树立和落实科学发展观的具体体现。随着工业化、城镇化深入发展，缺水状况已由局部农业缺水转变为工农业及城乡全面缺水，由单一的生产性缺水转变为生产、生活、生态整体性缺水。

中原经济区必须把水利放到一个区域乃至国家发展全局的、战略的高度去谋划，把水利建设与国家粮食战略核心区建设、与国家现代农业基地建设、与国家生态安全功能区建设、与水土资源环境的开发利用有机结合起来，突破传统水利思维，综合考虑水利的安全功能、资源功能、环境功能和经济社会功能作用，结合区域经济社会发展大战略，规划生态水利，为区域经济社会发展提供大平台。充分运用市场机制，建立水利社会融资平台，通过综合开发，实现水利效益、资源环境效益和经济社会效益多赢。

一是统筹水资源开发利用与节约保护，抓好农村水环境整治和水土保持综合治理，加大河流、水库和城镇、乡村饮用水水源、水质保护；加强水能资源开发管理，促进水能资源开发利用与保护生态有机结合，提高水资源的利用效率，积极构建水生态文明。

二是严格执行水土保持“三同时”制度，加强水土保持监督管理能力建设，加强城乡水生态和水环境保护。针对不少地区水道淤堵、河湖萎缩、水系循环不畅等问题，综合采取清淤疏浚、生态治理、科学调度等措施，扎实推进水土保持和水生态保护，维护河库健康生命，实现河畅其流、水复其动，改善河湖生态环境，从源头上扭转水土生态环境恶化趋势。

三是把落实最严格的水资源管理制度作为节水型社会建设的战略举措。全面落实水资源有偿使用、水资源论证、取水许可等管理制度，划定水资源开发利用控制、用水效率控制、水功能区限制纳污控制“三条红线”，建立覆盖各地区、各行业的用水效率控制指标体系，建立水资源管理责任与考核制度，要把节约用水贯穿于经济社会发展和生产生活全过程，加大农业、工业、生活各领域的节水力度，扭转水资源过度开发、粗放利用、污染严重的局面，形成有利于水资源节约和保护的经济结构、生产方式和消费模式，全面提高水资源利用效率和效益。

14.2　发展原则

中原经济区是国家区域发展战略和主体功能区战略的重要组成，加快水利现代化建设，是“三化同步”的内在要求，也是“走一条不以牺牲农业与粮食、生态与环境的‘三化’协调发展道路”的重要保障。中原经济区水利建设必须紧密结合国家区域发展总体战略和主体功能区战略要求，正确处理农田水利与经济、社会发展的关系，以统筹经济社会与生态的用水关系、全面提高中原经济区建设的水资源支撑和保障能力为原则。具体如下。

14.2.1　人与自然和谐相处原则

充分考虑水资源和水环境承载能力，从保障生命财产安全、生态安全、提高生活水平和生活质量的要求出发，把广大农村群众的根本利益作为农田水利发展和改革的出发点和落脚点。努力满足人民群众对饮水安全、防洪安全、粮食安全用水、经济发展用水、生态环境和居住环境用水等方面的需求，实现水资源的可持续利用，努力建设人与自然和谐的农田水利综合体系。

14.2.2　规划先行、有序推进

规划是水利建设的基础和先导。本着“统筹兼顾、突出重点、分步实施、注重实效”的原则，在政府的统一领导下，由水利部门牵头，有关部门参加，按照有关政策标准和技术规范，因地制宜，突出重点，把农村、农民最急需解决的问题放在首位，强化前期工作。做深、做实、做好初步设计；从实际出发，做好与经济社会、水资源综合利用、国土整治、城镇发展，以及水利、农业等专项规划的衔接与协调，努力提高农田水利建设的科学性。规划编制完成并经同级人大常委会审议通过后，作为农田水利

建设和安排国家投资的重要依据，使农田水利建设逐步走向制度化、规范化的轨道。

14.2.3　开源、节流与保护并举原则

坚持开源、节流与保护并举原则，加强农田水利建设与区域水资源合理开发和节约保护相结合的综合性治理，并把节约、保护放到优先位置。把发展节水灌溉作为农田水利建设的重点，加强水利投融资机制、水价形成机制、公益消耗补偿机制等方面的改革；大力实施灌区建设、骨干河道治理、低洼易涝地治理和水库建设，提高用水效率，节约淡水资源；深化水管单位体制改革，进一步理顺体制、健全法制、改革机制，强化管理能力、保全工程能力、扩展服务能力，以提高多态水资源综合利用率和水资源时空调配置效率为重点，促进全省农田水利全面发展，为建设资源节约型、环境友好型社会做出新的更大贡献。

14.2.4　统筹兼顾、突出重点

根据全省自然条件、经济社会发展水平，统筹考虑防洪除涝、水资源配置与供给、水环境治理和保护的需求，多方论证，科学规划，慎重布局。协调城镇与农村、灌区与乡村、骨干工程与配套工程之间的关系，优先解决农民生产、生活中最迫切的问题。协调工程措施与非工程措施、更新改造与新建扩建并重，当前与长远、需要与可能相结合的关系，因地制宜，实事求是，突出重点，讲求效益。

14.2.5　政府担当供给主体原则

基于现阶段省情和水情，农田水利直接为“三农”服务，事关国家粮食安全、生态安全、农民增收和国民经济可持续发展，农田水利一旦出现问题，就会对农业、农村乃至整个国民经济发展和社会稳定造成影响。因此，必须从统筹城乡发展的全局，统一思想，明确政府的农田水利投入主体地位，进一步强化各级政府对搞好农田水利的责任，把农田水利建设纳入中央、地方财政预算和基本建设范畴，对农民兴修小型水利设施给予补助，支持和鼓励社会资金投入农田水利建设。建立以政府为主体的农田水

利供给体制，是保证农田水利事业健康发展的前提和基础。

14.2.6　量力而行，通力协作，稳步发展

依据水资源和水环境承载能力，兼顾经济效益、社会效益和生态效益，按照财政资金和群众自筹可能，合理确定农田水利工程发展规模和建设速度，并采取积极措施，在积极争取各级政府扶持的基础上，动员广泛社会力量的参与，水利、农业、财政、发改委等部门分工明确，通力协作，稳步推进，使农田水利建设成为全区各部门的共同行动，全面实现农田水利建设目标。

14.3　战略措施

14.3.1　差异化大推进策略

必须将农田水利体系建设纳入“社会经济—水资源—生态环境”复合系统之中，实现水循环与经济循环的和谐统一。当前，河南经济结构和城乡布局正处于大调整、大转型时期，高效农业和主体种植将广泛推广，过去的麦谷两熟制格局将被打破，取而代之的是多品种、多制式、多结构的组合。同样是农田，不同地区、不同地块对水利设施的需求不同，效益分配也不同。这必然对河南农田水利供给提出多元化、差异化的要求。在水资源和财政投资能力都很有限的约束条件下，河南各地必需因地制宜地确立投资重点、加大投资规模、整合资源集中连片投资，开展与当地需求相匹配的农田水利建设，实现河南各地农田水利供给结构差异化的大调整、大优化、大推进。

具体而言，各地市迫切需要根据各地区的气候、水资源条件以及经济发展状况，探索出了适合自身情况的农田水利建设模式，创造性地发展高效节水灌溉工程。例如：①在黄淮海平原、豫北、豫西山前平原高产区和南阳盆地高产区，特别是在高效优质经济作物区，需要适度发展喷、微灌节水灌溉技术；②在大中型灌区，主要应采取渠道防渗的工程形式，减少输水损失，提高渠系水利用系数；③在豫西、豫北纯井灌区和沙壤土质区，需要在水利基础较薄弱的情况下，因地制宜地修建小型水库、堰塘、

雨水集流水窖，配套小型引水渠工程，加快沃土工程建设，重点推广低压管道输水灌溉技术，发展小畦灌、水窖滴灌等旱区微型水利化。通过因地制宜地发展具有当地特色的农田水利设施，夯实建设基础，提高农田水利服务的针对性，满足当地农业生产方式和生产结构调整的需要。

14.3.2　实现县政村治，打造要素整合县级平台

当前，农田水利建设的投入渠道较多，发展改革、财政、水利、国土、农业、农发、扶贫等部门都在安排与组织实施农田水利项目。各部门工作思路、建设重点不同，又缺乏统筹安排，资金使用分散，效益低于预期。从目前来看，县级层面的项目与资金整合要求最紧迫，成效最显著，各地已有一些成功的探索与实践。因此，建议县级政府认真组织相关部门编制各方认可的县级农田水利建设总体规划，制定县级农田水利建设项目与资金整合办法，建立部门协商机制，采取有效措施，对涉及农田水利的项目与资金进行整合，逐步规范资金投向，按照“统一规划、各司其职、渠道不乱、用途不变、各记其功、形成合力”的原则，统筹安排建设项目，集中配置财力资源，提高农田水利资金的使用效益。

为了使民间组织充分参与到农田水利供给的主体中，可以实行“县政村治”，县级政府直接指导农民自治组织开展农田水利建设管理，在乡镇只设派出机构，作为县级政府与其他治理主体的联络机构，使乡镇政府退出乡村农田水利建设规划与决策管理，以加快农村民间组织成长，充分参与乡、村农田水利建设。当然，在当下乡镇政府是不能退出的，但要转换政府职能，以服务型政府为取向，为农村民间组织发展营造良好的制度环境。

14.3.3　推行“普惠制”财政支持政策

针对“两工”取消后小型农田水利设施普遍失修的状况，研究制定“普惠制”田间水利财政支持政策，作为解决“一事一议”筹资难题、拓展强农惠农政策领域的一个重要方面。即，地方政府将“一事一议”筹资筹劳的田间及其以下的农田水利建设，纳入地方财政预算小型农田水利建设补助专项资金范畴，在“民办公助”的基础上扩大补助范围、提高补助

标准和补助比例，对农民兴修小型农田水利设施给予补助，并逐年增加资金规模，通过政策引导、资金支持、民主议事、组织协调和技术服务等方式，调动群众投资、投劳的积极性。

14.3.4　以县域为单元，建构网络贯通的水网体系

为支撑河南新型农业现代化和新型城镇化发展，农田水利建设必须站在战略和全局高度，统筹规划，与农业结构和农村空间结构的调整紧密结合起来，以县域为单元，建构功能互补、网络贯通的多种水源综合利用水网体系。为适应农业生产由重产量向产量质量并重转变、传统种植业向优势特色产业转变、农业经营方式由低层次向高层次转变、农业经营方式由分散经营向适度规模经营转变的需要，必须以小型农田水利重点县建设为突破口，实现小农水由分散投入向集中投入转变、由面上建设向集中连片建设转变，集中资金，连片突破，加快完善防洪抗旱减灾、节水增效、水生态环境保护相结合的农村水利体系。同时，围绕“灌区配套与节水改造、小型农田水利工程、中小河流治理、修复水毁灾毁水源工程、病险水库除险加固、农村饮水安全工程建设和农村生态环境建设”等工作，以节水示范市、节水增产重点县、节水示范项目和大型灌区节水续建配套改造为龙头，在项目区应建立健全县域防洪抗旱减灾、田间灌排、节水增效、水生态环境保护、水利信息化五大体系①，以达到“建一片，成一片，发挥效益一片”的整体优化目的，为河南新型农业现代化和新型城镇化提供强有力的支撑。

---

①　五大体系包括：①以大中型河道、水库、调水工程和重要湖泊、湿地为主构成的区域防洪抗旱减灾体系，区域防洪抗旱减灾体系的功能是为农业生产安全提供保障。②以小微型河、沟、库、塘、泉、窖、井、渠为主构成的田间灌排体系，田间灌排体系的功能是为稳定农田综合生产能力提供保障。③以渠道防渗、管道输水、区段计量、农业“三灌”为主构成的节水增效体系，节水增效体系的功能是为提高农业生产效益提供保障。④以水污染防治、水土流失综合治理、回灌补源工程、湿地、绿地为主构成的水生态环境保护体系，生态环境保护体系的功能是为农业可持续发展提供保障。⑤加大农村水利信息化体系建设。加大灌区信息化建设投资力度，健全灌区测水量水设施建设，努力将全省大型灌区基本建成数字化灌区，尽快实现测水量水到村庄。水利信息化体系的功能在于为水利服务和水资源价格市场化提供技术保障。

第十五章　多赢治水制度保障体系构建

农田水利供给不足，除了与政府和社会投入不足有关以外，在根本上还是体制和机制的问题。政府转型的滞后，政府在公共服务领域中错位、越位和缺位现象还普遍存在，没有真正实现从经济建设型政府向公共服务型政府的转变。农田水利建设是一项强基础、管长远的民生工程，随着工业化、城镇化深入发展，加之全球气候变化影响，水资源短缺、水生态环境压力加大，农田水利治理目标已经进入生产型与生态型并重的关键阶段。在此背景下，要切实提高防灾减灾能力，促进流域与区域、城市与农村水利协调发展，实现标本兼治、人水和谐，必须顺应自然规律和社会发展规律，发挥公共财政对水利发展的保障作用，加快水利工程建设和管理体制改革，明确利益相关方职责权利，健全基层水利服务体系，充分发挥市场机制在水利工程建设和运行中的基础性作用，为多赢治水提供体制机制保障。

15.1　构建“四位一体”的合作治水结构

农田水利治理契约及其建设与管理环节的多层次嵌套性质，决定了其治理结构应采取多元合作的治理结构，以最小化的代价实现农田水利的合作治理。从公共治理理论看，在农田水利治理中，政府应在农田水利供给这一市场化的进程中起到主导作用。为引入市场机制，使安排者与生产者分离，政府的定位应主要是秩序安排者和资源提供者，用以决定什么应该通过集体去做，为谁而做，做到什么程度或什么水平，怎样付费等问题，实现安排者与生产者的多元化；引入农户、民间组织、市场组织或私营部门等参与主体，从而使市场有充分的竞争主体。因此，应构建“政府主导、农户主体、民间引领、市场运作”“四位一体”的合作治水结构。

15.1.1　强化政府公共服务职责

目前，农田水利已经进入生产型与生态型并重阶段，国家应用长远的眼光看待农田水利发展问题，加快公共财政供给制度建设，在每年的新增财力中增加对农田水利基本建设的预算，通过重构政府间的转移支付制度，赋予不同的事权和财权，保障基层政府履行公共服务职能与能力相匹配。

农田水利具有基础性、公益性和战略性的特点，决定了各级政府特别是中央政府应承担更多的责任，在农田水利建设管理中发挥主导作用。政府的主导作用应体现在通过水利发展规划和财政支持规划，运用财政资金支持、投融资贴息减税和产权保障政策等手段，去引导、规范、控制市场和民间组织的农田水利建设管理活动，确保农田水利设施布局合理、功能配套、体系完善，提高农田水利工程的配套互济能力。同时，运用公共权威维持农田水利供给的市场竞争秩序和民间组织自治制度的运行，实现公共资源配置的最优化与社会福利的最大化。

按农田水利工程的不同公益性和受益范围，根据受益范围和支付能力的原则，合理划定中央政府、地方政府的农田水利供给事权和责任，健全政府间事权与财权平衡机制。通过重构政府间的转移支付制度，赋予不同的财政权力和财政权利，保障基层政府履行公共服务职能与能力相匹配。

农田水利是一个地区通过人工措施改变生产生活用水条件的重要手段，传统上农田水利主要以县为基础开展。考虑到农田水利基础性、公益性特点，中央、省级政府应承担更多的责任。因此，应建立与完善中央决策、省级统筹、县级实施的管理体制，合理界定不同水利工程的资金供给责任主体和资金管理主体，明确划分各级政府的事权和责任，实现分级投入、分级实施、分级管理。各级政府事权划分建议如下：

——中央政府：统一领导和组织全国的农田水利建设与管理工作，编制总体规划，拟定建设与管理标准，承担主要投入责任，开展农田水利建设与管理绩效评价工作，建立激励约束机制，督促地方政府认真开展农田水利工作。

——省级政府：统筹辖区内农田水利建设工作，审核年度农田水利建设项目，从省级财政安排农田水利建设与管理专项资金，组织验收纳入基建程序或财政重点建设工程的项目，对辖区内县级政府开展农田水利建设情况进行考评。

——县级政府：主要负责组织相关部门编制县级农田水利建设总体规划，确定并上报年度农田水利建设的计划和重点工程，组织工程建设与管理。

——基层水利站所：作为县级人民政府水行政主管部门的派出机构，主要负责辖区内的农村水利工程建设规划、组织管理、防汛防旱、农业灌溉、水资源开发与保护技术指导等公共服务和社会管理作用。

15.1.2　赋予农民主体地位

农民主体是指农民应是农田水利建设管理的行动主体。农户既是农田水利设施的直接需求者、使用者和受益者，也是农田水利设施适用性“信息优势”拥有者和最佳建设管理参与者。我国地区特征差别很大，农民的需求差异不同。应该建立“自下而上”的农民需求表达机制、提高农民的组织化程度，应该在组织与制度上保证农民的意愿需求在农田水利基础设施建设中得到体现，以农民的需求作为建设项目选择决策的依据，建立“农民本位”的农田水利建设投入与管理体制机制。

需要注意的是，在农民投资能力、集体行动能力极其有限的现实条件下，政府特别是乡镇政府不仅不能退出农田水利建设管理，而应转换政府职能，以服务型政府为取向，创新投入方式，加大农田水利资金投入、制度建设投入和社会动员力度。

15.1.3　强化民间组织引领作用

民间组织引领作用是指要发挥民间组织在公共理性培养、社会资源整合、合作行为促进等方面的资源优势，通过引导农民、组织农民、服务农民，引领社会力量合作治水行动的实现。在取消农业税后，乡村组织功能弱化，更需培育农村民间组织，从而提高农民的组织化程度，广泛调动农民参与，把社会资源转化为社会资本，投入农田水利供给。

目前，民间组织虽然有了一定的规模与行动能力，但其自主性、独立性、财政自立性和自愿性还不够，组织的行动能力还不太强。为了使民间组织充分参与到农田水利供给的责任，需要政府加大对民间组织的成长与自治能力的培养、扶植与引导。村民委员会作为农村社区最重要的一个民间自治组织，应实行去行政化再造，加强自身管理能力和服务能力建设，真正承担起反映农民需求、代表民众利益、组织农民自主自治的职能，应承担起组织农民参与农田水利供给的责任，并带领其他民间组织特别是非营利性的农民权益保护组织和经济合作组织，提高农业、农民的组织化程度，增强与政府协同治理乡村水利的能力。

15.1.4　健全市场运作机制

我国地区特征差别很大，农民的需求差异也很不同，农田水利建设区与受益区之间存在一定的利益冲突，一边是公益事业必须的，一边又是自身利益。两者的矛盾是不能兼得的。要改变这种现象，必须采取适当的外部性内部化的市场机制：一是改变原来的谁受益谁负担为谁投资谁受益，鼓励农民、集体和社会团体投资，由水管单位来统一规划建设，建设方式实行公司化运作管理，加强建设的规模化和透明度。二是立足农田水利工程关联资源（水土资源、渠边林地等）在城市化、生态农业和观光农业建设中的增值趋势，按照农业“水、田、林、路”综合开发思路，科学设计BOT、TOT、ABS、PPP、FDI等水利项目融资模式，引导民间资本或财团投资农田水利建设。

15.2　完善多赢治水动力激励机制

15.2.1　加快水利产权股份化改革，强化社会参与激励

建立科学有效的水利工程建设动力机制，当前应在农田水利工程产权股份化改革方面寻求突破。深化国有水利工程管理体制改革，创新建设管理模式，推进农村小型水利工程产权制度和运行管理体制改革，规范水利建设市场，逐步建立制度完善、监管有效、市场规范的水利工程建设管理体制和权责明确、管理科学、保障有力的水利工程运行管理体制。

一方面，在稳定工程所有权的前提下，建立农田水利资产产权交易市场，并且采取一系列制度来保护产权的行使和稳定的产权流转实现机会，为投资者提供可实现的产权收益预期，最大限度地调动农民、私人联合体、法人、民间团体参与农田水利工程供给的动力。

为适应市场经济体制改革的要求，各地应大胆探索，加快小型农田水利设施产权制度改革，明晰所有权、放开建设权、搞活经营权，按照“谁投资、谁受益、谁所有”原则，明确界定政府补助形成的农田水利资产应归项目受益主体所有；建立“产权明晰、责任明确、管理民主”的小型农田水利工程产权制度，以小型农田水利节水技术改造奖补机制为激励，建立完好的农田水利基础设施。

15.2.2　建立多元筹资机制

当前我国对“三农”的历史欠账比较多，农民不愿意在低效益的农田上投入更多的资金修建水利设施，而且劳动力市场化造成农村劳动价格显性化，劳动力投入农业的机会成本大幅度上升，使得改革前相对有效的劳动替代资本的基本建设投入方式难以重新恢复。要扭转当前农田水利供给不足的局面，必需改变农田水利投资收益低的收入分配格局，可行的路径有二：一是通过财政手段降低农田水利投资成本和投资风险，提高农田水利投资回报率；二是提高农业投资收益率，依靠丰厚的可分配利润补偿农田水利投资成本。

在继续加大对粮食主产区农田水利投入力度的同时，改革和探索财政支农资金使用办法，有效整合水利、农业开发、土地整理等各类财政项目资金，集中用于农田基本建设，形成合力推进，提高资金投放集中度和资金导向功能。

加大私人投资建设农田水利的财政奖励支持力度，让群众广泛、自觉地参与小型水利工程建设。采取多干多补、少干少补、先干后补、以奖代补等形式，集中有限的资金对开展农田水利建设积极性高的村组集体、农民个人，以及农民专业合作组织自愿开展的小型农田水利工程建设且效益明显的项目，给予重点扶持和补贴。同时，将山丘区与其他非粮食主产区的小农水工程作为奖补重点，以此为引导调动群众投资投劳的积极性，促进农田水利均衡发展。

同时，要运用市场手段，加大市场投融资力度。深化小型水利工程产权和水资源利用机制改革，公开竞价，宜租则租，宜卖则卖，宜包则包，提高水利资产市场运作空间，吸引社会资金进入农田水利建设。争取信贷投入，通过水利设施抵押、组建水务投资公司搭建融资平台等方式，广泛吸引银行资金参与农田水利供给。

15.2.3　建立农田水利综合直补制度

重点建立小型农田水利工程公益性任务补偿机制、抽水电费直补机制、农田水利工程建筑材料与设备补贴机制。由农村集体、农民用水合作组织、农民群众经营的小型农田水利工程，根据其承担的公益性职能，核定运行补偿规模；因水价倒挂形成的灌溉水费、电费亏损，由灌区主管部门的同级财政进行补偿；将农田水利工程建设设备和材料纳入农机综合补贴范畴，适当提高补贴比例。

15.2.4　建立农业水权市场

界定农业水权、建立水市场，可以促进水资源的有效配置和高效利用。我国的水权制度和水资源初始分配尚处探索阶段，农业水权尚没有真正落实到农民手中。农民还没有权力将自己节省下来的水通过水市场销售，如果权益受损，农民还没办法争取补偿。因此，必须加快农业水权的界定和分配，加快水市场建设。水权初始分配要充分考虑农业水权和农民利益，在尊重历史惯例和保障农业生产和农民权益的基础上，赋予农民适当水权。在此基础上，农民及其联合体可以将部分农业水权转移到非农行业进行水权的二次分配，换取资金用于发展农业和节水灌溉等，形成一种多赢的良好局面。

15.2.5　完善节水激励政策

水费是农民最基本的生产性支出之一，是农田水利工程维修管护、正常运行的重要经济来源。没有水费的保障，再好的工程也会由于缺乏运行维护经费而老化失修、陷入困境，农民用水合作组织也难以开展管护，更不利于农民确立节约用水观念。各地应开展以农业节水技术为重点的农田水利技术创新工程。在引进、消化、吸收国外先进节水技术的基础上，以节水材料设备生产企业为主体，以科研单位、大专院校为骨干，生产单位、用水户积极参与，开发适合我国国情的多种形式的农业节水和农村供水新技术。在原有基础上完善灌溉试验站体系，利用节水灌溉示范项目，合理上调水价标准，积极探索灌溉用水“总量控制、定额管理”的有效途径。

同时，要根据国家有关政策，结合实际加快制定“占用农业灌溉水源、灌排工程设施补偿办法”，对各类占用农业灌溉水源和灌排工程设施的工程收取占用农田水利设施补偿费，并专项用于农田水利设施建设。

15.3　健全多赢治水投入保障制度

15.3.1　健全农田水利法律法规

实施依法治国方略，确立新时期农田水利的工作方针，贯彻落实十七届三中全会强农惠农政策精神，明晰投入责任，建立健全农田水利建设与管理法律法规，充分应用WTO的“绿箱”政策[①]，要求加快农田水利方面的立法，尽快改变农田水利无法可依的局面，将农田水利工作纳入法制化轨道，推动农田水利科学建设。

例如，通过立法改变农田水利建设“多龙管水”现状。国家应出台农田水利建设投入和项目融资、资金整合等方面的法律法规，指导各级政府依托规划、整合资金、集中投入。具体而言，农田水利建设与管理存在法律空白，需要立法填补；农田水利基础设施投入，需要立法保障；现行政策不完善，需要立法规范；涉农资金整合，需要立法保障[②]；大量成功经

---

① 农田水利设施是以公益性为主导的基础性设施，主要服务于农业、农村和农民等弱势对象，属于公共财政重点扶持领域，符合WTO的“绿箱”政策。

② 目前农田水利建设涉及水利、发改委、财政、农业、国土、农业综合开发、扶贫等众多部门。各部门编制了大量相关的规划，但各单项规划的精度和目标任务各不相同，难以协调一致，在实施过程中资金使用效益没得到充分发挥，实际效果打了折扣。迫切需要以立法形式明确参与农田水利建设各职能部门的职责，建立健全涉农部门协商机制。

验做法，需要立法推广。同时，农田水利立法还可以保证农田水利建设的法制化、规范化、制度化，避免因形势变化、政府换届等原因，影响农田水利建设的稳定发展，为农田水利建设提供法律支撑，实现农田水利投入的可持续性。

15.3.2 建立水利投入稳定增长机制

加大公共财政对水利的投入。多渠道筹集资金，力争今后10年全社会水利年平均投入比2010年高出一倍。发挥政府在水利建设中的主导作用，将水利作为公共财政投入的重点领域。各级财政对水利的投入总量和增幅要大幅度提高。加大水利规划及前期工作经费投入，并力争逐年增加。落实水利普查工作经费。预算内固定资产投资用于水利建设的投资比重有明显提高，分级建设，分级管理，重点支持骨干水利工程建设。大幅度增加各级财政专项水利资金。足额落实从土地出让收益中提取10%的资金用于农田水利建设，充分发挥新增建设用地土地有偿使用费等土地整合资金的综合效益。完善水利建设基金政策，延长征收年限。加大各项水利规费征收力度，不断完善水资源有偿使用制度，合理调整水资源费的征收标准。研究制定河道工程维护管理费征收使用管理办法，用于防洪河道的维修养护。有重点防洪任务和水资源严重短缺的城市要从城市建设维护税中划出一定比例用于城市防洪和水源工程建设。切实整合现有用于水利建设的各类资金，加强水利投资项目和资金监督管理。

加强对水利建设的金融支持。根据水利工程的建设特点和项目性质，对准公益性的水利建设项目，可采取项目法人承贷、财政贴息的办法筹集建设资金，合理确定财政贴息的规模、期限和贴息率。国家开发银行、农业发展银行等要积极关注并参与水利项目建设，对投资量大、建设周期长、效益明显的水利项目，提供中长期政策性贷款业务。鼓励各类银行业机构增加农田水利建设信贷资金。支持符合条件的水利企业上市和发行债券，探索发展大型水利设备设施的融资租赁业务，积极探索水利项目受益权质押贷款等多种形式融资。鼓励和支持发展洪水保险。

广泛吸引社会资金投资水利。支持河南水利建设投资有限公司发展并充分发挥其投融资作用，拓宽水利投融资渠道，吸引社会资金参与水利建设。鼓励农民自力更生、艰苦奋斗，在筹资筹劳限定标准内，按照多筹多补、多干多补原则，全面推行“一事一议”，加大财政奖补力度，充分调动农民兴修农田水利的积极性。把完善农村水电增值税、水利工程耕地占用税等政策落实好。积极稳妥推进经营性水利项目进行市场融资。有条件的地方可利用外资并不断提高水利利用外资的规模和质量。

15.3.3　健全纵横向财政转移支付制度

对于几个地区共同受惠的农田水利设施，应主要由有关地区联合提供。为保障利益相关方责权能利的一致性，应从纵向和横向两个维度，建立规范、高效、促进地区公平、保障农田水利供给的转移支付制度，逐步将现行多种转移支付形式归并为一般性转移支付和专项转移支付两类。

抓住当前国家高度重视农业和发展现代农业的机遇，积极争取国家资金投入，把增加农田水利建设投入作为拓展强农惠农政策领域的一个重要方面，把加大强农惠农政策力度往加强农田水利基础设施建设方面拓展，抓住实施“财政支持小型农田水利重点县建设”、“民办公助”专项资金试点项目的有利时机，组织协调相关部门积极做好项目申报工作，争取多立项。特别是要争取国家对河南省小型农田水利重点县建设、大中型灌区、旱田节水灌溉、小型水库除险加固、农村饮水工程的投入力度。

依据农田水利生态效益外溢性特征，加快推动上下游行政区（省级及其以下）政府间的转移支付制度建设，以提高农田水利建设投资区与受益区的责权利平衡度，同时逐步缩小地区间财力差距导致的公共产品供给的不公平。

15.3.4　拓宽农田水利财政投入渠道

明确农田水利建设长期性、公益性的特点和定位，把农田水利建设纳入财政预算。要把农田水利建设作为农田水利设施投资的重点，把农田水利建设配套资金纳入中央、地方财政预算和基本建设范畴，逐年扩大投资规模，确保及时足额到位，不断扩大小型农田水利设施建设补助专项资金，提高补助标准和补助比例，缓解地方配套资金压力，保证农田水利建设的公共财政投入稳定增长。各市、县要设立农田水利基础设施建设专项资金，每年拿出本级财力的5%～10%用于水利，取得的土地“出让金”纯收益中要安排一定比例用于农田水利建设，列入财政预算，并确保稳定增长。对跨乡、跨村较大规模的农田水利工程建设，由县乡两级政府组织协调，通过召开县乡两级人民代表大会民主讨论决定，并列入财政预算补贴范围。

15.3.5 创新公私合作的投融资机制

解决农田水利投入不足问题，不仅可以通过政府部门加大投资来增加供给，而且也可以在明晰产权的前提下，通过开放水利设施建设权，引进民间资金和国外资本，来解决供给资金不足的问题。为此，河南应积极探索多层次、多渠道、多元化的投融资新机制，积极创造良好的投资环境，在符合有关法律法规和农田水利规划的前提下，利用财政资金的导向作用，采取定向定额补贴、低息、税收减免等多种手段，尝试采取PPP模式、PFI模式，通过公开招投标，鼓励引导民间资金和国外资本介入农田水利设施建设领域，探索政府和全社会联合办水利的路子，提高农田水利设施建设的总体投入水平。

15.3.6 “杯赛”驱动，严格奖惩

“红旗渠精神杯”竞赛活动，已成为河南统一思想认识、调动各方面积极性、推进农田水利建设的有力抓手。今后应继续开展“红旗渠精神杯”竞赛，进一步发挥“红旗渠精神杯”竞赛对水利整体工作、水利重点工作的推动作用。不断加强对农田水利基本建设的考核，不断完善考核指标、考核程序和考核办法，调动县级政府组织领导农田水利建设的主动性，激发受益群众及其他社会力量参加农田水利建设的积极性，整体推进农田水利建设发展。

15.3.7 构建政府社会联动的投融资平台

以全面提高农田水利现代化建设的投融资能力为目标，针对中原经济

区当前农田水利投资渠道单一、融资能力低下、资金利用低效等问题，本着“先行先试”原则，从发挥政府主导作用、完善民间投资财税支持政策、塑造多元化投资主体、健全关联资源交叉补偿机制等方面，构建政府社会合作互动的投融资机制与政策支持体系。目前应重点抓好以下两方面工作：

（1）多元化投融资主体塑造路径。从存量租赁转股与增量划界确权的农田水利产权改革、财政“奖补”量化担保、水利工程附属水土资源使用权置换、提高水利建设与农业产业化结合度、发挥农业产业化企业、合作组织、种养殖大户部分金融承担功能等方面，探讨塑造多元化承贷主体的有效模式。

（2）构建具有地方特色的农田水利投融资平台。立足农田水利工程关联资源（水土资源、渠边林地等）在城市化、生态农业和观光农业建设中的增值趋势，按照“水、田、林、路”综合开发思路，理清政策资源投资“乘数效应”实现机制，从构建具有地方特色的农田水利投资基金融资平台、债券融资、担保融资平台和上市融资平台等方面，构建政府社会联动的投融资平台，为农田水利投融资渠道社会化提供平台支持。

15.4　构建多赢治水运行管护长效机制

健全农田水利管护服务体系，推行农民用水自治，创新农业用水管理体制。这是构建农田水利良性运行机制的核心。以农民用水自治的管理体制为核心，以配套完好的水利工程体系为基础，以科学合理的终端水价制度为保障，通过工程改造、水价改革和管理创新，解决农田水利基础设施建设、管理、运行中的突出问题，建立健全农田水利良性运行的长效机制。

15.4.1　健全农田水利社会化服务的“三驾马车”

农田水利可持续治理不仅需要国家的财政和政策支持，而且需要农田水利的直接治理主体——以乡镇水利站、农民用水户协会和准公益性专业化服务队伍为重点的“三驾马车”有机配合的基层水利服务体系的支持。其中：①乡镇水利站所是国家最基层的水利单位。为了支持基层水利工作的开展，应当明确乡镇水利站作为县级人民政府水行政主管部门的派出机构，在县级人民政府水行政主管部门的管理下，履行管理范围内的农村水利工程建设规划、组织管理、防汛防旱、农业灌溉、水资源开发与保护技术指导等公共服务和社会管理作用。②农民用水合作组织是农民群众自主兴办和管理小型农田水利工程设施的社会团体，是解决小型农田水利设施的公共性与农户家庭经营的个体性之间矛盾的有效途径。③准公益性专业化服务队伍，是适应农村水利建设管理新形势的要求，为农民提供水利技术服务的专业化队伍，有利于提高农民自主治理农田水利的技术效率。通过强化基层水利组织的公益性职能，把可以由市场解决的经营性服务分离出去，按市场方式运作，提高各类基层水利服务组织的系统性和有效性，形成职责明确、布局合理、队伍精干、服务到位的社会化水利服务体系。

15.4.2　健全工程管理机制

推行农田水利建设项目法人负责和签证负责制。在安全鉴定、规划、立项、设计、施工、监理、验收、运行等各个环节，都要建立健全规章制度，落实最严格的责任措施，加强社会化管理监督机制建设，充分发挥项目法人、当地政府、农民群众、监理单位的监督作用，加强农田水利建设管理。一是规范工程建设管理。实行水利工程建设质量问责制，设立质量监督管理机构，负责全区水利工程建设质量的检验和管理，确保工程质量安全。对一般性工程，要求至少有一方在现场跟班作业；对隐蔽性工程，要求监督各方全部到位，“全天候”监督，并在进度表上签字负责，作为工程验收的凭证。若出现质量问题，施工单位无条件返工，直到合格为止，确保工程安全。二是强化工程后续管理。实行农田水利建设与农民用水户协会建设同步申报、同步实施、同步验收的“三同类”制度，工程建成后，由项目主管单位按规定及时移交给国有水管单位或乡镇和农民用水户协会，由其负责管护。

15.4.3　完善农田水利工程体系

加强工程设施改造，完善农田水利工程体系，是构建农田水利良性运行机制的基础。要进一步加大中央财政对农田水利基础设施投资力度，在完成骨干工程改造的基础上，建立大型灌区末级渠系节水改造奖补机制。同时，通过“以奖代补、先建后补、融资财政贴息、融资担保支持、税费减免”等方式，发挥财政支农资金的杠杆作用，引导社会资本参与各级各类农田水利工程及其配套设施的建设，逐步形成工程良好、计量科学的农田水利工程体系，为提高水价、水费计征和水资源产权交易奠定必要的物质基础。

15.4.4　建立合理的水利成本补偿制度

深化农业水价改革，建立科学合理的水价制度，保障农田水利运行管护经费收入。要在完成用水管理体制改革和工程节水改造的基础上，按照促进节约用水和降低农民水费支出“两兼顾”的原则，逐步推进农业水价改革，稳步实行终端水价制度，推行计量收费，整顿末级渠系水价秩序，减轻农民用水生产成本。同时要根据实际情况建立农业用水总量控制和定额管理制度，推动农业水权交易制度和交易设施建设，逐步形成节约转让、超用加价的经济激励机制，提高农业水资源非农化转移的经济补偿，吸引城乡非农产业受益者参与农田水利设施建设和管护，促进农田水利运营管护长效机制的形成。

15.5　小结

农田水利建设是一项强基础、管长远的民生工程，在当前农田水利发展目标进入生产型与生态型并重的关键阶段，作为公共利益代理人的政府应承担主要投资责任。农田水利的层次性及其现阶段供给特征决定了其投入制度必须坚持“一主四补”筹资机制，做好基础农田水利管理服务体系规范化建设、末级渠系节水改造规划、水价改革规划和有关实施方案的编制，以统筹协调为手段，把这项工作纳入农业综合改革之中，整体推进组织建设、工程建设、体制机制建设。通过政府有力调控和市场有效调节的有机结合，在建立健全投入决策机制、筹资机制和生产管理机制的同时，提高各项机制的协调度，形成决策科学、执行高效、保障有力的农田水利供给制度体系，从整体上推进农田水利网络建设，建立起支撑现代农业发展的农田水利合作治理体系。

参 考 文 献

[1] 陈锡文，韩俊，赵阳．中国农村公共财政：理论、政策、实证研究［M］．北京：中国发展出版社，2005.

[2] 农业部软科学委员会办公室．推进农业结构调整与建设现代农业［M］．北京：中国农业出版社，2005（7）：259-295.

[3] 石元春．建设现代农业［J］．求是，2007（7）：15-20.

[4] 洪银兴．工业和城市反哺农业、农村的路径研究［J］．经济研究，2007（8）．

[5] 孔祥智．试论我国现代农业的发展模式［J］．教学与研究，2007（10）：9-13.

[6] 柯炳生．加快推进现代农业建设的若干思考［N］．农民日报，2006-12-09.

[7] 马晓河，方松海．我国农村公共品的供给现状、问题与对策［J］．农业经济问题，2005（6）．

[8] 林毅夫．再论制度、技术与中国农业发展［M］．北京：北京大学出版社，2000.

[9] 张晓山．关于走中国特色农业现代化道路的几点思考［J］．经济纵横，2008（1）：58-61.

[10] 柯炳生．正确认识和处理发展现代农业中的若干问题［J］．中国农村经济，2007（12）．

[11] 科林·凯莫勒．行为博弈—对策略互动的实验研究［M］．北京：中国人民大学出版社，2006.

[12] 马培衢．农田水利供给非均衡分析与制度创新［J］．中国人口·资源与环境，2007（2）．

[13] 埃莉诺·奥斯特罗姆．公共事物的治理之道［M］．上海：上海三联书店，2000.

[14] 张林秀．中国农村社区公共物品投资的决定因素分析［J］．经济研究，2005（11）．

[15] 张志彤．改革开放30年我国的防汛抗旱工作［J］．中国防汛抗旱，2008（11）．

[16] 张吉昌，孙敏．我国水价体系改革的难题与出路［J］．改革，2006（4）．

[17] 威廉姆森．治理机制［M］．北京：中国社会文献出版社，2001.

[18] 聂国卿．我国转型时期环境治理的经济学分析［M］．北京：中国经济出版社，2006.

[19] 盛昭瀚，蒋德鹏．演化经济学［M］．上海：上海三联书店，2002年．

[20] 宋国君，冯时，王资峰，傅毅明．中国农村水环境管理体制建设［J］．环境保护．2009（5）．
[21] 宋承国．世界粮食危机与中国粮食安全．当代经济研究［J］．2009（2）．
[22] 程晓陶．防洪抗旱减灾研究进展［J］．中国水利水电科学研究院学报，2008（11）．
[23] 科斯．企业、市场与法律［M］．盛洪、陈郁等译，上海：上海三联书店，1990.
[24] 贾康，孙洁．社会主义新农村基础设施建设中应积极探索新管理模式—PPP［J］．经济学动态，2006（9）．
[25] 汪先腾，魏仲生．连续五年丰产，河南粮食增产潜力依然巨大［N］．大河报，2008.
[26] 汪恕诚．我国的水资源面临着严峻的形势和挑战．［EB/OL］．www. chinater/com/，2005-09-15.
[27] 董学彦．节水农业一年增收60亿［N］．河南日报，2007.
[28] 邹薇．高级微观经济学［M］．武汉：武汉大学出版社，2004.
[29] 姚润丰，董峻，于文静．在历史罕见大旱考验面前——有关部门迎战旱魔纪实［EB/OL］．http：//202.123.110.5/jrzg/2009-02/07/content _ 1224354. htm.
[30] 王静爱，商彦蕊，苏绮，等．中国农业旱灾承灾体脆弱性诊断与区域可持续发展［J］. 北京师范大学学报（社会科学版），2005.
[31] 王金霞，黄季焜，Scott Rozelle. 激励机制、农民参与和节水效应：黄河流域灌区水管理制度改革的实证研究［J］．中国软科学，2004（11）．
[32] 水利部财务经济司调研组．水利国有资产管理体制运行机制改革调研报告．中国水利，2005.
[33] 罗兴佑．“渠成”为何不能“水到”［J］．中国改革，2006（7）．
[34] 罗光强．中国粮食政策的粮食安全的经济学分析．工业技术经济［J］．2006（11）．
[35] 郑通汉．制度激励与灌区的可持续运行［J］．中国水利，2002（6）．
[36] 郑通汉．当前农业水价改革中的问题、影响与对策［J］．中国水利，2006（8）．
[37] 平狄克，鲁宾费尔德．微观经济学［M］．第4版，张军等译．北京：中国人民人大学出版社，2004.
[38] 郭善民，王荣．农业水价政策作用的效果分析［J］．农业经济问题，2004（6）．
[39] 郭敏，屈艳芳．农户投资行为实证研究．经济研究［J］．2002（8）．
[40] 戴维·菲尼．制度安排的需求和供给//奥斯特罗姆等．制度分析与发展的反思［M］. 北京：商务印书馆，1992.
[41] 林毅夫．关于制度变迁的理论：诱致性变迁和强制性变迁//陈昕．财产权利与制度变迁——产权学派与新制度学派译文集［M］．上海：上海三联书店、上海人民出版社，1994.

[42] 王雅鹏 . 对我国粮食安全路径选择的思考——基于农民增收的分析 [J] . 中国农村经济，2005（3）.

[43] 曾国生 . 金融支持“国家粮食战略工程粮食生产核心区建设的思考与建议——以河南省为例 [J]” . 金融理论与实践，2008（12）.

[45] 孙立平 . 转型与断裂：改革以来中国社会结构的变迁 [M] . 北京：清华大学出版社，2004.

[46] 杨瑞龙 . 我国制度变迁方式转换的三阶段论——兼论地方政府的制度创新行 [J] . 经济研究，2001（11）.

[47] 杨德才 . 新制度经济学 [M]，南京：南京大学出版社，2007.

[48] 杨明洪 . 农业增长方式中的农业投资问题研究 [J] . 投资研究 . 2000（8）.

[49] 速水佑次郎 . 发展经济学——从贫困到富裕 [M] . 北京：社会科学文献出版社，2003.

[50] 国家粮食局调控司 . 关于我国粮食安全问题的思考 [J] . 宏观经济研究，2004（7）.

[51] 李仁元 . 河南肩负着我国粮食安全的重任 [J] . 调研世界，2000（3）.

[52] 李代鑫 . 中国灌溉管理与用水户参与灌溉管理 [J] . 中国农田水利水电，2002（5）.

[53] 唐晓华 . 产业组织与信息 [M] . 北京：经济管理出版社，2005.

[54] 刘凌 . 基于 AHP 的粮食安全评价指标体系研究 [J] . 生产力研究，2007（12）：58 -60.

[55] 刘肇玮，朱树人，袁宏源 . 中国水利百科全书——灌溉于排水分册 [M] . 北京：中国水利水电出版社，2004：171 - 172.

[56] 水利部 . 2005 年中国水资源公报 . [EB/OL] . www. chinawater/com. cn/，2005 - 9 -15.

[57] 韩洪云，赵连阁 . 灌区资产剩余控制权安排 [J] . 经济研究，2004（4）.

[58] 许志刚，王金霞，黄季焜 . 我国农户参与水资源管理制度改革、激励机制与用水效率保 [J] . 中国农业经济评论，2004（12）：415 - 426.

[59] 许志方，张泽良 . 各国用水户参与灌溉管理经验述评 [J] . 中国农田水利水电，2002（6）.

[60] 穆贤清，黄祖辉，陈崇德，张小蒂 . 我国农户参与灌溉管理的产权制度保障 [J] . 经济理论与经济管理，2004（12）：61 - 66.

[61] 水利部水利国有资产管理体制改革调研组 . 水利国有资产管理体制运行机制改革调研报告 [J] . 中国水利，2004（1）.

[62] 农业部 . 2007 中国农业发展报告 [M] . 北京：中国农业出版社，2007.

[63] 聂辉华．交易费用经济学：过去、现在和未来——兼评威廉姆森．资本主义经济制度 [J]．管理世界，2004（12）．
[64] 万宝瑞．深化对粮食安全问题的认识 [J]．农业经济问题，2008（11）．
[65] 水利部农田水利司．水利辉煌 60 年：农田水利 [J]．水利发展研究，2009（10）．
[66] 李文，柯阳鹏．新中国前 30 年的农田水利设施供给 [J]．当代中国史研究，2009（2）．
[67] 张春园，李代鑫．关于加强新时期农田水利建设的思考 [J]．中国农田水利水电，2009（7）．
[68] 陆昂，李郁芳．从农田水利建设投入看当前农村公共品供给困境 [J]．农村经济，2007（11）．
[69] 温立平．小型农田水利工程的公益性探讨 [J]．中国农田水利水电，2007（6）．
[70] 匡远配．贫困地区县乡财政体制对农村公共产品供给影响的研究 [D]．中国农业科学院，2006.
[71] 张春园，李代鑫．关于加强新时期农田水利建设的思考 [J] 中国农田水利水电，2009（7）．
[72] 李文，柯阳鹏．新中国前 30 年的农田水利设施供给 [J]．当代中国史研究，2009（2）．
[73] 陆昂，李郁芳．从农田水利建设投入看当前农村公共品供给困境——广东省农田水利投入现状分析及思考 [J]．农村经济，2007（11）．
[74] 温立平．小型农田水利工程的公益性探讨——民间资金建设农田水利工程案例的分析 [J]．中国农田水利水电，2007（6）．
[75] 杜君楠．浅析中国农村小型水利设施投融资中存在的问题及对策 [J]．安徽农业科学，2009（7）．
[76] 王冠军，陈献，柳长顺，张秋平，戴向前．新时期我国农田水利存在问题及发展对策 [J]. 中国水利，2010（5）．
[77] 李尽梅，张宁，董宏纪．干旱区小型水利工程管理体制的研究——以新疆昌吉三宫镇为例 [J]．节水灌溉，2009（5）．
[78] 陈菁，朱克成，李玉松．农田水利管理模式理论研究 [J]．河海大学学报（自然科学版)，2004（1）．
[79] 陈菁，顾强生，仲跃，汤建希．农田水利管理模式的应用 [J]．河海大学学报（自然科学版)，2004（2）．
[80] 陈潭，刘祖华．迭演博弈、策略行动与村庄公共决策——一个村庄“一事一议”的制度行动逻辑 [J]．中国农村观察，2009（6）．
[81] 高鑫，李雪松．国外灌区管理分析及其对我国的启示 [J]．湖北社会科学，2008.

[82] 陈雷，仝志辉．社会资本与社会组织运转——以甘东用水协会为例［J］．公共管理学报，2008（3）．

[83] 王金霞，黄季焜，Scott Rozelle. 激励机制、农民参与和节水效应：黄河流域灌区水管理制度改革实证研究［J］．中国软科学，2004（11）．

[84] 张兵，等．农户参与灌溉管理意愿的影响因素分析［J］．农业经济问题，2009（2）．

[85] 宋洪远，吴仲斌．盈利能力、社会资源介入与产权制度改革［J］．中国农村经济，2009（3）．

[86] 贺雪峰，郭亮．农田水利的利益主体及其成本收益分析［J］．管理世界，2010（7）．

[87] 胡继连，武华光．灌溉水资源利用管理研究［M］．中国农业出版社，2007.

[88] 韩俊．我国小型农田水利建设和管理机制：一个政策框架［J］．改革，2011（8）．

[89] 郑风田．加强农田水利建设刻不容缓［J］．价格理论与实践，2011（1）．

[90] 孔祥智，史冰清．农户参加用水协会意愿影响因素分析［J］．中国农村经济，2008（10）．

[91] 孙小燕．产权改革反思：小型农田水利设施建设与管理路径选择——基于山东省县（市）的调查［J］．宏观经济研究，2011（12）．

[92] 克里斯托夫•克拉格，2006. 制度与经济发展：欠发达和后社会主义国家的增长与治理［M］．余劲松等译．北京：法律出版社．

[93] Adeolu，B. Ayanwale. Local Government Investments in Agriculture and Rural Development in Osun State of Nigeria［J］. Kamla-Raj 2004，J. Soc. Sci.，9（2）.

[94] Kees Leendertse，et al. IWRM and the environment：A view on their interaction and examples where IWRM led to better environmental management in developing countries［J］. Water SA，2009，34（6）.

[95] Kwee-Bo Sire，et al. Game theory Based Co-evolutionary Algorithm：A New Computational Co-evolutionary Approach［J］. International Journal of Control，Automation，and Systems，2004，2（4）.

[96] Hellegers，P. & Perry，C.. Can Irrigation Water Use Be Guided by Market Forces? Theory and Practice［J］. Water Resources Development，2006，22（1）.

[97] Clemenz G. Optimal price-cap regulation［J］. The Journal of Industrial Economics. 1991：391-407.

[98] Correljé，Aad，et al. Integrating water management and principles of policy：towards an EU framework?［J］. Journal of Cleaner Production，2007，15（16）.

[99] Loucks，Daniel P.，Stedinger，Jery R.，Stakhiv，Eugene Z. Individual and societal responses to natural hazards［J］. Journal of Water Resources Planning and Manage-

ment , 2006, Vol. 132, No. 5: 315 - 319.

[100] Kazumi Yamaoka, et al. Social capital accumulation through public policy systems implementing paddy irrigation and rural development projects [J] . Paddy Water Environ, 2008 (6) .

[101] Hong, Y. H, Li, C. D, Chen, Dawe and R. Barker. Analysis of Changes in Water Allocations and Crop Production in the Zhanghe [J] . 2000.

[102] Monchi Lio & Meng Chun Liu. Governance and agricultural productivity: A cross - national analysis [J] . Food Policy, 2008 (33) .

[103] Clive Potter, Jonathan Buxney. Agricultural multifunctionality in the WT0 - legitimate non - trade concern or disguised protectionism? [J] . Journal of Rural Studies, 2002 (18) .

[104] Amhad. Mahmood. Water pricing, and markets in the Near East: policy issues and options [J] . Water Policy, 2000 (2): 11 - 13.

[105] Robert, B. Flowers. Flood Management: A Key to Sustainable Development and Integrated Water Resources [C] . Key note Speech for Opening Plenary of Flood Day in 3WWF, 2003. .

[106] Ostrom, E. & Kanbur, R. . Linking the Formal and Informal Economy: Concepts and Policies [M], Oxford University Press, 2006.

[107] Ostrom Elinor. A General Framework for Analyzing Sustainability o f Social - Ecological Systems [J] . Science, 2009, 325 (7) : 419 - 423.

[108] Ostrom E, Whitaker GP. Community control and governmental responsiveness: the case of police in black neighborhoods [J] //W Hawley; D Rogers. Im - proving the Quality of Urban Management. Beverly Hills, CA: Sage, 1974, : 303 - 34.

[109] Karamouz M. , Araghinejad, S. . Drought mitigation through long - term operation of reservoirs: Case study [J] . Journal of Irrigation and Drainage Engineering, 2008, 134, No (4): 471 - 478.

[110] Williamson, Oliver E. The theory of the firm as governance structure : from choice to contract [J] . Journal of Economic Perspectives, 2002, 16 (3) .

[111] Hegde, V. S. , Srivastava, S. K. , Bandyopadhayay, S. , Manikiam, B. . Electro - optical and radar systems for disaster management: Lessons and perspectives from India [M] . Disaster Forewarning Diagnostic Methods and Management , Proc SPIE Int Soc Opt Eng. 2006.

[112] Sandjar Djalalov. Institutional Aspect of Agricultural Development in Central Asia. Tokyo, (2002) .

[113] Taylor, J. E. G. A. Dyer & A. Yunez - Naude. Disaggregated rural economy wide models for policy analysis [J] . World development, 2005 (10) .

[114] OECD. Agricultural policies in OECD Countries [M] . Monitoring and Evaluation. Paris, 2005.

[115] Irrigation System and District [R] . International Water Management Research Instruct.

[116] Cowan S. . Welfare consequences of tight price - cap regulation [J] . Bulletin of Economic Research, 2001 (150): 105 - 116.

[117] Berbel, J. , Gomez - Limon, J. A. The impact of wale—pricing policy in Spain: an analysis of three irrigated areas [J] . Agricultural Water Management, 2000 (43): 121 - 131.

[118] Hart, Oliver. Firm, Contract and Financial Structure [M] . Oxford University Press, 1994: 32 - 56.

[119] International Water Management Institute. Food and Agriculture Organization of the United Nations [M] . Irrigation Management Transfer. Rome: FAO and United Nations, 1994.

[120] Liu Z B. , Wang G S. . Study on consumer monopoly [J] . Economical Research Journal, 2000 (10): 55 - 60.

[121] Rajan , R. G , Zingales , L. . Power in a Theory of the Firm [J] . Quarterly Journal of Economics, 2001 (108): 387 - 432.

[122] Rajan, R. G , Zingales , L. . Savings Capatilism from the Capitalists [M] . Random House, New York, 2003: 66 - 68.

[123] Tirole, J. . Industrial Organization. Beijing [M] . The Chinese People Press, 1997: 46 -56.

[124] Ostrom E. Public Entrepreneurship: a Case Study in Ground Water Basin Management [M] . University of California - Los Angles, 1965 .

[125] Ostrom, E. & Kanbur, R. . Linking the Formal and Informal Economy: Concepts and Policies [M] . Oxford University Press, 2006.

[126] Williamson, Oliver E. . Markets and Hierarchies: analysis of antitrust implications, [M] . New York: Free Press, 1975: 162 - 166.

[127] Williamson, Oliver E. The Economic Institutions of Capitalism [M] . New York, Free Press, 1985: 36 - 39.

[128] Williamson, Oliver E. Comparative Economics Organization: The Analysis of Discrete Structural Alternatives [J] . Administrative Science Quarterly, 1991 (36):

269-296.

[129] World Bank. Water Resouse Management：A World Bank Policy Paper [M]. Washington DC，1993.

[130] Abdullaev I. et al. Water User Groups in Central Asia：Emerging Form of Collective Action in Irrigation Water Management [J] . Water Resource Manage，2010，Vol. 24.

[131] Correljé，Aad，et al. Integrating water management and principles of policy：towards an EU framework? [J] . Journal.of Cleaner Production，2007，15 (16) .

[132] Kees Leendertse，et al. IWRM and the environment：A view on their interaction and examples where IWRM led to better environmental management in developing countries [J] . Water SA，2009，34 (6) .

[133] Kwee-Bo Sire，et al. . Game theory Based Co-evolutionary Algorithm：A New Computational Co-evolutionary Approach [J] . International Journal of Control，Automation，and Systems，2004，2 (4) .

[134] Hugh Turral，Mark Svendsen，Jean Marc. Investing in irrigation：Reviewing the past and looking to the future Faures [J] . Agricultural Water Management，2010，Vol. 97.

[135] Ostrom，E. Reflections on “Some unsettled problems of irrigation” [J] . American Economic Review，2011，101 (2) .

致 谢

本书是作者多年系统研究中国农业现代化进程中农村水利改革发展问题的又一项创新性研究成果。本研究成果受到了河南科技大学学术著作出版基金、河南省哲学社科规划项目、河南科技大学博士科研启动基金等多个项目的支助。主要包括：河南科技大学 2011 年度学术著作出版基金，河南科技大学博士科研启动基金项目“农业水资源交易制度与交易组织创新”，河南省哲学社科规划重点资助项目“河南现代农业发展中农田水利有效供给问题研究”（2008BJJ008，该项目结项报告被鉴定为“优秀”），河南省哲学社科规划重点资助项目“河南农田水利建设与管理机制研究”（2011BJJ006）。在此，特向支持本书成稿的河南省教育厅、河南省社会科学规划办公室给予的项目支持表示衷心的感谢！

感谢中原经济区驻马店—南阳考察调研团成员在调研过程中提出的观点和思路对本书写作的启发。他们分别是：河南省委统战部彭亚平副部长、省科技厅贾跃副厅长、省农科院房卫平副院长，省政府参事、中原经济区建设研究课题组成员、省发改委经济研究所郑泰森所长，全国人大代表、省农科院小麦研究中心主任许为钢研究员，郑州大学副校长张倩红教授、河南工业大学副校长李利英教授等。在此对他们的关心和支持表示衷心感谢。

感谢河南科技大学经济学院院长刘溢海教授对本人和本书相关研究给予的长期支持。

感谢我的科研团队成员：河南科技大学经济学院朱云章博士、张学军博士、杜威漩博士、贾松伟博士为“河南现代农业发展中农田水利有效供给问题研究”研究报告撰写作出的贡献。

感谢河南省水利厅洛阳水文局薛建民副局长、新乡医学院一附院信息科王献忠统计师、河南省农业科学院田建民研究员对本书研究思路和内容设计的建议，以及他们对本研究实地调研、资料和数据采集等方面给予的大力支持。

感谢河南工业大学经贸学院副院长李铜山研究员对本书定稿给予的支持。

感谢河南科技大学的领导和学术著作出版支助专家评议组对本书高度评价，感谢河南科技大学学科建设处、经济学院的领导和同事们对本书成稿和出版给予的大力支持。

最后，感谢我的爱人王芳女士为我作出的无尽的关爱和默默的奉献！

谨以此书献给我的父母和家人！

马培衢

于牡丹花城

图书在版编目（CIP）数据

中原经济区多赢治水模式研究：政府社会合作建设农田水利的视角/马培衢著. —北京：中国农业出版社，2012.6

ISBN 978-7-109-16844-2

Ⅰ.①中… Ⅱ.①马… Ⅲ.①农田水利建设-研究-河南省 Ⅳ.①S279.261

中国版本图书馆 CIP 数据核字（2012）第 112207 号

中国农业出版社出版
（北京市朝阳区农展馆北路 2 号）
（邮政编码 100125）
责任编辑 赵 刚

中国农业出版社印刷厂印刷 新华书店北京发行所发行
2012 年 6 月第 1 版 2012 年 6 月北京第 1 次印刷

开本：720mm×960mm 1/16 印张：22.5
字数：328 千字 印数：1～1 000 册
定价：36.00 元